装备试验数据分析挖掘

林　欢　杨英科　关晓谦
刘镇瑜　陈　磊　　编著

西北工业大学出版社

西　安

【内容简介】 本书系统梳理当前主流的数据分析挖掘方法,并以电子信息装备试验(简称"装备试验")中产生的数据为研究对象,结合作者多年来在电子信息装备试验分析挖掘领域的实践经验和科研成果,以装备试验业务需求为出发点,研究数据分析挖掘算法在装备试验中的应用。本书为装备试验数据分析挖掘提供新的思路、方法,为试验设计、效能评估提供参考。

本书可作为装备试验数据分析挖掘领域研究人员的参考用书。

图书在版编目(CIP)数据

装备试验数据分析挖掘 / 林欢等编著. — 西安 :
西北工业大学出版社,2023.8
ISBN 978 - 7 - 5612 - 8914 - 3

Ⅰ.①装… Ⅱ.①林… Ⅲ.①武器试验-数据处理
Ⅳ.①TJ01

中国国家版本馆 CIP 数据核字(2023)第 157784 号

ZHUANGBEI SHIYAN SHUJU FENXI WAJUE

装 备 试 验 数 据 分 析 挖 掘

林欢 杨英科 关晓谦 刘镇瑜 陈磊 编著

责任编辑:朱晓娟 董珊珊	**策划编辑**:张 炜
责任校对:朱晓娟	**装帧设计**:伲小玲

出版发行 西北工业大学出版社
通信地址 西安市友谊西路 127 号　　邮编:710072
电　　话 (029)88491757,88493844
网　　址 www.nwpup.com
印 刷 者 西安五星印刷有限公司
开　　本 720 mm×1 020 mm　　1/16
印　　张 19.5
字　　数 319 千字
版　　次 2023 年 8 第 1 版　　2023 年 8 第 1 次印刷
书　　号 ISBN 978 - 7 - 5612 - 8914 - 3
定　　价 98.00 元

《装备试验数据分析挖掘》编写组

林　欢　杨英科　关晓谦　刘镇瑜
陈　磊　燕明亮　李咏晋
甘德云　张　恒　于　涛

序言

随着大数据时代的到来,数据的价值得到了前所未有的重视,数据分析挖掘技术也以惊人的速度向社会各个领域渗透。借助数据分析挖掘的手段,以数据指导行业发展,受到了各行各业的高度重视。装备试验数据资源作为信息化的"血液"、智能化的"基石",是装备全寿命周期中最权威、最鲜活的数据资源。分析挖掘装备试验数据,对装备的论证、研制、试验技术改进、训练演练以及作战运用指导有着重要的作用。

本书介绍当前主流的数据分析挖掘方法,以电子信息装备试验中产生的数据为研究对象,结合笔者多年来在电子信息装备试验领域的实践经验和科研成果,以装备试验业务需求为出发点,研究数据分析挖掘算法在装备试验中的应用。本书为装备试验数据分析挖掘提供新的思路、方法,为试验设计、效能评估提供参考,为实现试验数据资源的增值和增效提供助力。

全书共分 12 章。第 1 章主要介绍数据分析与挖掘的相关概念、联系与区别,以及装备试验数据分析与挖掘的意义。第 2 章主要介绍装备试验数据分析与挖掘方法。第 3 章主要介绍数据预处理技术。第 4 章~第 7 章详细介绍分类算法、关联规则算法、聚类分析算法和离群点挖掘算法等几种典型数据分析与挖掘方法在装备试验数据分析与挖掘中的应用。第 8 章~第 10 章针对装备试验不同类型的数据,分别介绍时间序列数据分析与挖掘方法、文本数据挖掘方法和多媒体数据挖掘方法。第 11 章介绍在构建知识图谱时,利用分类算法、聚类分析算法等数据挖掘方法,进行知识抽取,保证数据的完整性和全面性。第

12 章针对数据分析与挖掘典型试验应用，重点讨论基于试验大数据的装备效能指标体系构建方法及效能评估方法。

本书由林欢、杨英科、关晓谦、刘镇瑜、陈磊编著。具体编写分工如下：第 1 章～第 3 章由林欢、关晓谦、杨英科编写；第 4 章和第 5 章由刘镇瑜、甘德云编写；第 6 章～第 9 章由陈磊、燕明亮、张恒编写；第 10 章～第 12 章由李咏晋、于涛编写。全书由林欢、关晓谦、杨英科、刘镇瑜统稿。

在编写本书的过程中，借鉴了相关领域专家的研究成果，提升了本书的学术水平，相关著作已在参考文献中列出，在此表示由衷的感谢。

由于水平有限，加之大数据、人工智能等相关领域技术发展日新月异，书中难免存在不足之处，敬请读者批评指正。

编著者

2023 年 4 月

目录

第 1 章　概述

随着信息化的普及与应用,装备试验领域积累了大量的数据。这些数据中只有一小部分被用来支撑试验指标的验证和评估,数据中蕴含着大量深层次的、有价值的、有待开发的信息和知识。数据分析与挖掘就是从历年来积累下来的浩瀚的数据海洋中,将这些有价值的信息和知识挖掘出来,形成一系列与装备试验业务活动息息相关的数据产品,实现数据的增值和增效。

电子信息装备一般指承担电子信息获取、传输、处理、利用、攻击和防御等任务的各种装备,是军事装备的重要组成部分。电子信息装备试验一般指按照科学规范的程序和要求,对电子信息装备性能及效能等进行全面系统的考核并给出评估结论的活动。本书主要以电子信息装备试验(简称"装备试验")中积累和产生的海量数据为研究对象,以数据分析与挖掘方法为技术支撑,对数据分析与挖掘方法在装备试验数据分析与挖掘领域的应用进行系统的研究与介绍,以达到为装备试验管理提供决策支持、为装备建设论证提供数据支撑、为装备作战运用提供借鉴与参考、为试验技术提升提供方法与路径等目的。

1.1　数据分析与挖掘的基本概念

1.1.1　数据分析

早在 20 世纪初期,数据分析的数学基础就已经确立,但由于数据分析涉及大量的计算,一直难以应用到实际中。计算机的出现解决了这个问题,使数据分析得到了广泛应用。喻敏等人在《数据分析与数据挖掘》一书中对数据分析进行了定义:数据分析是指采用适当的统计分析方法对收集到的数据进行分析、概括和总结,对数据进行恰当的描述,并提取出有用的信息的过程。总体来说,该书对数据分析的定义偏向于统计分析。

在《统计与数据分析基础(微课版)》一书中,谢文芳等人将数据分析定义为:用适当的方法对大量数据进行整理和分析,以提取数据中有用的信息,并形成正确的结论,最终为工作、学习或生活提供有效的帮助和决策。该书列举了一些常用的数据分析方法,包括描述性统计分析、抽样估计、假设检验、统计指数分析、相关分析、回归分析、时间序列分析。可以看出,在该书关于数据分析的定义与方法的介绍中,数据分析方法与数据挖掘方法已有部分重合。

随着信息化、智能化等技术的不断发展,衍生出广义数据分析与狭义数据分析的概念。广义数据分析包括狭义数据分析与数据挖掘,狭义数据分析定义与上文类似,即根据分析目的,用适当的方法及工具,对收集来的数据进行处理与分析,提取有价值的信息,发挥数据的作用。数据分析的结果可以通过列表和作图等方法表示。

对于传统的装备试验中的数据分析,一般具有明确的目标,例如,对装备性能的分析,对试验数据质量的分析、数据特征的分析、数据属性的分析,对装备体系适应性的分析与评估,以及对作战效能贡献率的分析与评估等。装备试验中的数据分析结果具有为考核装备性能提供依据、为后续试验训练提供技术支撑等作用。例如,对某飞行试验中飞行装备的目标辐射特性数据进行统计分析,得出该目标在不同姿态、不同角度以及不同波段下的目标辐射特性数据,对后续采用该装备进行试验规划设计、试验精确评估等工作有较大帮助。传统的试验数据分析中经常用到的分析方法有:①描述性分析方法,如均值、标准差等;②探索性分析方法,如柱状图、折线图等。

1.1.2 数据挖掘

目前,数据挖掘(Data Mining, DM)存在多种定义方式,较为权威的是在《数据挖掘概念与技术》一书中,从数据挖掘的功能角度定义:数据挖掘是从大量数据中挖掘有趣模式和知识的过程,其数据源包括数据库、数据仓库、网络数据、存储文件等。实际上,"数据挖掘"一词并不能完全地表达其含义,更准确的表达应当是"在大量数据中的知识发现"。Mining 通常单独翻译为采矿,因此,数据挖掘类似于采矿,主要强调在大量的、未经加工的数据中发现少量的、具有重要价值的知识。

随着互联网技术的发展,数据每天都在爆发式地增长,具有数据体量大、数据种类多样、数据价值密度低等大数据特点的数据,为数据挖掘提出了新的挑战。例如:医疗行业每天会产生大量的影像数据、病历数据,对这些数据进行分析与挖掘,可以更好地为患者服务;在交通方面,采集道路监控摄像信息,分析每天每条道路的车流量等信息,可以更好地优化交通管制策略,改善上、下班高峰期拥堵情况;在装备试验方面,对每次试验产生的大量图像和视频等数据进行分析,对评估试验期间的环境影响、装备状态有极大的帮助。因此,如何对这些数据量巨大、数据结构复杂的数据进行处理并发现具有重要意义的知识是一个非常具有挑战性的问题。

装备试验数据挖掘具有其鲜明的特点及目的,装备试验中的数据挖掘可以定义为从大量的试验数据中,利用数据挖掘方法,对装备试验中产生的数据进行分析,将数据转化为知识,为装备试验的科学决策提供技术支撑。例如,对试验产生的文本数据的挖掘,可以掌握各个试验中的试验要素,进行文本分类等。

1.1.3　数据分析与数据挖掘的区别和联系

1.1.3.1　数据分析与数据挖掘的区别

由前文对数据分析(狭义)与数据挖掘的概述可知,二者具有如下区别:

(1)对业务知识的要求不同。数据分析人员需要对所分析的行业有较深的了解,能够将数据与自身业务紧密结合起来;而数据挖掘相对不需要太多的行业知识作为支撑,更侧重于数据和通用的算法。

(2)侧重解决的问题不同。数据分析主要侧重点在于通过观察数据规律来对数据进行分析;而数据挖掘则是通过从数据中发现"知识规则"来对未来的某些可能性做出预测,更注重数据间的内在联系。

(3)目标及流程不同。狭义的数据分析对业务知识要求较高,分析人员一般在确定分析目标后,基本不会改变;而数据挖掘的目的是在大量数据中发现潜藏在数据中的有价值的信息和知识,在实施过程中,可能会根据结果的呈现,不断改变既定的目标。

下面的例子说明了数据分析与数据挖掘的不同之处。

在将要举办的生日聚会中，只有 500 元的预算，为了将聚会办得体面，组织人花费了一下午调查了肉类、蔬菜、水果、饮料以及生日蛋糕的价格，经过整理和分析得到一张表格，内容是每个店铺中各种食材的价格，以便对比和选择，这个过程称为数据分析。但显然不能由于白菜的价格低而举办一场"白菜盛宴"，因此，应该考虑好友的口味、各种食材的营养价值、食材之间的搭配以及做饭和用餐的时间，最后综合考虑这些信息，得出一个性价比最高的采购方案，使得这场聚会变得完美。这个过程称为数据挖掘。

1.1.3.2　数据分析与数据挖掘的联系

即使是狭义上的数据分析，也与数据挖掘有许多相似之处：

(1)数据分析与数据挖掘归根到底都是对数据进行分析、处理以得到有价值的信息。

(2)数据分析与数据挖掘都需要研究人员对数据有一定的敏感性，都会用到统计分析等一些常用的分析方法。

(3)目前，越来越多的数据分析人员会借助一些编程工具进行数据分析，如统计产品与服务解决方案软件(Statistical Product and Service Solution, SPSS)等。而数据挖掘过程中，也会借助一些分析手段对结果进行展示或表达。

总之，数据分析与数据挖掘的界限变得越来越模糊，两者之间的关系也越来越紧密。对于许多问题，单单用数据分析或数据挖掘的方法并不能完成任务，需要两者紧密结合、相辅相成。简而言之，可以从以下 3 个方面总结现如今数据分析与挖掘的趋势。

(1)数据分析的结果往往需要进一步挖掘才能得到更加清晰的结果。

(2)数据挖掘发现知识的过程也需要对先验约束进行一定的调整而再次进行数据分析。

(3)数据分析可以将数据变成信息，而数据挖掘将信息变成知识。如果需要从数据中发现知识，往往需要数据分析和数据挖掘相互配合，共同完成任务。

其实，对于目前的数据挖掘任务来说，在进行挖掘之前，几乎都需要对数据进行探索性分析、描述性分析等一系列数据分析,通过这些分析既可以对数据有一个总体把握,也可以辅助进行数据预处理、算法模型设计,保证数据分析挖掘工作高质、高效,结果准确、可靠。

针对当前数据分析与数据挖掘的特点,装备试验数据的研究应是一个数据分析与挖掘方法相结合的工作。对于单一的、目标明确的问题,利用传统的数据分析方法进行分析。对于复杂、多样,需要从数据中发掘隐藏价值的问题,应利用数据分析和数据挖掘相结合的方法进行数据分析。

1.2 装备试验数据分析与挖掘的意义

早在第二次世界大战前,美军就开始在军事数据的分析和管理中采用预测模型分析(回归、时间序列)、数据库分割(Database Segmentation)、连接分析(Link Analysis)、偏差侦测(Deviation Detection)等技术,大大提高了军事作业的效率,这些方法都是数据统计和挖掘中常用的方法。

1997 年,美国国防高级研究计划局(Defence Advanced Research Projects Agency, DARPA)赞助了高性能知识库项目,该项目的研究成果得到了众多的应用和推广,主要包括:为美潜艇部队开发的基于朴素贝叶斯方法的攻击信息挖掘工具,基于动态贝叶斯网络的 Theatre 弹道导弹反应推理器,美军的作战方案(Course-of-Action,COA)制定技术,互联网信息挖掘系统,等等。

另外,美军在"2010 联合构想"(Joint Vision 2010)中认为,美军要保持 21 世纪的军事和信息作战(Information Operations,IO)优势,需要 4 个全新的运作观念——高度的军事机动、准确会合、聚焦后勤和全方位防卫,而这些观念的实施需要有强大的信息处理(Information Process,IP)能力,要求能高效地实现从数据到信息再到知识的处理,而数据挖掘与数据融合将成为其中重要的工具和手段。

由此可见,通过数据分析与挖掘,得到对武器装备试验、训练、作战运用等军事活动有重大影响与支配作用的信息和知识,是未来武器装备发展的必要条件。

装备试验数据分析与挖掘的意义在于充分挖掘装备试验数据的潜在价

值,为装备试验活动提供数据支持和服务,主要体现在以下4个方面。

(1)为装备试验管理提供决策支持。决策支持活动的效率与信息技术的发展息息相关。知识工程、人工智能、知识发现和数据挖掘的发展必将为装备试验管理的决策支持提供强大的推动力。

作为从大量数据中发现潜在规律、提取有用知识的方法和技术,数据分析与挖掘不仅能够学习已有的知识,而且能够发现未知的知识。当前,长期装备试验管理实践中积累的大量数据需要做深层次的分析和处理,需要找到一个连接数据与决策知识规则之间的桥梁,这正是数据分析与挖掘可以发挥作用的地方。

开展装备试验数据分析与挖掘可以对装备试验管理各个层次、各个环节中产生的大量数据和信息进行分析,例如对于试验中的陪试装备状态开展分析与挖掘,结合可靠性预测等相关技术,为陪试装备在试验任务中的状态规律保障提供指导,从而挖掘形成概念、规则、规律、模式、约束等知识形式,这些知识经过解释后可以直接在装备试验管理决策活动中使用。这些决策支持信息,将使武器装备管理决策方法更加灵活、强大、实用。

(2)为装备建设论证提供数据支撑。装备试验的主要作用和目的是对装备建设论证指标进行验证,并在实测数据的基础上为装备建设提出改进建议。

通过开展装备试验数据分析与挖掘:一方面可以对装备实测数据进行扩展、补充和拟合;另一方面可以对装备试验全寿命、全周期数据进行深层次探索和发掘,获取装备体制与性能、效能的关联规律,以及编配数量方式对于体系运用的贡献率差异等规律信息,从而能够为装备建设提供更为有效和可靠的意见和建议,为装备建设论证提供全方位数据支撑。

(3)为装备作战运用提供借鉴参考。因为大量的信息和知识隐藏在复杂、庞大的数据库、数据仓库以及文件存储系统中,所以试验数据虽然是评判试验对象性能、效能等的主要依据,但难以直接用来指导作战,使得试验与指导作战存在一定差距。采用合适的数据分析挖掘方法,围绕装备在未来战争中的运用问题,依托试验数据分析挖掘技术形成相应的数据产品,为未来作战中的装备运用提供参考和借鉴,实现装备数据赋能和数据增值。这具体体现在以下两个方面:

1）在作战筹划阶段为指挥员及其指挥机关完成装备保障分析判断、需求预计、作战计划制订提供数据支撑。

2）在作战过程中采集装备保障态势信息，在对比作战试验数据的前提下，为指挥员及指挥机关下达命令、评价装备保障效果等活动提供支撑。

（4）为试验技术提升提供方法路径。随着信息化、实战化要求越来越高，未来装备试验逐步由面向装备向面向作战转变，装备试验数量也由单装向系统及体系过渡，产生的试验数据也逐渐呈现数据类型多样、数据数量庞大、数据关联性强等特点。针对新的试验类型及数据特点，应选择合适的试验数据分析与挖掘方法，对试验数据开展分析与挖掘，探索试验样本量与试验结论置信关系、试验条件与试验结论映射关系等制约试验技术提升的深层次问题，为试验技术开展革命性改进提供科学的方法和路径。

1.3　装备试验数据的类型及特点

1.3.1　装备试验数据主要类型

装备试验数据泛指开展试验过程中使用和形成的各类数据，包括试验所需数据、试验产生数据以及试验决策与评估数据等。其中：试验所需数据是指支撑试验开展所必需的支撑数据，例如政策法规数据、标准规范数据、信息情报数据、环境数据、基础属性数据等通用数据；试验产生数据主要指试验的准备、实施、总结等各个阶段产生的各种装备、试验环境、试验人员和保障活动等数据，例如目标测量系统、目标模拟系统、指挥通信系统、电磁环境测量与监控系统等各个保障装备产生的装备数据；试验决策与评估数据是指针对试验过程和结果开展的分析决策、指标评估以及形成的评判结论数据等，例如数据集产生过程数据、仿真建模过程数据、算法开发过程数据等分析过程数据，以及数据分析过程中形成的软件、模型、算法等产品数据。

这些数据是装备试验所积累的宝贵财富，来源多样，体量巨大，依据其数据类型不同，主要分为数据库数据、数据仓库数据等结构化数据，时间序列数据等半结构化数据，图像、音频、视频等非结构化多媒体数据，以及包含半结构化与非结构化数据的文本数据。

1.3.1.1 结构化数据

(1)数据库数据。数据库系统(Data Base System,DBS)由一组内部相关的数据(称为数据库)和用于管理这些数据的程序组成,通过软件程序对数据进行高效存储和管理并发、共享或分布式访问。当系统发生故障时,数据库系统应当保证数据的完整性和安全性。

关系数据库是目前使用较为成熟的数据库形式,基于关系数据库模型的数据库是数据表的集合,其中每个表都有一个唯一的名字。每个表格包含一个或多个用列表示的数据属性,每行包含一个数据实体,被唯一的关键字标识,并由一组属性描述。在创建数据表时,可以根据某列属性值的数据范围进行进一步的约束。例如,标识试验人员年龄的列不可能出现小于 0 的值。当然,出现很大的值(如 1 000)也是不合理的。

例如,试验任务的记录可以用关系数据表表示,见表 1-1。

表 1-1 某试验任务的记录表

编　号	名　　称	试验时间	试验地点	试验人员
2021101	××装备试验	2021 年 1 月	××阵地	张三
…	…	…	…	…
2021111	××装备试验	2021 年 4 月	×××阵地	李四
…	…	…	…	…
2022103	××装备试验	2022 年 1 月	××××阵地	王五
…	…	…	…	…

实际上,用于存储试验任务记录的表还会包含很多数据。例如,试验人员、试验地点会包含多个人员或地点,需要通过表的方式表示,每次试验的结果、过程中是否出现问题以及试验中使用的装备都需要详细地记录在数据库表中。

关系数据库中的数据可以通过数据库查询进行访问,数据库查询使用关系查询语言,如结构化查询语言(Structured Query Language,SQL)。一个给定的查询语句通过数据库软件程序的处理被转换成一系列关系操作,如连接、选择、投影等。例如,可以通过关系查询获得"5月进行了多少项试验任务""每个试验持续多长时间""试验执行过程中是否中断"等数据。

当对关系数据库进行数据挖掘时,可以通过进一步的分析和挖掘发现更有意义的模式。例如:不同类型的试验对不同类型装备的依赖程度;哪些试验的进行必须在特定天气条件下,进而此种天气在每年什么时间段出现较为频繁;哪些装备经常在不同的试验中都有需求;等等。通常来说,这些问题是试验组织人员更加关注的。

(2)数据仓库数据。对于一些较为大型的装备试验,可能面向多个专业领域、试验涉及多个区域,面对不同的环境、不同的态势,由于不同的专业有不同的要求,不同的区域需要单独管理数据,因此,当需要对所有的数据进行分析时,可能就会面临数据分散等问题,这时就需要用到数据仓库(Data Warehouse,DW)。

数据仓库使用特有的资料存储架构,对数据进行系统的分析、整理。数据仓库通过数据清洗、数据变换、数据集成、数据装入和定期数据刷新构造。图1-1描述了数据仓库的构造和使用过程。

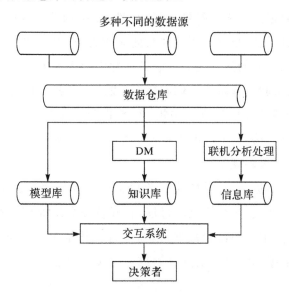

图1-1　数据仓库的构造和使用过程

数据库的数据组织是面向任务的,而数据仓库中的数据则是按照主题进行组织的。主题是指决策者进行决策时所关心的重点内容。

通常,数据仓库使用数据立方体的多维数据结构建模,其中每个维度包含模式中的一个或一组属性,而每个单元保存对应的属性值。数据立方体可以从多个维度观察数据,为决策者提供整体的信息。

联机分析处理(On-Line Analysis Processing,OLAP)是数据仓库系统的主要应用,用于支持复杂的分析操作,允许在不同的汇总级别对数据进行汇总。

数据仓库对数据的分析提供了强大的支持,但进行更加深入的分析依然需要数据挖掘工具的帮助。

1.3.1.2 文本数据

文本数据是大规模自然语言文本的集合,是面向人的,可以被人部分理解,但不能被人充分利用,它具有自然语言固有的模糊性与歧义性,有大量的噪声和不规则结构,而文本信息是从文本数据中抽取出来的、机器可读的、具有一定格式的、无歧义的、呈显性关系的集合。随着互联网的飞速发展,信息资源将呈爆炸式增长,有研究表明,网络中超过 80% 的信息包含于文本文档中。由于文本数据具有无标签性、半结构性、非结构性、高维性、非均匀性和动态性等特性,传统的数据挖掘往往对此无能为力,因此,对文本数据的挖掘是目前数据挖掘领域的热点之一。装备试验中会产生大量的文本数据,包括试验准备阶段、试验实施阶段、试验总结阶段产生的各类相关文档。

在试验准备阶段,相关政策法规、参考的标准规范文件、获得的装备手册以及针对该试验编写的文书等都属于文本数据,如《××装备试验方法》《××类装备数据编码规范》等。

伴随着试验的进行,在试验实施阶段会产生大量文本数据。例如:制订的各种试验计划类文件;根据试验进展,召开各种会议所产生的会议记录;每一天的工作日志;记录的试验数据;撰写的各种技术报告甚至于问题报告等都属于文本类数据,如《××实施计划》《××型装备试验方案》《××问题报告》等。

在试验总结阶段,产生的文本数据主要以总结报告、会议记录等数据为主,如《××报告》《××纪要》等。

文本数据覆盖了装备试验的全过程,是装备试验中非常重要的支撑数据。对文本数据的分析挖掘,对掌握试验内容、总结试验问题、了解装备性能有着重要的作用。

对文本数据进行分析挖掘,主要是从文本中抽取特征词并进行量化,将原始文本从非结构化数据转换为结构化数据,即对文本进行科学的抽象,建立它的数学模型,用以描述和代替文本,使计算机能够通过对这种模型的计算和操作实现对文本的识别。

1.3.1.3 多媒体数据

多媒体数据包括图形、图像、音频、视频等类型数据。装备试验过程中会产生大量的多媒体数据,这些数据往往蕴含着丰富的信息和知识,针对这些类型的数据进行数据分析和挖掘,将会最大限度地发掘装备试验数据的隐含价值。

装备试验中产生的多媒体数据主要是在试验实施阶段由装备产生的,例如对雷达类装备中屏显信息的记录,电磁环境检测装备记录的试验场区电磁频谱图,目标特性测量装备记录的目标辐射特性图、气象装备显示的气象信息等。另外,录音设备记录的试验现场语音、摄像设备记录的装备图片、试验态势图片、试验视频也是装备试验中不可或缺的多媒体数据。

装备试验中产生的多媒体数据具有数据量大、格式不一、标注不完善等特点,一般为非结构化数据,对多媒体数据进行分析与挖掘,就是从大量的多媒体数据集中,通过综合分析复杂异构的海量数据的视听特性和语义,发现隐含在其中的潜在有用的信息和知识,确定事件的趋向和关联的过程,从而为用户求解问题、做出决策提供必要的技术支持。

当前的数据库系统由于无法发现隐藏在海量数据中的联系和规则,不能根据现有的数据预测未来的发展趋势,缺乏挖掘数据背后隐藏知识的手段,导致了人们面临"数据丰富而知识匮乏"的现象。原有的简单的数据库技术已无法满足实际应用的需求,人们迫切地希望从这些多媒体数据中得到一些高层的概念和模式,找出蕴涵于其中的有价值的知识。因此,针对多媒体数据挖掘不能使用传统的数据挖掘技术和方法,而应采用模式识别技术,包括构造多媒体数据立方体、多媒体数据的特征提取和基于相似性的模式匹配等。

1.3.1.4 时间序列数据

大数据与经济社会各领域深度融合,扮演着越来越重要的角色。因此,大数据又被称为新的"原油"。在这些海量数据中,有一类基于时间上的先后顺序对现实世界中所发生的相应改变进行"如实"记录的数据,被称为时间序列数据。时间序列数据是当今非常普遍且与时间相关的高维数据,同时也是数据挖掘领域中主要的研究对象,它广泛存在于金融、医疗、航天、气象、工业制造等领域中。此外,一些与时间无关的数据(如基因数据、物体形状数据等),也可以通过相应的数据变换成为以时间序列为表现形式的时序数据。近年来,随着人工智能、机器学习等新兴技术的飞速发展,"智慧地球""智慧城市"等创新应用的不断推广,时间序列数据的数据量发生了飞速增长,同时如何利用相应的数据挖掘技术从海量的时间序列数据中发现潜在的知识和规律也已成为当前数据挖掘研究中的热点和难点。

装备试验中,会产生许多类型的时间序列数据,例如航迹数据、飞行状态数据、电子对抗装备产生的信号数据,以及在装备维护中记录的基于时间的装备状态数据等。利用这些数据进行分析与挖掘,可以为装备状态、试验设计等方面提供支撑。

1.3.1.5 图谱数据

数据实例之间经常会通过各种各样的关系连接起来。数据实例自身可以用各种属性来描述。实例之间的连接关系可以用实例(或节点)的网络或图来表示。图中的节点和边都可以用多个数值型或类别型的属性,或者更复杂的类型来表示。现如今,越来越多的海量数据是以图或网络的形式出现的,例如万维网、社交网络、语义网、生物网络以及科学文献的引用网络等。因此,图和图数据挖掘变得日趋重要,并被大量研究。

装备试验过程中会源源不断地产生数据信息,形成海量的数据资源,为了实现对数据的混合存储和高效利用,应在数据工程建设中构建装备试验数据知识图谱,形成试验图数据库以及内容知识库,通过图谱数据挖掘方法,挖掘数据之间的潜在价值。

1.3.2 装备试验数据的特点

从装备试验数据的类型和内容可以看出,装备试验数据涵盖了装备试验过程中的所有数据,这些试验数据资料具有以下特点。

(1)数据种类繁多。随着装备试验范围的拓展,试验数据包括的范围也越来越广:结合试验的全部要素看,主要包括装备、气象、地理水文环境、人员保障、业务流程、规章制度、仿真推演等数据,结合试验的分析过程看,又有效能评估数据、体系推演数据、边界性能数据等各类数据。总之,在试验过程中,各种装备、所有参试人员无时无刻不在产生着数据。

(2)数据形式多样。试验数据有结构化的数据库、数据仓库数据,又有非结构化的文本、图像、影像资料等数据,还有半结构化的时间序列数据。此外,还存在海量的、未经过数字化的纸质文档数据等。

(3)数据潜在价值高。与商业数据不同,随着时间的推移,历史数据细节不再重要,装备试验数据对于装备全寿命管理周期有效期很长,可以长达十几年,数据价值不会随时间推移而降低。

(4)数据量大且不断增长。随着后期体系级装备试验和贴近实战的装备试验的深入展开,试验数据资源量将呈指数级迅猛发展。由于传感器及各类通信及智能设备的引入,装备试验实施过程中会实时不间断地产生大量数据。以军事演习为例,各类传感器采集到的音视频、图像、单兵及各类武器平台产生的行为数据,使得数据量从过去的 MB 跃升到 GB、TB,甚至 PB 以上,与以往相比已不是一个数量级,并且随着技术手段的不断丰富、试验规模的不断扩大,试验数据量还在急剧加速增长。

1.4　装备试验数据分析与挖掘需求分析

数据在运用中发挥价值,试验数据的应用是试验数据的归宿和价值体现。装备试验数据除作为试验任务评估鉴定的基础输入进行计算外,后续的深层次价值主要体现在三个方面:一是立足于提高改进装备试验任务的效率和质量,建立基础试验数据及算法模型体系,为丰富、健全试验理论及方法提供数据和服务支持;二是反馈延伸到武器装备发展建设全寿命周期的每个环节,对武器装备改进升级的再论证、再设计过程具有影响和促进作用;三是融合运用到武器装备作战训练全方位职能使命的各个方面,对武器装备的高效赋能和潜能挖掘具有借鉴和指导作用。其具体需求主要包括以下几个方面。

1.4.1　数据建模需求

当前,海量的试验数据资源的价值处于沉睡状态,由于其底数不清,格式各异,尚不能对其进行较为深入的应用分析,因此对海量试验数据资源进行建模,形成有效的管理、治理手段是当前需要解决的首要问题。一是针对装备运用、科目设置、指标体系建立等试验训练任务基础应用需求,利用数据建模、数据统计与关联分析等方法,对内、外场试验训练数据进行汇聚融合、综合比对、数据关联等建模与分析,形成作战对手、电磁环境、战术战法、目标特性等各种专题数据库及相关知识图谱,为试验相关业务需求提供数据支持和服务;二是针对试验训练任务样本量少、维度多等特点,利用生成对抗网络、深度置信网络和深度森林等深度学习方法,对定性、定量试验数据分别进行扩充和等效外推,为数理统计分析、等效外推、综合评估等提供数据支撑。

1.4.2　试验评估需求

基于某一次试验任务的试验数据,可以评估本次试验任务的实际效果;基于同类装备的历次试验任务,可以进行装备的技术发展演化画像分析,辅助进行装备技术改进点的挖掘分析决策;基于体系试验任务的试验数据,可以通过对装备、环境、保障、任务协同等多专业类别的融合挖掘,基于试验数据形成可视化的试验进程态势,辅助进行体系效能的综合评估。针对试验评估指标体系迭代完善问题,基于同类型任务评估数据,利用主成分分析、灵敏度分析、关联规则算法等方法,对试验评估指标项及指标项间权重等进行关联分析,挖掘装备使用效能与指标、指标与指标之间隐藏的关联关系,为同类型试验任务指标体系设计、评估与优化提供参考。

1.4.3　装备管理需求

基于装备试验数据建立装备的健康管理模型,基于模型可以预测装备的剩余寿命,根据装备实际状态制订精准的维护保障计划,针对试验数据中偏离数值分布区域较大的数值,数据处理人员通常将其作为异常值剔除,当异常值呈一定规律出现时,借助大量规律性异常值数据进行分析和反推,对于检测装备故障具有重要意义;针对部分装备机理模型难以准确获取的情况,采用大数据的方法构建装备能力预测模型,利用神经网络以及决策树、梯度提升树等机器学习方法,对装备输入/输出数据进行训练,形成装备"代理"模型,模拟预测装备及装备体系的作战能力,为作战运用、综合评估等提供支撑。

1.4.4　文书编写需求

试验文书是装备试验数据最基础的层次和最直接的应用模式。狭义的试验数据是指在试验任务中,借助各种探测、测量设备,自动或人工采集存储的与试验过程紧密相关的参数,通常由数据项目、数值和量纲构成。广义的试验数据在狭义试验数据的基础上,还包括试验总体方案、大纲、报告及试验保障方案等文书文本。试验任务承担人员在面对某新型装备时,针对该型武器的某一具体性能指标,可调取在该指标与其相似装备的试验文书,通过对自然语义的解析和文本信息检索,发掘文本中的有用信息,在参考以往数据的基础上,探索新型装备最优化的试验方案,缩短方案制订的时间。此外,在制订作战试验保障方案时,通过对以往试验保障方案的检索和解析,针对不同规模的作战行动调整相应的人员配比,油料、弹药供给,物资器材及车辆,给养等,既保障作战行动的顺利进行,又节约人力、物力,实现作战试验的精确保障。

1.4.5　作战运用需求

针对典型任务装备的边界性能问题,以典型核心战技术指标为例,对装备体制、工作状态参数、环境因素、装备性能测试结果等数据进行建模与分析,挖掘装备工作状态参数、环境因素与装备边界性能之间的关联关系,形成装备边界性能分析模型,为装备训练演练和作战运用等提供装备边界性能参考;针对装备编配部署优化问题,对同类型试验训练任务中的目标活动规律、所用装备使用性能和地理环境、电磁环境等数据进行建模与分析,以装备使用效果最优为目标函数,以装备编配部署方案、环境因素等为约束条件,利用遗传算法、蚁群算法等智能优化算法建立非线性多目标优化模型,挖掘形成典型战情下的装备编配部署优化方案列表,为装备作战运用、组织筹划等提供参考。

1.5 章节介绍

全书章节结构如图 1-2 所示。

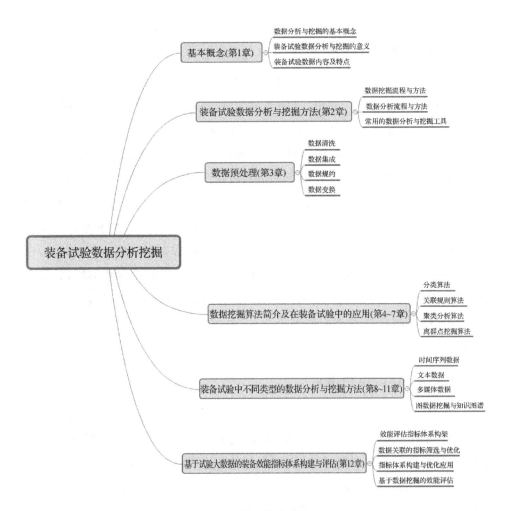

图 1-2　全书章节结构

第 1 章主要介绍数据分析与挖掘的相关概念、联系与区别，以及装备试验数据分析与挖掘的意义。本章提出针对装备试验数据，以装备试验业务需求为牵引，采用数据分析与挖掘的方法，充分发掘数据中隐藏的规律和价值，从而形成满足装备试验业务需求的一系列数据产品的过程，然后介绍装备试验数据的内容,以及装备试验数据分析与挖掘主要面对的数据类型。

第 2 章主要介绍装备试验数据分析与挖掘方法。在数据挖掘方面,本章提出装备试验数据挖掘的一般流程,介绍试验中经常用到的数据挖掘方法;在数据分析方面,本章介绍装备试验中常用的数据分析方法,包括数据描述性分析、数据探索性分析等,提出试验数据分析的一般流程。最后本章介绍常用的数据分析与挖掘工具。

第 3 章主要介绍数据预处理技术。数据预处理是数据挖掘中重要的一步,本章结合装备试验数据特点,介绍数据清洗、数据集成、数据规约以及数据变换的相关概念和方法,为装备试验数据挖掘提供准确的数据打下基础。

第 4～7 章分别介绍典型的数据挖掘算法在装备试验数据分析与挖掘中的应用,包括分类算法、关联规则算法、聚类分析算法以及离群点挖掘算法等。其中,第 4 章主要介绍决策树算法、朴素贝叶斯算法、支持向量机算法和随机森林算法等分类算法,并介绍应用分类算法开展装备试验数据分析挖掘的具体案例。第 5 章主要介绍先验(Apriori)算法、频繁模式增长(Frequent Pattern Growth,FP-Growth)算法等关联规则算法,并介绍应用关联规则算法开展装备试验数据分析与挖掘的具体案例。第 6 章主要介绍 K-means 算法等聚类算法,并介绍应用聚类算法开展装备试验数据分析与挖掘的具体案例。第 7 章先介绍离群点的基本概念,之后讨论基于统计分析、密度、距离和域的多种离群点挖掘的方法,以及在装备试验数据分析与挖掘中的应用。

第 8～10 章分别介绍装备试验中不同类型数据的分析与挖掘方法,包括时间序列数据分析与挖掘方法、文本数据挖掘方法以及多媒体数据挖掘方法。其中,第 8 章主要介绍装备试验中时间序列数据的分析与挖掘方法,研究飞行航迹时间序列数据的平滑与预测方法。第 9 章介绍装备试验中的文本数据分析与挖掘方法,实现基于文本挖掘的试验文档分类系统。第 10 章介绍多媒体数据的分析与挖掘方法,包括图像、视频、音频以及多模态数据的分析与挖掘方法。

第 11 章介绍在构建知识图谱时,利用分类算法、聚类分析算法等数据挖掘方法,进行知识抽取,以保证聚合概念的完整性和全面性。

第 12 章以电子信息装备为例,综合运用数据分析挖掘方法,重点讨论基于试验大数据的装备效能指标体系构建方法及效能评估方法。

第2章 数据分析与挖掘方法简介

2.1 装备试验中的数据挖掘流程及方法

2.1.1 数据挖掘一般流程

1999 年,在欧盟(European Commission)的资助下,SPSS、戴姆勒-克莱斯勒(Daimler - Chrysler)等开发并提炼出跨行业的数据挖掘标准流程(Cross-Industry Standard Process for Data Mining,CRISP-DM),并进行了大规模数据挖掘项目的实际应用。CRISP-DM 从方法论的角度将整个数据挖掘流程分解成业务理解、数据理解、数据准备、建立模型、模型评估和发布、实施 6 个阶段,图 2 - 1 描述了这 6 个阶段以及它们之间的相互关系,表 2 - 1 列出了各阶段的任务及相应的输出。在实际的数据挖掘过程中,每个阶段的任务以及产生的内容可能不会明显地体现挖掘过程中,但是应根据需求完成挖掘过程中的每个阶段任务。

CRISP-DM 认为,数据挖掘过程是循环往复的探索过程,6 个步骤在实践中并不是按照不变的顺序进行,而是在实际挖掘过程中经常会回到前面的步骤。例如:在数据理解阶段发现现有的数据无法解决业务理解阶段提出的业务问题时,就需要回到业务理解阶段重新调整和界定业务问题;到了建立模型阶段发现数据无法满足建模的要求,则可能要重新回到数据准备过程;到了模型评估阶段,当发现建模效果不理想的时候,也可能需要重新回到业务理解阶段审视业务问题的界定是否合理,是否需要做些调整。目前大多数数据挖掘系统的研制和开发都遵循 CRISP-DM 标准。下面简要介绍CRISP-DM 各阶段的任务及相应的输出,见表 2 - 1。

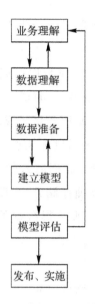

图 2-1 数据挖掘一般流程

表 2-1 CRISP-DM 各阶段的任务及相应的输出

业务理解	数据理解	数据准备	建立模型	模型评估	发布、实施
确定业务目标； 评估形势； 确定数据挖掘目标； 制订项目实施计划	数据的初步收集； 数据描述； 数据的探索性分析； 数据质量检验	选择数据； 数据清洗； 数据变换； 数据集成； 数据规约	选择建模技术； 生成检验设计； 建立模型； 评估模型	评估结果； 数据挖掘过程回顾； 确定下一步	实施计划； 监测和维护计划； 生成最终报告； 项目回顾

（1）业务理解。业务理解的主要任务是把项目的目标和需求转化为一个数据挖掘问题的定义和一个实现这些目标的初步计划，并确定对数据挖掘结果进行评价的标准。该阶段的主要步骤包括以下几点。

1）确定业务目标：数据分析挖掘人员从业务的角度全面理解用户的问题，发现其真实需求，清晰明确地定义用户的业务目标和评价的标准。

2）形势评估：详细了解本部门及相关单位所具有的资源、需求、规定和限制、成本收益等因素，为下一步确定数据挖掘目标和制订项目实施计划做准备。

3)确定数据挖掘目标:将业务目标转化为相应的数据挖掘目标并确定数据挖掘达到预期目标的标准。

4)制订项目实施计划:制订完成数据挖掘任务的项目计划,包括项目执行的阶段,每阶段时间,所需的资源、工具等。

(2)数据理解。该阶段的主要任务是完成对所要挖掘的数据资源的认识和清理。在此阶段的主要步骤包括以下几点。

1)数据的初步收集:数据源、数据有效性、数据归属、存储方式、表的数目、记录的数目、字段的数目、物理存储方式、使用限制、隐私需求等方面。

2)数据描述:从总体上描述所获得数据的属性,包括数据格式、数据质量、数据归属、收集时间跨度等多方面,并检验数据是否能够满足数据分析挖掘相关要求。

3)数据的探索性分析:关键属性分布、属性之间的关系、数据简单的统计结果、重要子集的属性和简单统计分析等。这些分析可能直接完成了某些数据挖掘目标,也可能丰富或细化了数据描述和质量报告,或者为将来的数据变换或其他数据处理工作做准备。

4)数据质量检验:检验数据是否满足数据挖掘的要求,如数据是否完整,是否具有缺失值和缺失属性,如果有缺失值,缺失值出现的位置信息、缺失值是否普遍;数据是否包含错误信息,如果包含错误信息,此类数据是否较多;等等。

(3)数据准备。数据准备和数据理解是数据预处理的核心,是建立模型之前的最后一步,其任务是将原始数据转化为适合数据挖掘工具处理的目标数据,主要步骤包括以下几点。

1)选择数据:制定数据选择、剔除的标准,决定分析所要用到的数据。

2)数据清洗:保证数据值的准确性和一致性,解决数据缺失问题,将数据质量提高到能满足分析精度的要求。

3)数据集成:将来自不同表或记录的数据合并起来以产生新的记录或数据项,涉及对冲突和不一致的数据进行一致化。

4)数据变换:将数据转换成适用于数据挖掘的形式。

5)数据规约:在可能的情况下,更简洁地表示数据,数据规模越小,就越易于使用复杂的、需要大量计算的算法。

(4)建立模型:选择和应用多种不同的数据挖掘技术,调整它们的参数使其达到最优值。面对同一种问题,会有多种可以使用的数据挖掘技术,但是每一种挖掘技术对数据有不同的限制及要求,因此经常需要回到数据准备阶段重新进行数据的选择、清洗、转换等活动。该阶段的主要步骤包括以下几点。

1)选择建模技术:了解相应的建模技术的特点及该技术对数据的假定要求。

2)生成检验设计:分析如何对模型的效果进行检验。

3)建立模型:设定模型参数,在备好的数据集上建立模型,记录和描述构建的模型。

4)评估模型:根据数据挖掘的成功标准,评价模型的使用情况以及是否需要调整模型参数。

(5)模型评估:由业务人员和领域专家从业务角度全面评价所得到的模型,确定模型是否达到业务目标,最终做出是否应用数据挖掘结果的决策,主要步骤包括以下几点。

1)评估结果:评估产生的数据挖掘模型满足业务目标的程度,筛选出被认可的数据挖掘模型。

2)数据挖掘过程回顾:查找数据挖掘过程是否存在疏忽和遗漏之处。

3)确定下一步:列出所有可能的行动方案,根据评估结果和数据挖掘过程回顾,确定项目下一步如何进行。

(6)发布、实施。发布、实施是运用数据挖掘结果解决现实业务问题,实现数据挖掘的现实价值,主要步骤包括以下几点。

1)计划实施:根据评估结果,确定实施战略。

2)计划监测和维护:随着业务环境的变化,数据挖掘模型的适用性和效果也可能发生改变,必须建立对模型进行监测和维护的机制。

3)生成最终报告。

4)项目回顾:总结经验教训,为以后的数据挖掘项目积累经验。

2.1.2　装备试验数据挖掘主要方法及不同类型数据的挖掘

针对不同类型的数据采用不同的数据分析挖掘方法是分析挖掘工作的

重要环节和关键行为,直接决定了分析挖掘结果的准确性和有效性。当前主要的数据挖掘方法包括分类、关联规则、聚类分析、离群点挖掘几个方面。此外,试验中频繁出现时间序列数据、文本数据以及多媒体数据等,针对这些数据的分析与挖掘,与传统的分析挖掘方法略有不同。本节将会一一简要介绍。

2.1.2.1 分类

在机器学习中,分类(Classification)属于有监督学习,即从给定的有标记训练数据集中学习并生成模型,当未标记数据到来时,可以根据这个模型预测类别。在数据挖掘领域,分类可以看成是从一个数据集到一组预先定义的、非交叠的类别的映射过程。其中映射关系的生成以及映射关系的应用就是数据挖掘分类方法主要的研究内容。映射关系即分类函数或分类模型(分类器),映射关系的应用就是使用分类器将数据集中的数据项划分到给定类别中的某一个类别的过程。

分类找出描述和区分数据类或概念的模型(或函数),以便能够使用模型预测类别未知的数据对象的类。导出的模型是基于对训练数据集(即类别已知的数据对象)的分析,该模型用来预测类别未知的对象的类别。导出模型的表示形式有分类规则(如 IF-THEN 规则)、决策树(是一种类似于流程图的树结构,其中每个节点代表在一个属性值上的测试,每个分支代表测试的一个结果,而树叶代表类或类分布)、数学公式、神经网络(是一组类似于神经元的处理单元,单元之间通过加权相连接)、支持向量机、朴素贝叶斯等。下面简单介绍一下分类常用术语、分类评价指标以及分类误差。

(1)常用术语。给定数据集中所有正实例数为 P、所有负实例数为 N,分类评价中的常用术语包括以下几个:

1)True Positives(TP):被正确地划分为正例的个数,即实际为正例且被分类器划分为正例的实例数(样本数);

2)False Positives(FP):被错误地划分为正例的个数,即实际为负例但被分类器划分为正例的实例数;

3)False Negatives(FN):被错误地划分为负例的个数,即实际为正例但被分类器划分为负例的实例数;

4)True Negatives(TN):被正确地划分为负例的个数,即实际为负例且被分类器划分为负例的实例数;

5)混淆矩阵(Confusion Matrix):是用来反映某一个分类模型的分类结果,见表 2-2,其中行代表的是真实的类别,列代表的是模型预测的类别,P′为预测的正实例数,N′为预测的负实例数。

表 2-2　混淆矩阵

实际类别		预测类别		
		Yes	No	总计
	Yes	TP	FN	P
	No	FP	TN	N
	总计	P′	N′	P+N

(2)评价指标。分类算法的评价指标包括以下几个:

1)正确率(accuracy):accuracy=(TP+TN)/(P+N),即被分对的样本数除以所有的样本数,正确率越高,分类器越好;

2)错误率(errorrate):错误率则与正确率相反,描述被分类器错分的比例,errorrate=(FP+FN)/(P+N),对某一个实例来说,对与错是互斥事件,所以 accuracy=1-errorrate。

3)灵敏度(sensitive):sensitive=TP/P,表示的是所有正例中被分对的比例,衡量了分类器对正例的识别能力;

4)特效度(specificity):specificity=TN/N,表示的是所有负例中被分对的比例,衡量了分类器对负例的识别能力;

5)精度(precision):精度是精确性的度量,表示被分为正例的实例中实际为正例的比例,precision=TP/(TP+FP);

6)召回率(recall):召回率是对覆盖面的度量,度量有多少个正例被正确地分为正例,recall=TP/(TP+FN)=TP/P=sensitive,可以看到召回率与灵敏度是一样的;

7)接收者操作特征(Receiver Operating Characteristic,ROC)曲线和曲线包围面积(Area Underroc Curve,AUC)。ROC 曲线,来源于信号检测领域,可用于比较两个分类器的性能。ROC 曲线关注两个指标 TPR(True

Positive Rate)和 FPR(False Positive Rate)。其中 TPR 计算方式为:TPR＝TP/(TP＋FN),TPR 计算方式为:FPR＝FP/(FP＋TN)。

直观上来说,TPR 代表能将正例分对的概率,FPR 代表将负例错分为正例的概率。在 ROC 曲线中,每个点的横坐标是 FPR,纵坐标是 TPR,反映了 FP 与 TP 之间权衡。

对于二元分类问题,二元分类器输出的是对正样本的一个分类概率值,通过设定一个阈值可以将实例分类到正类或者负类(例如大于阈值划分为正类)。根据分类结果计算得到 ROC 空间中相应的点,连接这些点就形成 ROC 曲线。ROC 曲线经过(0,0)与(1,1)。一般情况下,这个曲线都应该处于(0,0)与(1,1)连线的上方。

AUC 的值就是处于 ROC 曲线下方的那部分区域的面积,用来衡量分类器的好坏。通常,AUC 的值介于 0.5～1.0 之间,较大的 AUC 代表了较好的分类器性能。在 TPR 随着 FPR 递增的情况下,TPR 增长得越快,曲线越往上凸,AUC 就越大,模型的分类性能就越好。当正负样本不平衡时,这种模型评价方式比一般的精确度评价方式有明显的优势。

8)其他评价指标。

速度:产生和使用模型的计算成本;

强壮性:当存在噪声数据或具有空缺值的数据时,模型正确预测的能力;

可伸缩性:当给定大量数据时,有效地构造模型的能力;

可解释性:学习模型提供的理解和洞察的层次。

(3)分类误差。分类模型的误差包括训练误差和泛化误差两种。训练误差是在训练集中错误分类样本的比率,泛化误差是模型在未知记录上的期望误差,即训练数据中推导出的模型能够适用于新数据的能力。一个好的分类模型应该具有低的训练误差和泛化误差。分类模型只要足够复杂,是可以完美地适应训练数据的,但当运用于新数据时会导致较高的泛化误差即模型过度拟合问题。如对于决策树模型,随着树中节点的增加,起初模型的训练误差和泛化误差会不断降低,但是当树的节点增加到一定规模,树模型越来越复杂时,其训练误差不断降低,但泛化误差开始增大,出现过度拟合现象。

评估分类模型的性能主要是估计其泛化误差,由于数据的分布未知,泛

化误差不能被直接计算。交叉验证被广泛应用于模型的泛化误差估计,常见的方法包括以下几个:

1)Hold-Out Method:将原始数据随机分为两组,一组作为训练集,一组作为验证集,利用训练集训练分类器,然后利用验证集验证模型,记录最后的分类准确率。

2)K-fold Cross Validation:将原始数据分成 K 组(一般是均分),将每个子集数据分别做一次验证集,其余的 $K-1$ 组子集数据作为训练集,这样会得到 K 个模型,用这 K 个模型最终的验证集的分类准确率的平均数作为此分类器的性能指标。K 一般大于或等于 2,实际操作时一般取 10。

3)Leave-One-Out Cross Validation:如果设原始数据有 N 个样本,每个样本单独作为验证集,其余的 $N-1$ 个样本作为训练集,得到 N 个模型,用这 N 个模型最终的验证集的分类准确率的平均数作为分类器的性能指标。相比于 K-fold Cross Validation,Leave-One-Out Cross Validation 有两个明显的优点:一是每一回合中几乎所有的样本皆用于训练模型,因此最接近原始样本的分布,这样评估所得的结果比较可靠;二是试验过程中没有随机因素会影响试验数据,确保试验过程是可以被复制的,其缺点是计算成本高。

2.1.2.2　关联规则

世间万物普遍存在着联系,有些联系是人们知道的,比如说有些疾病有遗传问题、肺癌跟吸烟习惯有关联等。更多的联系是人们现在还未知的,需要去探索。数据挖掘的关联规则算法,主要是发现大量数据中项集之间有趣的未知联系。本小节将从关联规则的要素、挖掘关联规则的过程以及关联规则的分类方法几方面进行介绍。

(1)关联规则的要素。

项与项集:数据库中不可分割的最小单位信息称为项,用符号 i 表示,项的集合称为项集。设集合 $I=\{i_1,i_2,\cdots,i_k\}$ 是项集,I 中项目的个数为 k,则集合 I 称为 k-项集。例如,集合{通信波段,干扰信号样式,信号类型}是一个 3-项集。若有项集 $I_1=\{i_1,i_2,i_3\}$,则称项集 I_1 是项集 I 的子集。

例如:对表 2-3 所示的任务数据库记录,请给出项集和其中的事务。

表 2 - 3 数据库记录

任务数据库 T	任务类型	使用装备
t_1	01	a,b
t_2	02	b,c,d
t_3	03	b,d

在装备试验历史数据中包含涉及 a,b,c,d 四种装备(项),即项集 $I=\{a,b,c,d\}$。任务数据库可表示为 $T=\{t_1,t_2,t_3\}$,其中 $t_1=\{a,b\}$,$t_2=\{b,c,d\}$,$t_3=\{b,d\}$,且它们都是项集 I 的子集,且按照字典序排序。

关联关系:关联关系是如 $X\Rightarrow Y$ 的表达式,其中 X,Y 分别是项集 I 的真子集,并且 $X\cap Y=\Phi$ 中。X 称为关联关系的前项,Y 称为关联关系的后项。关联关系反映数据项 X 出现时,数据项 Y 跟着出现的规律。

例如,在试验任务中,{装备 A,装备 B}$\Rightarrow${装备 C}关联关系表示的含义是在某次试验中使用装备 A 和装备 B 人也会使用装备 C,它的前项是{装备 A,装备 B},后项是{装备 C}。通常,关联关系的强度可以用支持度和置信度来度量。

项集的频数:项集在数据项集中出现的次数称为项集的频数,也可称为支持度计数。

支持度:支持度是指所有数据项集中同时包含集合 A 与集合 B 的数据项集在所有数据项集的百分比。支持度揭示了 A 与 B 同时出现的概率。如果 A 与 B 同时出现的概率小,说明 A 与 B 关系不大;如果 A 与 B 同时出现得非常频繁,说明 A 与 B 相关。而最小支持度则是由用户定义衡量支持度的一个阈值,表示该规则在统计意义上必须满足支持度的最低重要性。关联规则的支持度公式为

$$\text{support}(A\Rightarrow B) = P(A\bigcup B) \tag{2-1}$$

置信度:置信度揭示了 A 出现时,B 也出现的可能性大小。如果置信度为 100%,说明 A 与 B 完全相关。如果置信度太低,说明 A 出现与 B 是否出现的关系不大。而最小置信度则是由用户定义衡量置信度的一个阈值,表示该规则统计意义上必须满足置信度的最低重要性。置信度公式为

$$\text{confidence}(A\Rightarrow B) = P(B\mid A) \tag{2-2}$$

频繁项集：若一个项集的支持度大于预先设置的最小支持度，则认为该项集为频繁项集。

(2)挖掘关联规则的过程。关联规则解决的问题主要是指，找出数据集 D 中所有大于或等于用户指定最小支持度且满足最小置信度的项集，即找出数据集 D 中的强关联规则，相关定义如下所示。

最小支持度（包含）：表示规则中的所有项在数据集中同时出现的频度应满足的最小频度。

最小置信度（排除）：表示规则中前项的出现导致结果项的出现时应满足的最小概率。

关联规则的数据挖掘的过程主要包括两个阶段：

第一阶段，得到要分析的源数据，形成数据集合，之后从数据集合中找出所有的高频项集，就是支持度大于最小支持度的那部分项集，也就是频繁项集。

关联规则是否重要的最主要考量指标为项集支持度，这也是在所有关联规则挖掘算法中的第一阶段必须进行的工作，即从源数据集中找出所有出现较高频率的项集，得出项集的支持度。例如，某项集包含 A 与 B 两个项目，可以得到 $\{A, B\}$ 项集的支持度。为了从数据集中找到有用的关联规则，首先要确定两个阈值（可以通过经验判断也可以通过专家打分），一个是最小支持度，另一个是最小可信度。如果得到的支持度大于或等于最小支持度阈值时，即 $\{A, B\}$ 项集为频繁项集，那么满足最小支持度的项集 k 则称为高频 k-项集。挖掘算法就是从高频 k 项集中产生高频 $k+1$ 项集，然后一直重复以上步骤，直到无法再找到比它更长的频繁项集。

第二阶段，即从第一阶段中得到的频繁项集中找出关联规则。

关联规则挖掘的第二阶段的目标是产生关联规则。在一般关联规则算法中，对上一步产生的满足最小支持度的频繁项集 k-项集，计算该项集的可信度，把所求得的可信度同最小置信度阈值比较。如果在满足最小支持度的条件下，同时满足最小置信度，称此规则为关联规则。

(3)关联规则主要有以下几种分类方式。

1)关联规则可以分为布尔型关联规则和数值型关联规则。布尔型关联规则用来处理那些离散和类化的变量，主要用来表明这些变量之间是否存在关系;数值型关联规则就是用来处理数字字段的,它不但可以直接处理各种原始数据,同样可以结合其他类型的关联规则,对数值型字段分割处理。当然,各种变量也是可以包含在数值型关联规则中的。假如收入数据是数值类型,那么相关联的就是一个数值型关联规则。

2)关联规则按层次不同可以分为单层关联规则和多层关联规则。单层关联规则中是不考虑数据的多层性的,每一个变量都被认为是单层的;现实中的数据往往是复杂和多层的,必须考虑变量中数据的多层性。

3)关联规则可以分为一维关联规则和多维关联规则。一维关联规则就是对单个属性中存在的那些关系进行处理;多维关联规则是处理复数属性间的各种关系。在一维关联规则中,只关注数据的一个维度,而在多维关联规则中,要处理的数据将会关联多个维度。

2.1.2.3 聚类

聚类分析是数据挖掘、模式识别等的重要研究内容之一,在识别数据的内在结构方面具有极其重要的作用。聚类分析广泛应用于模式识别、数据分析、图像处理和市场研究等领域,对生物学、心理学、考古学、地质学及地理学等研究也有重要作用。聚类分析是一个既古老又年轻的学科分支:说它古老,是因为人们研究它的时间已经很长;说它年轻,是因为实际应用领域不断提出新的要求,已有方法不能满足实际应用新的需要,聚类分析的方法和技术仍需不断完善和发展,需要设计新的方法。下面我们从聚类的基本概念、聚类分析算法的评价准则、聚类分析算法的种类及主要算法三个方面进行介绍。

(1)聚类的基本概念。聚类是指根据"物以类聚"原理,将本身没有类别的样本聚集成不同的组,这样的一组数据对象的集合叫作簇,对每一个这样的簇进行描述的过程就是聚类。它的目的是使属于同一个簇的样本之间彼此相似,而不同簇的样本足够不相似。其分析结果不仅可以揭示数据间的内在联系与区别,还可以为进一步的数据分析与知识发现提供重要依据。聚类算法的聚类效果如图2-2所示。与分类规则不同,进行聚类前并不知道将要划分成几个组和什么样的组,也不知道根据哪些空间区分规则来定义组。

聚类与分类的不同在于,聚类分析主要是研究在事先没有分类的情况下,如何将样本归类的方法。聚类是将数据分到不同的类或者簇的一个过程,所以同一个簇中的对象有很大的相似性,而不同簇间的对象有很大的差异性。聚类分析包括的内容十分广泛,有系统聚类法、动态聚类法、分裂法、最优分割法、模糊聚类法、图论聚类法、聚类预报等多种方法。

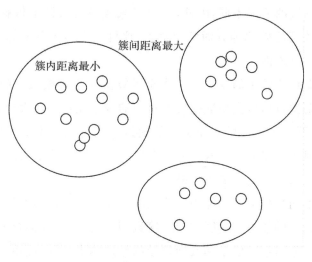

图 2-2　聚类效果

聚类分析起源于分类学,在考古的分类学中,人们主要依靠经验和专业知识来实现分类,随着生产技术和科学的发展,人类的认识不断加深,分类越来越精细,要求也越来越高,单凭经验和专业知识很难进行确切的分类,此时往往需要将定性和定量分析结合起来分类,于是数学工具逐渐被引入分类中。后来随着多元统计分析的引进,聚类分析逐渐形成一个相对独立的分支,成为人类活动中的一项重要内容。通过聚类,人们能够发现数据全局的分布模式,以及数据属性之间一些有趣的相互关系,在许多实际问题中,对于只有很少先验信息可用的数据,决策人员对于数据必须尽可能少做一些假设,在这种限制下,聚类分析特别适合于数据点之间内部关系的探索,以评估它们的结构。

聚类分析既可以作为一个独立的工具使用,以帮助获取数据分布情况、了解各数据组的特征、确定所感兴趣的数据组以做进一步的分析,也可以作为其他算法的预处理步骤,其他算法可以在聚类分析生产的簇上对数据进一步处理,在许多应用中,可将一个簇中的数据对象作为一个整体来处理。

聚类技术正在蓬勃发展,涉及范围包括数据挖掘、统计学、机器学习、空间数据库技术、生物学以及市场营销等领域,聚类分析已经成为数据挖掘研究领域中一个非常活跃的研究课题。

(2)聚类分析算法的评价准则。不同的数据集类型以及不同的挖掘目的对聚类分析算法的要求不同,因此,"最优"聚类算法实际上依赖于具体的应用。从数据及算法效率等方面综合考虑,评价一个聚类分析算法的质量,需要综合考虑如下方面。

1)对聚类算法效率的要求。许多聚类算法对于规模较小的数据集能够很好地进行聚类,但是,大型数据集中对象的数量往往是巨大的,可能包含有几百万、几千万乃至更多的对象。虽然通过抽样可以减少要处理的数据量,但是抽样会对聚类的精度带来影响,甚至会产生错误的结果。因此,数据挖掘要求聚类算法具有高度的可伸缩性。

2)处理不同数据类型的能力。算法不仅要能处理数值型数据,还要有处理其他类型数据的能力,包括符号型、序数型、二值型以及混合型数据。随着数据挖掘在商务、科学、医学和其他领域的作用越来越大,应用领域的复杂性需要聚类分析具有更多处理复杂属性的能力。

3)能够发现任意形状的聚类。多数聚类算法都基于距离来决定聚类。基于距离度量的算法趋向于发现具有相似尺度和密度的球状类。然而,聚类可能是各种形状的,如线形、环形、凹形以及其他各种复杂不规则形状,这就要求聚类算法不仅能够处理球状类,还能处理其他任意形状的聚类。

4)用于决定输入参数的领域知识最小化。在聚类分析中,许多聚类算法要求用户输入一定的参数,比如簇的数目。输入参数往往影响聚类的结果,通常参数较难确定,尤其是对于含有高维对象的数据集更是如此。如果要求人工输入参数,不但加重了用户的负担,也使得聚类质量难以控制。

5)处理高维数据的能力。聚类算法应该既能处理属性较少的数据,也能处理属性较多的数据。很多聚类算法仅擅长处理低维数据,在数据维数较低时才能够很好地判断聚类的质量。聚类算法对高维空间数据的处理是非常具有挑战性的工作,尤其是考虑到这样的数据可能高度偏斜并且非常稀疏。为低维数据设计的传统数据分析技术通常不能很好地处理这样的高维数据。

6)处理噪声数据的能力。在现实世界的数据库中,一般都会包含离群点、空缺、未知数据或错误的数据。有些聚类方法对于这样的数据较为敏感,可能导致低质量的聚类结果,好的聚类方法应该具有良好的处理噪声的能力。

7)数据输入顺序对聚类结果影响最小化。有些聚类算法对于输入数据的顺序是敏感的。对于同一个数据集合以不同的顺序提交给同一个算法时,有时会产生差别很大的聚类结果,在具体应用中要尽量避免这种情况的发生。在现实的数据挖掘应用中,研究和开发对数据输入顺序不敏感的聚类算法具有十分重要的意义。

8)基于约束的聚类。在实际应用中可能需要在各种约束条件下进行聚类。找到既要满足特定的约束,又要具有良好聚类特性的数据分组是一项具有挑战性的任务。一个好的聚类算法应该在考虑这些限制的情况下,仍能够较好地完成聚类任务。

9)可解释性和可用性。聚类的结果最终都是要面向用户的,聚类得到的信息对用户应该是可理解和可应用的,但是在实际挖掘中有时聚类结果往往不能令人满意。这就要求聚类算法必须与一定的语义环境、语义解释相关联。其中,领域知识对聚类分析算法设计的影响是一个很重要的研究方面。

(3)聚类分析算法的种类及主要算法。聚类分析方法可分为划分方法、层次方法、基于密度的方法、基于概率的方法、基于模型的方法等。

1)基于划分的聚类算法。划分(Cpartition)是先选择数个不同的起始聚类中心点,每一个数据点只会被分到一个聚类,首先所有样本数据均计算与每个中心点的距离或相似度,而每个样本会根据具有最小距离或相似度的结果将其划分至该聚类,往往以二次方误差(Squared Error)为衡量划分结果,具有最小二次方误差的划分即为最终的分群。

2)基于层次的聚类算法。层次聚类分析是对数据点进行层次的聚类,通常用树形图表示各聚类中所包括的数据点,树形图的根节点仅包含单一聚类,代表所有数据点均落在同一聚类中,而树形图中的叶节点皆各自为单一聚类,代表各数据点均为独立聚类。

层次聚类分群方式可分为凝聚与分裂两种。凝聚的方法是由下而上,先将各样本点视为单独的聚类,在接下来的每一步骤将最相似的聚类合并,直到所有的数据点均合并到同一聚类中或达到所规定的停止条件为止,大部分的层次聚类算法均属于这一类;分裂的方法是一种由上而下的方法,一开始先将所有个体凝聚为一个大聚类,之后的每一步骤,从原有的聚类中挑选一个聚类,依据相异度的差别再分裂为两个较小的聚类,直到每个数据点各自成为一个独立的聚类或达到所规定的停止条件为止。一般而言,凝聚方法较分裂方法更常使用。

3)基于密度的聚类算法。层次聚类分析与划分聚类分析大多以数据点或聚类间的距离作为分群依据,然而,这样的衡量尺度只能得到球状的分群结果。若数据点的分布为任意形状,则应考虑到所获得数据的紧密程度,改用基于密度的聚类分析法,以得到任意形状的聚类。

4)基于概率模型的聚类算法。基于层次、密度等聚类算法可以理解为"硬"聚类算法,即每个数据都被确定地分配给某个特点的簇。基于概率模型的算法是一种"软"聚类算法,即每个数据点和大多数簇之间都有一个非零的归属概率。通过将数据点分配给其归属概率最大的簇,便可以将软聚类算法转化为硬聚类算法。其代表方法有最大期望(Expectation-Maximization,EM)算法等。

5)灰色聚类。灰色聚类是灰色系统理论与方法中一种重要的方法,它被广泛应用于决策、评价问题中。灰色聚类是以灰色关联矩阵或灰数的白化权函数为根据,将观测对象和指标分为若干可以定义类别的方法。

在装备试验数据分析中,需要根据数据的类型、实际问题和聚类的目的等多种因素来选择合适的聚类方法,本书将在第6章进行详细介绍。

2.1.2.4 离群点挖掘

数据挖掘的大多数算法主要研究的问题是发现和提取数据的主要特征。对于数据的离群点的分析挖掘问题,也是数据挖掘中一个重要方面。离群点是指数据集合中不符合数据一般特性或一般模型的数据对象。在数据集合中,一个离群点是一个明显不同的点,即与数据的其余部分不一致。

离群点数据产生的原因很多,可能是由于度量或执行错误产生的,也有可能是由于固有数据的变异产生的,也有可能是其他原因产生的。

在数据挖掘算法中,算法对离群点的鲁棒性是检验算法质量的一个很重要指标。很多数据挖掘算法通过各种优化措施来尽量减少离群点对挖掘结果的影响,或者在挖掘过程中剔除离群点。

　　但是,有时离群点可能是非常重要的信息。也就是说,正是人们想要发现的知识,例如,分析装备试验中异常数据的挖掘算法。所以,人们并不是一味地在算法中排除离群点或降低离群点的影响,因为这样有可能导致丢失隐藏的重要信息。

　　在数据挖掘领域中,离群点挖掘也称为离群点分析。由于在实践中的重要性,离群点挖掘已经形成一个独立的数据挖掘分支。

　　对于给定的数据对象集合上的离群点挖掘,是指发现与其余数据相比有显著差异、异常或不一致的前几个对象。首先要在给定的数据集合中定义数据的不一致性,然后找到有效的方法来挖掘离群点。

　　离群点挖掘方法可以分为基于统计学方法、基于距离的方法、基于偏移的方法等。

　　(1)基于统计学方法。统计学方法假定数据服从一定的概率分布或概率模型,然后根据模型采用不一致性检验来识别离群点。不一致性检验需要数据集参数、分布参数及期望得到的离群点数目。基于统计学方法的离群点挖掘的主要缺点在于大多数检验是针对单个属性的,而现实世界的许多问题都是在高维数据空间中发现离群点,在对高维数据进行离群点的挖掘分析时,可以将高维数据降至低维数据,然后再进行分析。在回归模型中,通过偏差分析,我们就可以给出对数据"极端性"的一个估计。在时间序列数据的挖掘中,寻找离群点十分困难,它们可能隐藏在带趋势的、季节性的或者其他周期性变化中。一般地,这些时间序列数据常常需要根据领域经验,进行预处理,然后再使用成熟的数据挖掘方法。统计学方法有较大的局限性,例如,我们需要事先提供数据集合参数,如数据分布,但数据分布可能是未知的。在没有特定检验时,统计学方法不能确保发现所有的离群点。

　　(2)基于距离的方法。基于距离的离群点挖掘的方法可以在一定程度上克服统计学方法的局限性。如果数据集中至少有 m 个部分与对象的距离大于 d,那么对象是一个在参数 m 和 d 下的基于距离的离群点。也就是说,在基于距离的离群点挖掘中,人们将离群点看作是那些没有足够多邻居的对象。所以,与基于统计学的方法相比,基于距离的离群点挖掘拓展了多个标准分布的不一致性检验的思想,避免了过多运算。

　　(3)基于偏移的方法。基于偏离的离群点挖掘方法将其看作偏离给定主要特征的对象。它通常不使用统计检验或基于距离的度量值来确定异常对象，而是通过检查一组对象的主要特征来确定离群点。

在很多场合，发现离群点有着非常重要的意义。对离群点的挖掘在电信及信用卡欺诈、医药研究、大气预测、财务分析、市场营销及装备试验等领域中有大量的应用。例如，信用卡公司由于丢失或被窃信用卡而遭受的损失太大，检测并预防非法使用信用卡是非常迫切需要解决的问题。由于一个被窃的信用卡的使用模式与被窃前的使用模式不同，相对旧有的使用模式而言，新的使用方法就很可能是一个例外，即是一个离群点。

离群点挖掘的方法很多，本书将在第 7 章结合装备试验数据进行详细介绍。

2.1.2.5 时间序列数据挖掘

数据挖掘的一个重要方向是序列模式探索。根据事件的特征不同，序列数据可以分成三类：时间序列数据、符号序列数据、生物学序列。

在时间序列数据（Time-series Data）中，序列数据由相等时间间隔（例如，每分钟、每小时或每天）记录的数值数据的长序列组成。时间序列数据可以在许多自然或经济过程中产生，如情报侦察、航管雷达信息或自然观测等方面。

在符号序列数据（Symbolic Sequence Data）中，一般时间间隔不相等，由事件或标称数据的长序列组成。对于许多这样的序列，例如，装备选择过程产生的序列、Web 点击流，以及科学和工程、自然和社会发展的事件序列，间隙（即记录的事件之间的时间间隔）尤为重要。

生物学序列（Biological Sequence）包括脱氧核糖核酸（Deoxyribo Nucleic Acid，DNA）序列和蛋白质序列。这种序列通常很长，携带重要的、复杂的、隐藏的语义。这种序列数据不在本书的研究范围之内。

对时间序列的分析称为趋势预测探索。常见的时间序列的分析方法有简单的移动平均模型、较复杂的平稳时间序列模型、更复杂的非平稳时间序列模型等。数据挖掘应用中，比较常用的趋势预测探索方法有自回归平均移动（Autoregressive Integrated Moving Averge，ARIMA）模型和灰色系统预测模型（Grey Models，GM）等。其中，ARIMA 模型多用于时间序列数据量较多的趋势预测应用中,通常的数据量级为数十、数百、数千组数据;而 GM 多用于时间序列数据量较少的趋势预测应用中,通常的数据量级为 8～20、20～100 组数据。

2.1.2.6　文本数据挖掘

文本数据挖掘属于多交叉科学研究领域,它涉及数据挖掘、信息检索、自然语言处理、计算机语言学、机器学习、模式识别、人工智能、统计学、计算机网络技术、信息学等多个领域,不同专业的学者从各自的研究目的与领域出发,对其含义有不同的理解,并且应用目的不同,文本数据挖掘研究的侧重点也不同。目前,文本数据挖掘作为数据挖掘的一个新分支,引起了国内外学者的广泛关注。对于它的定义,目前尚无定论,这需要国内外学者进行更多的研究以对其进行精确定义。

文本数据挖掘又称为文本知识发现。文本数据挖掘的主要目的是从大量非结构化文本数据中提取事先未知的、可理解的、最终可用的信息或知识,可以看成传统数据挖掘或知识发现的扩展。不过,文本数据挖掘超出了信息检索的范畴,它主要是发现某些文字出现的规律以及文字与语义、语法间的联系,用于自然语言的处理,如机器翻译、信息检索、信息过滤等。文本数据挖掘与其他挖掘的不同在于文本挖掘的对象是所谓的半结构化数据(Semi-structure Data)和非结构化数据(Unstructured Data),例如,一个文档中可能包含标题、作者、试验时间、试验单位、试验地点、试验装备等结构字段,也可能有大量非结构化的成分,如概述、试验正文等。文本数据挖掘的内容主要有文本检索、文档分类、自动摘要及自然语言处理等。

当然,文本数据挖掘的很多思路和研究方向来源于对传统的数据挖掘的研究。由此发现,文本数据挖掘系统和传统的数据挖掘系统在高层次结构上会表现出许多相似之处。例如,这两个系统都依赖于预处理过程、模式发现算法以及表示层元素。此外,文本数据挖掘在核心知识发现操作中采用了很多独特的模式类型,这些模式类型与传统的数据挖掘的操作有所不同。

2.1.2.7　多媒体数据挖掘

多媒体数据包括图形、图像、视频和音频数据等,其数据类型复杂,多为非结构化数据,信息类型十分丰富,因此,对于这些信息的分析、提取以及获得不同信息源之间的关系和模式都属于多媒体数据挖掘的范畴。通常来讲，目前常见的多媒体数据挖掘的内容包括图像挖掘、视频挖掘、音频挖掘等多媒体挖掘以及融合多种信息源的多媒体综合挖掘。

当前，多媒体数据挖掘是数据挖掘的一个热点研究领域。多媒体数据的内容特性（如时间特性、空间特性和视听特性等）和传统关系型数据库中数据的特性在许多方面是不同的，因此，一些常用的适用于关系型数据库的数据挖掘方法（例如分类、聚类等）不能直接在多媒体数据挖掘中使用，需要研究用于多媒体数据的新的数据挖掘方法和技术。

关于多媒体数据挖掘方面的研究已持续很长时间，其一般步骤主要为特征提取、数据描述、挖掘分析，设计方法包括多媒体数据分类、关联分析、聚类等。随着深度学习等技术的高速发展，多媒体挖掘技术也迎来了新的发展，例如，将图像数据分类与卷积神经网络结合、将音频数据识别分类与循环神经网络相结合等。

随着军队数据工程建设的不断深入，数据采集手段的不断完善，在装备试验中会产生大量的图像数据、视频数据和音频数据等多媒体数据。本书第10章会着重介绍图像、音频、视频等几种类型数据的挖掘方法。

2.1.2.8　知识图谱中的图数据挖掘

知识图谱以图的形式表现客观世界中的实体、概念及其之间的关系，致力于解决认知智能中的复杂推理问题。对知识图谱构建后形成的图数据进行分析挖掘，有助于理解装备试验中人员、场所、装备等各要素之间的关系，发掘潜在知识。图表示更一般的结构，比集合、序列、网格和树更一般。图应用范围广泛，涉及 Web 和社会网络、信息网络、生物学网络、生物信息学、侦查情报学、计算机视觉、多媒体和文本检索。因此，图数据挖掘变得日趋重要，并被大量研究。其主要研究方向有图频繁模式挖掘、图的聚类与分类等。

（1）图频繁模式挖掘。图频繁模式挖掘是在一个图或一个图集中挖掘频繁子图［又称（子）图模式］的方法。挖掘图模式的方法可以分成基于 Apriori 和基于模式增长的方法。此外，存在许多图模式的变形，包括近似的频繁图、凝聚图和稠密图。用户指定的约束可以推进到图频繁模式挖掘过程中，以提高挖掘的效率。

(2)图的聚类与分类。大型图具有内聚结构,通常隐藏在大量互连的节点和链接中。针对大型图的聚类分析方法,以揭示图的网络结构为目标,基于图的网络拓扑结构和它们相关联的性质发现隐藏的中心、离群点。这些聚类方法,可以把它们分为划分的、层次的或基于密度的。此外,给定由人标记的训练数据,可以用人指定的启发式约束来指导图网络结构的发现。在数据挖掘研究领域中,大型图网络的监督分类和半监督分类是当前的热门课题。

2.2　装备试验中的数据分析方法

2.2.1　数据分析一般流程

目前,数据分析的流程并没有权威统一的规范。事实上,在许多具有复杂数据特征或复杂分析目标的情况下,数据分析人员都会参照数据挖掘的流程进行分析,本书参考部分文献,总结了数据分析的一般流程,如图 2-3 所示。

图 2-3　数据分析的一般流程

(1)业务理解。数据分析之前,首先开展业务分析、明确分析的目标,根据目标选择需要的数据,进而明确数据分析想要达到的效果。只有明确了目标,数据分析才不会偏离方向,更不会南辕北辙。在确定目标时,可以梳理分析思路,将数据分析目标分解成多个分析要点,针对每个要点确定具体的分析方法和分析指标,尽量做到目标具体化,为后面的分析工作减少麻烦。

(2)数据准备。数据准备针对的是需要分析的数据不满足分析要求的情况。因为许多情况下收集到的数据往往是散乱、有漏缺的,甚至还是有错误的,此时就需要通过清洗、加工等各种处理方法,将这些数据整理成符合数据分析阶段需求的数据对象。

(3)数据分析。在数据分析阶段需要利用适当的方法和工具,对处理后的数据进行分析,提取有价值的信息,并形成有效的结论。要想更好地完成数据分析工作,一方面要熟悉各种数据分析方法的理论知识并能灵活运用,另一方面还需要熟练掌握各种数据分析工具的操作方法。本章下一节会重点介绍常用的数据分析和挖掘工具。

（4）数据展现。数据展现是指将数据可视化显示，图表是数据展现最有效的手段。在这个阶段需要重点考虑所选的图表类型能够真实且完整地反映数据特性和分析结果，另外也需要保证图表的美观性，使数据特性和分析结果可以更加清晰地体现出来。

（5）撰写报告。数据分析报告是对整个数据分析过程的总结与呈现。完成前面各个环节的工作后，就可以通过数据分析报告，将数据分析的思路、过程，以及得出的结果和结论完整地呈现出来，供报告使用者参考。

可以看出，数据分析流程与数据挖掘流程最大的区别在于没有循环修复业务目标的过程。事实上，对于简单的数据描述性分析等统计分析来说，由于分析内容相对简单，分析方法明确，该流程可以较好地完成分析工作。对于复杂的分析来说，也需要结合挖掘的方法与工作流程来处理问题。

2.2.2 装备试验中的常用数据分析方法

装备试验中的数据分析主要是通过分析方法了解数据集、了解变量间的相互关系以及变量与预测值之间的关系，从而帮助人们后期更好地进行特征分析并建立模型，数据分析主要内容主要包括：对数据属性进行分析，例如查看数据的具体形式、类型、数量、统计指标等；对数据进行探索性分析，例如查看预测值分布；分析预测值的范围、离群值、错误值，或对数据的类别特征、数值特征进行分析；等等。

为了能够提供线索来帮助分析者选择合适的变量构建数据分析挖掘模型，数据分析通常由可视化的方法贯穿全过程，如对于类别特征，可以使用柱形图、饼图等可视化方法，查看每个类别的占比，以及与预测值之间的关系。对于数值特征，可以使用直方图、箱线图等可视化方法，查看每个特征的分布和离散程度，及与预测值之间的相关性。对于多变量之间的关系，可以使用散点图、热力图等方法，查看变量之间是否存在线性或非线性关系。除此之外，还会使用到相关性分析、数据拟合等方法对数据进行探索性分析。

本节主要从中心趋势特征分析、离散趋势特征分析、分布趋势特征分析、可视化分析等几方面介绍装备试验中常用的数据分析方法。

2.2.2.1　中心趋势特征分析

中心趋势特征分析主要展现数据分布的中心位置,即数据大部分落在何处,主要包括均值、加权平均数、中位数、截尾平均数和众数等。

(1)均值。均值是所有数据的平均数,在装备试验数据处理,均值作为反映数据中心化趋势的一项重要指标,经常用于分析装备性能。

假设一个变量 A 的一组数据为 $\{a_1, a_2, \cdots, a_n\}$,则变量 A 的均值为

$$\mathrm{mean}(A) = \sum_{i=1}^{n} \frac{a_i}{n} \tag{2-3}$$

例如,某装备几次试验中某指标的评分为 $90, 95, 85, 80$,则其最终评分的均值为

$$\mathrm{mean}(\mathrm{grade}) = \frac{90 + 95 + 85 + 80}{4} = 87.5 \tag{2-4}$$

(2)加权平均数。加权平均数将各数据乘上一定的权重,并且求和得出的求和值,再与总的单位数相除。加权平均数的高低不但取决于整个数集中各单元的数量大小,也取决于各种数据产生的频率。

假设变量 A 的一组数据为 $\{a_1, a_2, \cdots, a_n\}$,其权重为 $\{\omega_1, \omega_2, \cdots, \omega_n\}$,则变量 A 的加权平均数为

$$\mathrm{mean}(A) = \frac{\displaystyle\sum_{i=1}^{n} \omega_i a_i}{\displaystyle\sum_{i=1}^{n} \omega_i} \tag{2-5}$$

式中: $\displaystyle\sum_{i=1}^{n} \omega_i$ 通常等于 1。

例如,某装备一次试验中某几项指标评分为 $90, 95, 85, 80$,各指标的重要程度为 $20\%, 20\%, 30\%, 30\%$,则其最终评分的均值为

$$\mathrm{mean}(\mathrm{grade}) = 90 \times 0.2 + 95 \times 0.2 + 85 \times 0.3 + 80 \times 0.3 = 86.5 \tag{2-6}$$

必须关注的是,由于平均数具有对极值异常敏感的现象,亦即一旦数值聚集出现极值或数据的偏态分布,平均数就无法很好地衡量统计的聚集态势。因此,为避免个别极端值的不良影响,人们一般通过截尾平均数和中位数来衡量数值的集中趋势。截尾平均数是指按百分比剔除大、小极值以后的平均值。

(3)中位数。中位数表示某个样品、群体或概率分布中的某个数据,可把整个数据集合分割为大小相等的上、下两部分。对有限的数据集合,可采用把观察值从小到大排序的方法,位于最中心的那个数字,即为整个统计的中位数。若观察值有偶数个,则可取其中两个值的平均数为中位数。变量 A 的一组数据为 $\{a_1, a_2, \cdots, a_n\}$,中位数数学表达式为:

当 n 为奇数时

$$\operatorname{median}(A) = a_{\frac{n+1}{2}} \qquad (2-7)$$

当 n 为偶数时

$$\operatorname{median}(A) = a_{\frac{n}{2}} + a_{\frac{n}{2}+1} \qquad (2-8)$$

(4)截尾平均数。截尾平均数又称截尾均值,因为均值很容易受到极端数值的影响,所以可考虑在将数值进行排列后,按一定比率剔除首尾两端的数值,只使用中间的数值来求平均值。若截尾平均数与原始平均数的差别不大,则表示在数据中不具有极端值,或两个极端数值的相互影响正好抵消;若相反,则表示在数据中具有极端数值,此时截尾平均数就可以最好地体现数值的集中趋势。

(5)众数。众数是指在数集中出现比较频繁的数字。它并不总是用来度量定性变量的中心位置,其更适用于定性变量,众数也不存在唯一性。

2.2.2.2 离散趋势特征分析

(1)极差。极差是数据集中最大值与最小值之差。极差对数据集的极端值非常敏感,并且忽略了位于最大值与最小值之间的数据是如何分布的。

极差＝最大值－最小值

(2)分位数。分位数是指取自于统计分布中的每隔一段间隔以上的节点,并将其区分为基本上大小相同的连续组合。四分位数是将数据集四等分,分隔点依次为上四分位、中位与下四分位。把每组数从小到大排列并分为四等份,处在第一分隔点地位的数字是下四分位数,处在第二分隔点地位(中间位置)的数字是中位数,处在第三分隔点地位的数字是上四分位数。而百分位数是将数据分布规划为一百个长度相同的连续集。中位数、四分位数和百分位数都是目前使用得最为普遍的分位数。

四分位极差,即上四分位数与下四分位数相减得出的差,其中包括所有

观察数的 50%。该值越大,则表明数据的变异程度越大;反之,则表明数据的变异程度越小。其数学表达式为

$$四分位数极差＝上四分位数－下四分位数$$

(3)方差。方差是在用概率与计量经济学中方差度量随机变量或一个数据集时离散程度的估计。在概率论中,方差用于度量随机变量与其数学目标(均值)间的背离程度。统计分析中数据方差是指各个样本值和每个样本值的均值之差的二次方,再除以总样本量减 1 后的值。其数学表达式为

$$S = \frac{1}{n-1} \sum_{i=1}^{n} (a_i - \bar{a})^2 \qquad (2-9)$$

式中:变量 A 的样本集为 $\{a_1, a_2, \cdots, a_n\}$; $\bar{a}$ 为均值。

(4)标准差。标准差是方差的算术二次方根,通常用 σ 表示,又可以叫作标准偏差,在概率统计学上也经常被作为统计分布问题上的计算基础。一个较大的标准偏差,表明这组数据与其平均数的距离很大,一个较小的标准差,表明这组数据更靠近平均数。其数学表达式为

$$\sigma = \sqrt{\frac{1}{n-1} \sum_{i=1}^{n} (a_i - \bar{a})^2} \qquad (2-10)$$

式中:变量 A 的样本集为 $\{a_1, a_2, \cdots, a_n\}$; $\bar{a}$ 为均值。

例如,在装备试验数据分析中,对于单个数据异常值判定,一般采用测量数与平均数之间的三倍标准差,来去除测试数据中的异常数值。

2.2.2.3　分布趋势

想要全面掌握统计数据的特点,不仅仅要掌握其中心态势与离散趋势,更需要研究其散布的具体特征。其分布形状可以通过偏态性和峰态度量,前者由美国统计学家 Pearson 在 19 世纪 90 年代首次提出,是对数据分布中偏斜情况的测量,而依据原始值估计偏态系数的统计方法如下。

根据原始数据计算偏态系数为

$$SK = \frac{n \sum (x_i - \bar{x})^3}{(n-1)(n-2)s^3} \qquad (2-11)$$

根据分组数据计算偏态系数为

$$SK = \frac{\sum_{i=1}^{k} (M_i - \bar{x})^3 f_i}{ns^3} \qquad (2-12)$$

当偏态系数为 0 时,数据为对称分布;当偏态系数＞0 时,数据为右偏分布;当偏态系数＜0 时,数据为左偏分布。

峰态系数表示变量分布陡峭程度的标准,一般包括三种类型,即标准正态分布峰度、尖塔峰度和平顶峰度。与国际标准的正态分布进行比较:如果比较近似正态分布,那么其峰态的数值大约为 0;若尾部比正态分布更分散,则峰态的值大于 0;若尾部比正态分布更集中,则峰态的值也等于零。

对定量结果,欲解释的分布方式为对称性的或者非对称的,如果出现了某些特大或者特小的可疑值,可以绘制频谱分布图、绘制频谱分布直方图或者绘制茎叶图加以更直观地研究;对定性的分类结果,用饼图和条形图可以直观地表示分布状态。

2.2.2.4　数据的相似性与相异性分析

两种对象间的最大相似度是用数据估测的两种对象间近似度,两种对象相互之间越接近,它们的最大相似程度就越高。两种对象间的相异性就是用数据估测的两种对象间异同程度,两种对象越相近,它们的异同度就越低。在统计时,人们往往要求将近似度转换成相似度或异同度,这便是在近似度和异同度间的转换。转换还经常用来将近似度或异同度转移到某个给定区间中,如[0,1]。转换的目的一个方面可以将数据应用于特定计算或软件包,另一方面可以将邻近量放置到一个区域,从而使数据之间的比较更加直观。

(1)将常用的高相似度和相异度的变换技术,分为下列几类。

1)将相似度或相异度变换到[0,1]之间。变化公式为

$$p_1 = (p - \min\_p)/(\max\_p - \min\_p) \qquad (2-13)$$

式中:p_1 是经过转换后的相似度或相异度;p 是最原始的相似度或相异度;$\max\_p$ 和 $\min\_p$ 则各自是相似度或相异度的最大值和最小值。还可以通过利用非线性变换,如公式 $p_1 = p/(1+p)$,将[0,∞]上的所有邻近点都转换为[0,1]之间,其中 p_1 是经过转换后的相似度或相异度,p 则是原来的相似度或相异度。

2)直接将相似度与相异度转换。充分考虑到通常情形下,任意单调函数都可能用来将相似度与相异度互换,有如下两种方法:假设相似度落在[0,1]区域,则相异度可以定义为 $d=l-s$,相对地,假设相异度落在[0,1]区间,则

相似度也可定义为 $s=1-d$。假如将原始的数据区间界定在一个正实数集上,还可以用负号转换,因此就可将负数的相似度界定为各不相同度。但假如期望把所生成的结论都聚集在 $[0,1]$ 之上,以相异度转换为相似度为例,可以用到公式:

$$s = 1 - \frac{d - \min\_d}{\max\_d - \min\_d} \tag{2-14}$$

(2)常用的相似程度和相异程度的衡量方式还有下列几项。

1)根据二元数据之间的相似性程度可选择简单匹配系数或 Jaccard 系数。二元数据的属性只有两种状态——0 或 1,其中 0 表示该属性不出现,1 表示它出现。例如,给出一个装备的测试指标,1 表示指标合格,而 0 表示指标不合格。每个状态都同样重要的二元属性是对称的二元属性。两个状态不是同等重要的二元属性是非对称二元属性,这样的二元属性经常被认为是"一元的"(只有一种状态)。

设 x 和 y 是两个对象,都由 n 个二元属性组成。这样的两个对象(即两个二元向量)的比较可生成如下 4 个量(频率):

$f_{00}=x$ 取 0 并且 y 取 0 的属性个数;$f_{01}=x$ 取 0 并且 y 取 1 的属性个数;

$f_{10}=x$ 取 0 并且 y 取 0 的属性个数;$f_{11}=x$ 取 0 并且 y 取 1 的属性个数。

$$简单匹配系数 = \frac{值匹配的属性个数}{属性个数} = \frac{f_{11}+f_{00}}{f_{11}+f_{00}+f_{10}+f_{01}}$$

$$Jaccard 系数 = \frac{匹配的个数}{不涉及匹配的属性个数} = \frac{f_{11}}{f_{11}+f_{10}+f_{01}}$$

对于非对称的二元属性数据,选择使用 Jaccard 系数来处理。例如 $x=(1,0,0,0,0,0,0,0,0,0)$,$y=(0,0,0,0,0,0,1,0,0,1)$,由于为 0 的数量远大于为 1 的数,因此一般的相似性度量方法将会判定 x,y 是类似的。Jaccard 系数考虑了数据的不平衡性,计算结果更能反映真实情况。$f_{01}=2$(x 取 0 并且 y 取 1 的属性个数),$f_{10}=1$(x 取 1 并且 y 取 0 的属性个数),$f_{00}=7$(x 取 0 并且 y 取 0 的属性个数),$f_{11}=0$(x 取 1 并且 y 取 1 的属性个数),SMC=0.7,Jaccard 系数为 0。

2)关于多元的、稠密的、连续的数据相异程度,通常采用闵可夫斯基距离、欧几里得距离等度量。

距离是具有特定性质的相异度,通过变换也可以成为相似度的度量方法。闵可夫斯基距离,简称闵氏距离,可用来概括众多类型的距离,其公式为

$$d(x,y) = \left(\sum_{i=1}^{n} |x_i - y_i|^p \right)^{\frac{1}{p}} \tag{2-15}$$

式中:n 是维数;x_i 和 y_i 分别是 x 和 y 的第 i 个属性值(分量);p 是参数。

当 $p=1$ 时,该距离称为绝对值距离。绝对值距离也叫曼哈顿距离。从二维空间中可以看出,这种距离是计算两点之间的直角边距离,相当于城市中出租汽车沿城市街道拐直角前进而不能走两点连接间的最短距离。

当 $p=2$ 时,该距离称为欧几里得距离,简称欧氏距离,就是两点之间的直线距离。欧氏距离中各特征参数是等权的。欧氏距离也是最常用的距离公式,即

$$d(x,y) = \sqrt{\sum_{i=1}^{n} (x_i - y_i)^2} \tag{2-16}$$

式中:n 是维数;x_i 和 y_i 分别是 x 和 y 的第 i 个属性值(分量)。

当 $i \to \infty$ 时,该距离称为上确界距离,是对象属性间的最大距离,其公式为

$$d(x,y) = \lim_{x \to \infty} \left(\sum_{i=1}^{n} |x_i - y_i|^p \right)^{\frac{1}{p}} \tag{2-17}$$

以上方法都是针对不考虑权重的一般算法。如果某些属性的一般权重要高于其他,那么不能将它们同等对待,需要为每个属性分配权重来体现其重要性,称为广义闵可夫斯基距离,公式为

$$d(x,y) = \left(\sum_{i=1}^{n} \alpha_i |x_i - y_i|^p \right)^{\frac{1}{p}} \tag{2-18}$$

式中:α_i 为第 i 个属性的权重。

相应地,欧氏距离也改为

$$d(x,y) = \sqrt{\sum_{i=1}^{n} \alpha_i (x_i - y_i)^2} \tag{2-19}$$

3)对于多元的、稀疏的或具有非对称性属性的数值的相似性,一般选择余弦度和广义 Jaccard 度。

稀疏性是指在众多数据中,只有极少甚至个别数据相匹配。处理这类邻近度计算,就不能依靠都缺失属性的数目,即忽略 0-0 匹配的相似性度量,否

则它们只会高度相似。这点与 Jaccard 度量相仿,但是在 Jaccard 度量的基础上,还需要能够处理多元向量,这就需要用到余弦相似度和广义 Jaccard 度量。

余弦相似度是处理文档相似性最常用的方法,其公式为

$$\cos(\boldsymbol{x}, \boldsymbol{y}) = \frac{\boldsymbol{x} \cdot \boldsymbol{y}}{\|\boldsymbol{x}\| \|\boldsymbol{y}\|} = \frac{\sum\limits_{k=1}^{n} x_k y_k}{\sqrt{\sum\limits_{k=1}^{n} x_k^2} \sqrt{\sum\limits_{k=1}^{n} y_k^2}} \tag{2-20}$$

式中:$\boldsymbol{x}$ 和 $\boldsymbol{y}$ 是两个向量;$\boldsymbol{x} \cdot \boldsymbol{y}$ 是向量点积;$\|\boldsymbol{x}\|$、$\|\boldsymbol{y}\|$ 是向量 $\boldsymbol{x}$、$\boldsymbol{y}$ 的长度。

广义 Jaccard 系数是 Jaccard 系数在非二元情况下的扩展。其公式为

$$\boldsymbol{EJ}(\boldsymbol{x}, \boldsymbol{y}) = \frac{\boldsymbol{x} \cdot \boldsymbol{y}}{\|\boldsymbol{x}\|^2 + \|\boldsymbol{y}\|^2 - \boldsymbol{x} \cdot \boldsymbol{y}} \tag{2-21}$$

4)对于需要进一步规范的数据一致性程度,通常采用皮尔森相关系数进行规范化的余弦相似性度量。

皮尔森相关系数也称皮尔森积矩相关系数,是一个线性相关性系数。皮尔森相关系数则是用来反映两个变量线性相关程度的统计量。其公式为

$$r(\boldsymbol{x}, \boldsymbol{y}) = \frac{\dfrac{1}{n-1} \sum\limits_{k=1}^{n} (x_k - \bar{x})(y_k - \bar{y})}{\sqrt{\dfrac{1}{n-1} \sum\limits_{k=1}^{n} (x_k - x)^2} \sqrt{\dfrac{1}{n-1} \sum\limits_{k=1}^{n} (y_k - y)^2}} \tag{2-22}$$

其中相关系数用 r 表示,n 为样本量,分别为两个变量的观测值和均值。r 描述的是两个变量间线性相关强弱的程度。r 的绝对值越大,表明相关性越强。可以简单理解相关系数 r 为分别对 $\boldsymbol{x}$ 和 $\boldsymbol{y}$ 基于自身总体标准化后计算空间向量的余弦夹角。

还有一种余弦相似度度量的方法,就是将余弦相似度算法规范化成对长度为 1 的向量进行相似度计算,即将余弦相似度公式化简为

$$\cos(\boldsymbol{x}, \boldsymbol{y}) = \frac{\boldsymbol{x} \cdot \boldsymbol{y}}{\|x\| \|y\|} = \frac{\boldsymbol{x}}{\|\boldsymbol{x}\|} \cdot \frac{\boldsymbol{y}}{\|\boldsymbol{y}\|} = \boldsymbol{x}' \cdot \boldsymbol{y}' \tag{2-33}$$

式中:$\boldsymbol{x}' = \dfrac{\boldsymbol{x}}{\|\boldsymbol{x}\|}$、$y' = \dfrac{\boldsymbol{y}}{\|\boldsymbol{y}\|}$,分别代表被自身长度除后长度为 1 的向量。这样就不需要考虑两个数据之间的最大或最小值,余弦度量可以通过简单地取点积方式计算。

总体来说,距离度量用于衡量个体在空间上存在的距离。相距越远,说

明之间的差异越大，包括欧氏距离、闵氏距离等。而相似性度量用来估计个人之间的相似性情况，与距离度量相反，相似性度量的数值越小，说明个体间相似性情况越小，相距差别也越大，包含余弦相似度度量、皮尔森相关系数、Jaccard 系数、广义 Jaccard 系数等。

2.2.2.5 数据可视化分析方法

（1）柱状图（Bar Chart）。柱状图如图 2-4 所示，是一种以长方形的长度为变量的表达图形的统计报告图，由一系列高度不等的纵向条纹表示数据分布的情况，用来比较两个或两个以上的属性，但只有一个变量的情况，例如不同时间或者不同条件，通常用于较小的数据集分析。柱状图亦可横向排列或用多维方式表达。

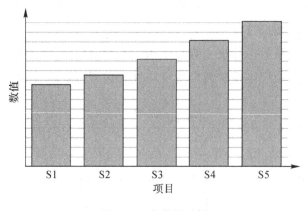

图 2-4 柱状图示例

柱状图的适用场合是二维数据集（每个数据点包括两个值 x 和 y），但只有一个维度需要比较。年度任务量就是二维数据，"年份"和"任务量"就是它的两个维度，但只需要比较"任务量"这一个维度。

柱状图利用柱子的高度，反映数据的差异。肉眼对高度差异很敏感，辨识效果非常好。柱状图的局限在于只适用中小规模的数据集。通常来说，柱状图的 x 轴是时间维，用户习惯性认为存在时间趋势。如果遇到 x 轴不是时间维的情况，建议用颜色区分每根柱子，改变用户对时间趋势的关注。

（2）折线图（Line Chart）。折线图可以显示随时间（根据常用比例设置）而变化的连续数据，因此非常适用于显示在相等时间间隔下数据的趋势。在折线图中,类别数据沿水平轴均匀分布,所有值数据沿垂直轴均匀分布。折线图适合二维的大数据集,尤其是那些趋势比单个数据点更重要的场合。例如,周订单量统计折线图如图 2-5 所示。

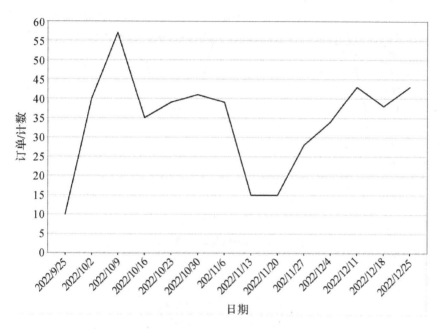

图 2-5　周订单量统计折线图日期

折线图还适合多个二维数据集之间的相互比较,如图 2-6 所示。

(3)饼图。饼图英文学名为 Sector Graph,又名 Pie Graph。仅使用数据集中的一列属性即可以绘制成饼图。饼图显示一个数据系列中各项的大小与各项总和的比例。饼图中的数据点显示为整个饼图的百分比。但由于肉眼对面积大小不敏感,饼图通常需要与比较鲜明的颜色对比才容易区分,如图 2-7 所示。

(4)散点图。散点图是将所有的数据以不同颜色或形状的点的形式展现在平面直角坐标系上,适用于构成、比较、趋势、分布和联系等场景。通常散点图适用于三维数据集,但其中只有二维数据集需要比较。

图 2-8 是各国历年的温度与温度中位数的比较,三个维度分别为国家、温度、时间,只有后两个维度需要比较。为了识别第三维,可以为每个点加上文字标识,或者不同颜色。

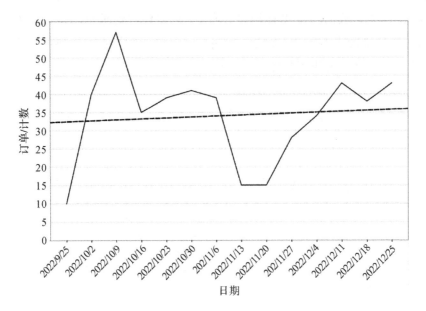

图 2-6　两种商品订单量折线图

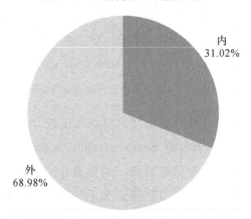

图 2-7　饼图示例

（5）气泡图。气泡图是散点图的一种变体，通过每个点的面积大小，反映第三维。气泡图与散点图最直观的区别为：散点图中的数据点长得都一样，气泡图中的气泡却大小不同。因为气泡图在原先散点图的基础上引入了第三个值来控制气泡的大小。

图 2-9 是卡特里娜飓风的路径，三个维度分别为经度、纬度、飓风强度。点的面积越大，就代表飓风强度越大。因为用户不善于判断面积大小，所以

气泡图只适用于不要求精确辨识第三维的场合。

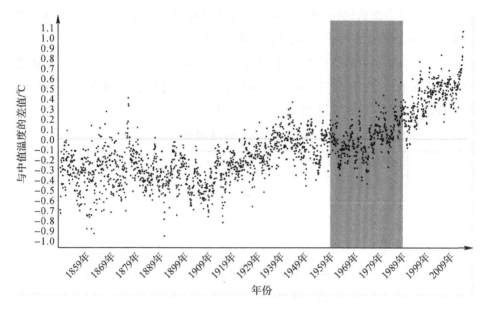

图 2-8　温度与年份散点图

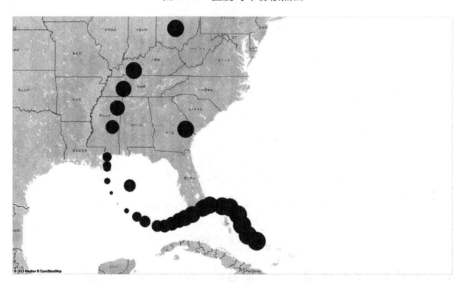

图 2-9　卡特里娜飓风路径图

（6）雷达图。雷达可以在同一坐标系内展示多指标的分析比较情况。它是由一组坐标和多个同心圆组成的图表。雷达图分析法是综合评价中常用的一种方法,尤其适用于对多属性体系结构描述的对象做出全局性、整体性评价。雷达图通常适用于多维数据(四维以上),且每个维度必须可以排序。但是,它有一个局限,就是数据点最多6个,否则无法辨别,因此适用场合比较有限。

表2-4是4型装备的性能参数表,数据为仿真数据,且经过了规范化处理。6项参数分别代表部署速度、探测距离、探测精度、扫描周期、探测概率、抗干扰能力,将其画成雷达图,如图2-10所示。

表 2 - 4 装备性能表

	参数 1	参数 2	参数 3	参数 4	参数 5	参数 6
装备 1	9.9	7.3	9.6	8.3	7.1	7.9
装备 2	8.0	10.4	8.7	7.3	6.3	10.7
装备 3	10.4	10.6	7.2	10.4	7.8	8.5
装备 4	8.1	8.3	7.1	6.5	8.0	6.6

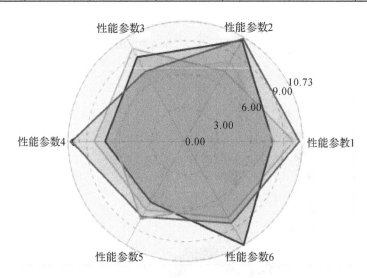

图 2-10 装备性能雷达图

面积越大的数据点,就表示性能越好。很显然,装备3是所有装备中综合性能最优秀的。

2.2.2.6 数据拟合方法

数据拟合又名曲线拟合,是一个将现有数据资源通过几何方式来代入下一个公式的表现方式。自然科学与工程技术问题都可以利用各种抽样、试验等方式得到一些比较离散的资料。通过研究，人们通常期望得出一种连续的曲线(也就是说线性函数)或是比较紧密的离散方程和已有数据相吻合，而这个进程也称为拟合。

(1)最小二乘法。最小二乘法是一项数学的优化方法。算法利用最小偏差的二次方和寻求最佳函数的匹配。通过最小二乘法能够更简单地获得未知的信息，从而使这些得到的信息和真实的最大偏差的二次方和达到最小，可以用其进行数据挖掘曲线拟合。

其基本思路是:令

$$f(x) = a_1 \Psi_1(x) + a_2 \Psi_2(x) + \cdots + a_m \Psi_m(x) \qquad (2-24)$$

式中:$\Psi_k(x)$ 是预先确定的非线性的参数函数集合;a_k 是待定系数。拟合原则指使 y_i 与 $f(x_i)$ 之间的差距 δ_i 趋向最小，称为最小二乘准则。

设 (x, y) 是一维观测量，且 $x = [x_1, x_2, \cdots, x_n]^T \in R$，且满足

$$y = f(x, w) \qquad (2-25)$$

式中:$w = [w_1, w_2, \cdots, w_n]^T$ 为待定参数。

为寻求函数方法 $f(x, w)$ 的参数 w 的最佳估值，将对给定 m 组观测数据 (x_i, y_i) 的目标函数求解:

$$L(y, f(x, w)) = \sum_{i=1}^{m} [y_i - f(x_i, w_i)]^2 \qquad (2-26)$$

取最小值的参数 w_i。这一类问题就叫作最小二乘问题，而解决该问题的几何算法就叫作最小二乘拟合。

最小二乘法的以下性质是人们需要重点关注的:

1)线性特性是指估计的结果是对样本观察值的线性函数，也即估计值与观察值的线性组合。

2)非偏性是指参数估计中的期望值与总体的参数相同。

3)极小方差性是指估值和用其他方式得到的估值相比，其方差极小，甚至是最佳。最小方差性，又称有效性。这一性质，便是有名的高斯-马尔可夫定理。这个定理说明了普通最小二乘法估值和用其他方式得到的任何线性无偏估值比较，它是最好的。

基于样本信息，通过最小二乘法计算式即可求得所有简单线性回归式模

型参数的估计量。但是估计量参数和总体实际数据之间的一致性究竟如何，以及能否具有最佳的其他估式，这将关系到最小二乘法估式的估算数的最佳（或最小方差）性（Best）、线性（Linear）和非偏性（Unbiased），简称为 BLU 特性。这就是广泛应用普通最小二乘法进行数据挖掘以估计各种计量模型的主要原因。

（2）牛顿迭代法。牛顿迭代法是由牛顿于 17 世纪创立的一个可以在实数域和复数域中近似解方程的算法。

牛顿迭代法顾名思义是迭代法的一类，而所谓迭代法便是反复地完成同一个算法。进行到何时结束完全凭自身好恶，不过在理想情形下应当是计算的数量愈多距离问题真正的解也愈近。

对于一个处处可导的函数 $f(x)$，在 x_k 点展开：

$$f(x) = f(x_k) + f'(x_k)(x - x_k) + \frac{1}{2}f''(x_k)(x - x_k)^2 + o(\parallel (x - x_k)^2 \parallel)$$

$$(2 - 27)$$

取二次式（略去高次项）：

$$g(x) = f(x_k) + f'(x_k)(x - x_k) + \frac{1}{2}f''(x_k)(x - x_k)^2 \quad (2 - 28)$$

用 $g(x)$ 作为 $f(x)$ 的近似，当 $f''(x_k) > 0$ 时，其驻点为极小值点：

$$g'(x) = f'(x_k) + f''(x_k)(x - x_k) = 0 \quad (2 - 29)$$

得到极小值点为

$$x = x_k - \frac{f'(x_k)}{f''(x_k)} \quad (2 - 30)$$

令下一个迭代点为

$$x_{k+1} = x = x_k - \frac{f'(x_k)}{f''(x_k)} \quad (2 - 31)$$

取 x_{k+1} 为新的迭代点。

以上过程即为牛顿迭代法。

牛顿法的优点在于求解收敛速率快，而且收敛速率也是二阶收敛。但其缺陷是必须考虑二次导数，而且局部收敛，所以对初始值的选点需要比较多。牛顿法算法框图如图 2-11 所示。

当 x_k 充分接近 x^* 时，局部函数可以用凸二次函数很好地接近，故而收敛很快,但是计算过程中需要用到函数的 Hesse 矩阵,且要求正定。需计算 Hesse 逆阵或解 n 阶线性方程组,计算量大。

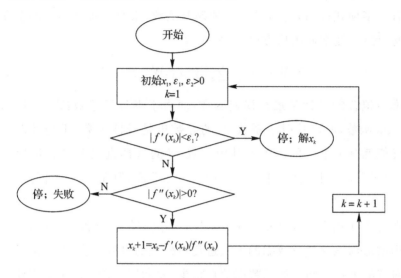

图 2 - 11 牛顿法算法框图

(3)多项式拟合。多项式拟合就是用一个多项式的函数去综合含有多个分析点的一个小块研究范围内的每个观察点,从而获得观察数据的客观研究曲线。展开系数可以用最小二乘法拟合得出。但此方式的范围在多项式拟合并不明确,在数据缺乏测试时更是如此,且会引起分析结果在拟合后的不同区域间不连续。

直接插值法(又称直接替代法)是一种最简便的数值同化技术,认为对每个观察数据都准确,把观测值直接作为对相邻点的模型的报量(简称"模报值"),对观察点外的状态变量通过插值得到。这种方式简单、易行,但不能考虑检测结果本身的影响及其与模型状态变量间的关系,会造成数据模报发生跳跃,使得观测外的模型交量只能靠模型的自我调节,收敛结果不完美。

多项式定义为

$$y(x,W) = w_0 + w_1 x + w_2 x^2 + \cdots + w_M x^M = \sum_{j=0}^{M} w_j x^j \quad (2-32)$$

式中:M 是多项式的阶数,$w_0, w_1, \cdots, w_M$ 是多项式的系数,记作 W。可以看出,虽然多项式函数 $y(x,W)$ 是有关 x 的非线性函数,但是却是有关项式系数 W 的线性函数。

有了多项式以后,还需要用一种误差函数,来对所拟合出来的多项式加以判断、评估,经常使用均方误差,公式为

$$E(W) = \frac{1}{2} \sum_{n=0}^{N} [y(x_n, W) - t_n]^2 \qquad (2-33)$$

模型拟合的目标是最小误差函数,而由于本身误差函数是多项式系数 W 的二次函数,所以其对于系数 W 的导数也是线性函数,于是其误差函数的最优值就有了唯一的解值。其中阶数 M 的选择直接关系着模型拟合效果,阶次越多,模型拟合效果就越接近于实际数值,但在运算中计算复杂度也可能会随之急剧上升。

在对多项式拟合曲线的研究中,当一个模型复杂度被约束时,人们就能够采用增加训练参数及数据的方法避免对模型的过度拟合,并且减小了噪声信号对其的干扰。同样如果数据信息很少,要利用分析方法来确定建模的复杂性的话,也可使用正则化的方法来控制建模的过拟合。当然,人们应该同时采取不同方法,适当的处理可以达到最佳拟合。

装备试验中的雷达散射截面(Radar Cross Section,RCS)数据分析,包含了中心特征趋势分析、离散特征趋势分析、可视化分析等多种数据分析方法。下一小节,将结合 RCS 数据分析介绍数据分析方法在装备试验中的应用。

2.2.3　装备试验中的 RCS 数据分析

目标的雷达散射截面(RCS)是度量雷达目标对照射电磁波散射能力的一个物理量。电子信息装备试验中,会产生大量的目标的 RCS 数据,对目标 RCS 数据进行分析具有重要意义。例如:可以取得对目标基本散射现象的了解;可以取得目标的特征数据;可以检验系统的性能;建立目标特性数据库;辅助装备试验设计;等等。目标 RCS 数据的获得一般通过目标特性测量装备,以结构化、半结构化数据为主。RCS 数据分析的目的一般为,对比不同角度范围内的均值,对试验航线上的目标 RCS 变化有直观的估计等。因此,对 RCS 数据的分析,一般采用统计分析、关联分析、数据可视化等分析方

法。本小节以某飞行装备的 RCS 仿真数据为例进行介绍。

2.2.3.1　RCS 数据分析方法

目标 RCS 的测量方法为,目标沿固定航线飞行多个航次,不同频段的雷达对目标 RCS 进行测量。

(1)单航次统计分析。针对单航次 RCS 数据,统计相应的数据位置特征、数据散布特征以及数据分布图等特征。其中:数据位置特征主要包括均值、四分之一位数、中位数、四分之三位数、最大值、最小值等;数据散布特征主要包括极差与标准差等;数据分布图主要包括 RCS 分布直方图等。

(2)角度 RCS 关联分析。一是根据角度与 RCS 关系绘制 RCS 角度分布图,分析 RCS 值随角度变化;二是对每个角度上 RCS 值进行平滑,获取平滑后曲线。

(3)多航次比对分析。在单航次统计基础上,通过多航次数据比对分析确定 RCS 数据的内在一致性,并选择合适数据进行综合分析。

2.2.3.2　RCS 数据分析过程

根据数据分析流程,首先,确定分析目标,统计数据位置特征、数据散布特征以及数据分布等。然后,进行数据准备,利用数据预处理方法进行数据清洗、数据变换等操作,这里不再详细叙述。最后,进行数据分析和数据展现。

(1)单航次统计分析。对于每个航次,根据飞行方向,飞行高度,计算全航线上的 RCS 均值、中位数等特征。例如:利用仿真模拟某飞行器朝向某测量雷达飞行时,雷达对该飞行器(以下称为被测目标)的 RCS 测量值变化情况,通过统计分析,对某一航次,该被测目标 RCS 均值 20 m²,10% 截尾均值为 19 m²,中位数为 18.2 m²,最大值为 198 m²,最小值为 0.3 m²。RCS 值概率分布直方图、RCS 与距离关系图如图 2 - 12、图 2 - 13 所示。

(2)角度 RCS 关联分析。角度 RCS 关联分析,主要通过数据可视化手段,分析 RCS 值随角度变化情况,图 2 - 14~图 2 - 16 为 RCS 值随被测目标与测量雷达间方位角变化情况,图 2 - 17~图 2 - 19 为 RCS 值随被测目标与测量雷达间俯仰角变化情况。

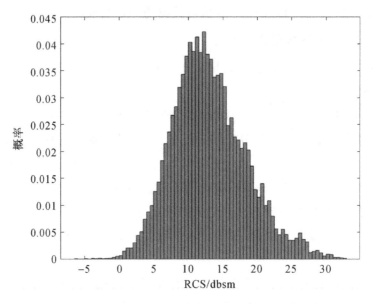

图 2-12 RCS 值概率分布直方图

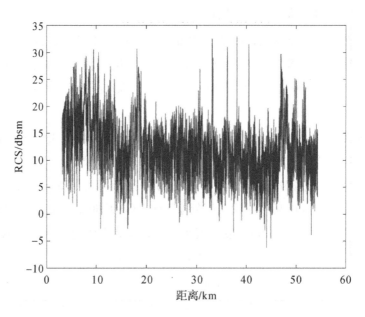

图 2-13 RCS 与距离关系图及有效航迹图

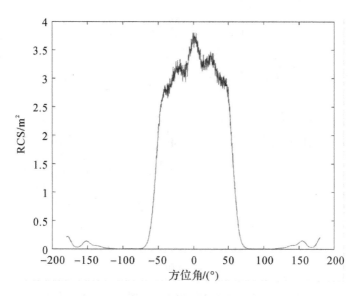

图 2 - 14 方位面角度与 RCS 分布图

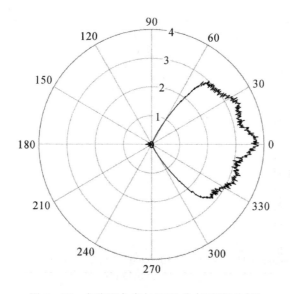

图 2 - 15 方位面角度与 RCS 分布图(极坐标)

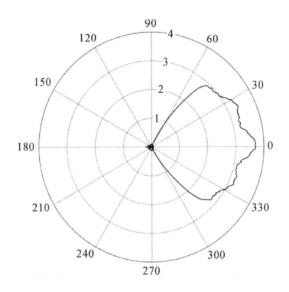

图 2-16　方位面角度与 RCS 分布图平滑后(极坐标)

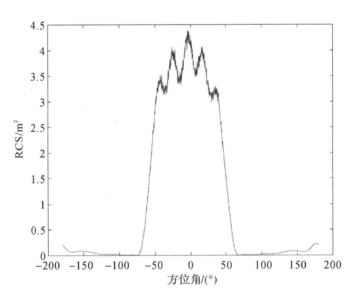

图 2-17　俯仰面角度与 RCS 分布图

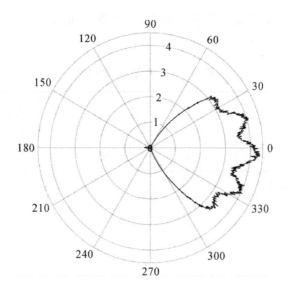

图 2 - 18　俯仰面角度与 RCS 分布图（极坐标）

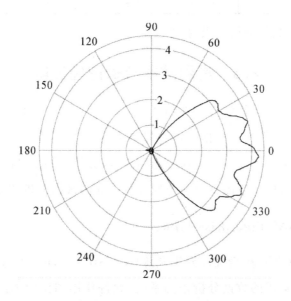

图 2 - 19　俯仰面角度与 RCS 分布图平滑后（极坐标）

　　（3）多航次比对分析。将各航次数据进行对比分析，对各航次 RCS 测量数据的数据一致性、收敛性等要素进行分析，分析各航次测量数据的有效性、准确性。例如，从表 2 - 5 中可以看出，第 2 航次、第 3 航次、第 4 航次数据一致性较好。第 1 航次数据收敛性较差,应对数据进行进一步处理,检查数据是否存在野值等情况。

表 2 - 5 多航次比对表

统计信息		第 1 航次	第 2 航次	第 3 航次	第 4 航次
数据位置特征	均值	518.3	195.7	184.1	163.8
	四分之一位数	60.9	48.9	65.3	58.7
	中位数	180.5	115.5	106.4	117.8
	四分之三位数	749.6	254.9	222.8	236.5
	极大值	75 011	1 050	1 052	784.3
	极小值	1.1	1	1.2	1.1
数据散布特征	极差	75 010	1 049	1 051.8	793.2
	标准差	1 322.7	235.4	237.8	194.8

最后,根据数据分析结果,撰写报告。

2.3 常用数据分析挖掘工具

数据分析挖掘工作的应用性和技术性之所以强,一定程度上体现在数据分析挖掘工具上,无论是数据分析挖掘方法还是具体应用主题最终都落实在数据挖掘工具上。不同于常规业务应用系统、数据挖掘工具的运行方式和使用方法都比较特殊。下面将简要介绍几款主流的数据分析挖掘工具。

2.3.1 SAS Enterprise Miner

Enterprise Miner 是统计分析系统(Statistics Analysis System,SAS)公司推出的一个集成的数据分析挖掘系统,允许使用和比较不同的技术,同时还集成了复杂的数据库管理软件。它的运行方式是通过在一个工作空间(Workspace)中按照一定的顺序添加各种可以实现不同功能的节点,然后对不同节点进行相应的设置,最后运行整个工作流程(Workflow),便可以得到相应的结果。

2.3.2 IBM SPSS Modeler

IBM SPSS Modeler 原名 Clementine,2009 年被国际商业机器(International Business Machines,IBM)公司收购后对产品的性能和功能进行了大幅度改进和提升。它封装了最先进的统计学和数据挖掘技术,来获得预测知识,并将相应的决策方案部署到现有的业务系统和业务过程中,从而提高企业的效益。IBM SPSS Modeler 拥有直观的操作界面、自动化的数据准备和成熟的预测分析模型,结合商业技术可以快速建立预测性模型。

2.3.3 SQL Server

Microsoft 的 SQL Server 中集成了数据挖掘组件——Analysis Servers,借助 SQL Server 的数据库管理功能,可以无缝地集成在 SQL Server 数据库中。SQL Server 2008 中提供了决策树算法、聚类分析算法、朴素贝叶斯算法、关联规则算法、时间序列相关算法、神经网络算法、线性回归算法等常用的数据挖掘算法。但是其预测建模的实现是基于 SQL Server 平台的,平台移植性相对较差。

2.3.4 R 语言

R 语言是用于统计分析和图形化的计算机语言及操作环境,支持一系列数据分析和挖掘技术,包括统计检验、预测建模、数据可视化等。R 语言最初是由新西兰奥克兰大学的 Ross Lhaka 和 Robert Gentleman 开发(因此称为 R),现在由"R 开发核心团队"负责开发。由于 R 语言是基于 UNIX 环境开发的开源产品,源代码可自由下载使用,因此 R 软件具有非常丰富的网上资源,目前在 CRAN 网站上有 1 700 多种软件包,几乎实现了所有的统计和挖掘方法。正如谷歌首席经济学家哈尔·瓦里安(Hal Varian)所说:"R 软件最优美的地方是它能够修改很多前人编写的代码做各种你所需的事情,实际你是站在巨人的肩膀上。"从这个角度来说,将 R 语言称作 R 平台似乎更为合适。目前,大量的顶级统计学家和计量经济学家都使用 R 语言,而且越来越多的数据分析挖掘人员也开始使用 R 语言进行数据挖掘。

2.3.5　MATLAB

MATLAB(Matrix Laboratory,矩阵实验室)是美国 Math Works 公司开发的应用软件,具备强大的科学及工程计算能力,它不但具有以矩阵计算为基础的强大数学计算能力和分析功能,而且还具有丰富的可视化图形表现功能和方便的程序设计能力。MATLAB 并不提供一个专门的数据挖掘环境,但它提供非常多的相关算法的实现函数,是学习和开发数据分析挖掘算法的很好选择。

2.3.6　WEKA

WEKA(Waikato Environment for Knowledge Analysis)是免费的、非商业化的,是一款基于 Java 语言环境开发的开源机器学习和数据挖掘平台。WEKA基于可视化交互式界面,集合了大量能承担数据挖掘任务的机器学习算法,包括数据预处理、分类、回归、聚类、关联规则等。开发者可以使用 Java 语言,利用 WEKA 的接口,在 WEKA 的架构上开发更多自己的数据挖掘算法,甚至借鉴它的方法自己实现可视化工具。高级用户可以通过 Java 编程和命令行来调用其分析组件。同时,WEKA 也为普通用户提供了图形化界面,称为 WEKA Knowledge Flow Environment 和 WEKA Explorer。在 WEKA 论坛可以找到很多扩展包,如文本挖掘、可视化分析、网格计算等。很多其他开源数据挖掘软件也支持调用 WEKA 的分析功能。

2.3.7　KNIME

KNIME(Konstanz Information Miner,http://www.knime.org)是基于 Java 开发的,可以扩展使用 WEKA 中的挖掘算法。KNIME 采用类似数据流(Data Flow)的方式来建立分析挖掘流程。挖掘流程由一系列功能节点组成,每个节点都有输入/输出端口,用于接收数据或模型、导出结果。

2.3.8　RapidMiner

RapidMiner 也叫 YALE(Yet Another Learning Environment),提供图形化界面,采用类似 Windows 资源管理器中的树状结构来组织分析组件,树上每个节点表示不同的运算符(Operator)。YALE 中提供了大量的运算符，包括数据处理、变换、探索、建模、评估等各个环节。YALE 是用 Java 语言开发的，基于 WEKA 来构建，可以调用 WEKA 中的各种分析组件。Rapid-Miner 有拓展的套件 Radoop，可以和 Hadoop 集成起来，在 Hadoop 集群上运行任务。

2.3.9　TipDM

TipDM(顶尖数据挖掘平台)使用 Java 语言开发，能从各种数据源获取数据，建立多种数据挖掘模型(目前已集成数十种预测算法和分析技术，基本覆盖了国外主流挖掘系统支持的算法)。TipDM 支持数据挖掘流程所需的主要过程：数据探索(相关性分析、主成分分析、周期性分析)、数据预处理(属性选择、特征提取、坏数据处理、空值处理)、预测建模(参数设置、交叉验证、模型训练、模型验证、模型预测)、聚类分析、关联规则挖掘等。

2.4　总　　结

本章主要介绍了装备试验中数据分析与挖掘的主要方法与一般流程、不同类型数据的挖掘方法及研究现状，以及常用的数据分析挖掘工具。

第3章　数据准备

由第 2 章中数据挖掘一般流程可知,数据准备是数据分析挖掘中的重要一环,而且必不可少。要想更有效地挖掘出知识,就必须为它提供干净、准确、简洁的数据。然而,在实际应用系统中收集到的原始数据往往是"脏"的,需要进行预处理。

现实世界中的数据大都是不完整、不一致的"脏"数据,无法直接进行数据挖掘,或者挖掘结果无法令人满意。为了提高数据挖掘的质量,数据准备阶段就是必不可少的。数据准备有多种方法,如数据清洗、数据集成、数据变换和数据规约等。这些数据准备方法在数据挖掘之前使用可以大大提高数据挖掘模式的质量,缩短降低实际挖掘所需要的时间。

数据清洗(Data Cleaning)是通过填写缺失的值、光滑噪声数据、识别或删除异常点以及解决不一致性等手段来"清理"数据,主要达到如下目标:格式标准化、异常数据清除、错误纠正等。

数据集成(Data Integration)是将多个数据源中的数据结合起来并统一存储,建立数据仓库的过程。

数据变换(Data Transformation)是通过平滑聚集、数据泛化、规范化等方式将数据转换成适用于数据挖掘的形式。

数据规约(Data Reduction):数据挖掘时往往数据量非常大,进行挖掘分析需要很长的时间,数据规约是在不影响数据挖掘结果的基础上,将数据集进行简化,即进行规约表示,它比原数据集小很多,但基本可以保持原数据的完整性,对规约后的数据集进行挖掘的结果与对原数据集进行挖掘的结果相同或几乎相同。

3.1 数据准备的必要性

3.1.1 原始数据存在的问题

数据挖掘使用的数据常常来源于不同的数据源,且不同数据源的数据存储标准不同。因此,数据挖掘常常不能在数据源头控制数据质量。由于无法避免数据质量问题,因此数据挖掘过程中针对数据的质量问题,通常通过两种方式解决:一种是数据质量的检测和纠正;另一种是使用可以容忍低质量数据的算法。数据质量的检测和纠正,通常称为数据清洗,重点关注的是测量和数据采集方面的数据质量问题,主要是测量误差和数据采集错误。

(1)测量误差。测量误差(Measurement Error)是指测量过程中导致的问题。例如,测量记录的值与实际值不同。对于连续属性,测量值与实际值的差称为误差(Error)。测量误差的数据问题通常包括噪声、精度、误差和准确率等。

1)噪声:测量误差的随机部分,采集数据的时候难以得到精确的数据。例如,采集数据的设备可能出现故障、数据输入、传输过程中可能出现错误、存储介质可能出现损坏等,这些情况都可能导致噪声数据的出现。

处理数据时常常使用的噪声检测技术,包括基于统计和基于距离的噪声检测技术。即使可以检测出噪声,但要完全消除噪声也是困难的,因此许多数据挖掘工作都需要注重算法的鲁棒性,即在噪声干扰下也能产生可以接受的结果。

2)精度、误差和准确率:在统计学和科学实验中,测量过程和结果数据的质量用精度和误差度量。假定对相同的基本量进行重复测量,并且用测量值集合计算平均值作为实际值的估计值。

精度与误差的区别在于,精度是对同一个量的重复测量值之间的接近程度,而误差是测量值与被测量之间的系统偏差。

精度通常用值集合的标准差度量,而误差用值集合的均值与测出的已知值之间的差度量。只有那些通过外部手段能够得到测量值的对象,其误差才是可确定的。

假定某试验设备重有 1 kg 标准试验重量,如果称重 5 次,得到下列值:

{1.015,0.990,1.013,1.001,0.986}。这些值的均值为1.001,因此误差是0.001。用标准差度量,精度是0.012。

准确率是指被测量的测量值与实际值之间的接近度。准确率通常是更一般的表示数据测量误差程度的术语。

准确率依赖于精度和误差。准确率的一个重要方面是有效数字(Significant Digit)的使用。其目标是仅使用数据精度所能确定的数字位数表示的测量或计算结果。例如,对象的长度用最小刻度为毫米的尺子测量,则只能记录最接近毫米的长度数据,这种测量的精度为±0.5 mm。

(2)数据采集错误。数据采集错误是指采集过程中产生丢失数据、重复采集数据、采集数据属性或对象错误等。例如,一种特定类数据采集可能包含了相关类型的其他混杂数据,它们只是表面上与要研究的种类相似。测量误差和数据采集错误可能是系统的,也可能是随机的。

同时涉及的测量和数据采集的数据质量问题包括离群点、缺失值、不一致的值以及重复数据等。

1)离群点:在某种意义上,离群点是具有不同于数据集中其他大部分数据对象特征的数据对象,或者是相对于该属性的典型值来说不寻常的属性值。离群点也称为异常对象或异常值。有许多定义离群点的方法,并且统计学和数据挖掘界已经提出了很多不同的定义。此外,区别噪声和离群点这两个概念是非常重要的。离群点可以是合法的数据对象或值。因此,与噪声不同,离群点本身有时是人们感兴趣的对象。例如,在欺诈和网络攻击检测中,目标就是在大量正常对象或事件中发现不正常的对象和事件。

2)缺失值:在数据集中,一个数据对象缺失一个或多个属性值的情况并不少见,由于实际系统设计时可能存在的缺陷以及使用过程中人为因素所造成的影响,数据记录中可能会出现有些数据属性的值丢失或不确定的情况,还可能缺少必需的数据而造成数据不完整。例如,有的人拒绝透露年龄或体重。再如,采集数据的设备出现了故障,导致一部分数据的缺失,这就会使数据不完整。另外,实际使用的系统中可能存在大量的模糊信息,有些数据甚至还具有一定的随机特性。无论何种情况,在数据分析时都应当考虑缺失值。

3)不一致的值:原始数据是从各种实际应用系统(多种数据库、多种文件系统)中获取的,由于各应用系统的数据缺乏统一的标准和定义,数据结构也有较大的差异,因此各系统间的数据存在较大的不一致性,不能共享的严重问题,往往不能直接拿来使用。例如,某数据库中两个不同的表可能都有质量这个属性,但是一个以千克为单位,一个是以克为单位,这样的数据就会有较大的杂乱性。再如,地址字段列出了邮政编码和城市名,但是有的邮政编码区域并不包含在对应的城市中。可能是人工输入该信息时录颠倒了两个数字,或许是在手写体扫描时读错了一个数字。不管导致不一致数据的原因是什么,重要的是能检测出来,并且如果可能的话还要纠正这种错误。

4)重复数据:数据可能包含重复或重复度很高的数据对象。例如,许多人都收到过内容重复的信息,因为它们以稍微不同的名字多次出现在数据库中。为了检测并删除这种重复数据,必须处理两个主要问题:首先,两个对象实际代表同一个对象,但对应的属性值不同,必须解决这些不一致的值;其次,需要避免意外地将两个相似但并非重复的数据对象(如两个人具有相同姓名)合并在一起。去重复(Reduplication)通常用来表示处理这些问题的过程。

现实世界中收集到的原始数据存在较多的问题是:数据的不一致、噪声数据以及缺失值。

3.1.2　数据质量要求

现实世界中的数据大都存在数据不一致、数据存在噪声以及缺失值等问题,但是数据挖掘需要的都必须是高质量的数据,即数据挖掘所处理的数据必须具有准确性(Correctness)、完整性(Completeness)、一致性(Consistency)等性质。另外,时效性(Timeliness)、可信性(Believability)和可解释性(Interpretability)也会影响数据的质量。

(1)准确性。准确性是指数据记录的信息是否存在异常或错误。

(2)完整性。完整性是指数据信息是否存在缺失的情况。数据缺失的情况可能是整个数据记录缺失,也可能是数据中某个字段信息的记录缺失。

(3)一致性。一致性是指数据是否遵循了统一的规范,数据集合是否保持了统一的格式。数据质量的一致性主要体现在数据记录的规范和数据是否符合逻辑。

(4)时效性。时效性是指某些数据是否能及时更新。更新时间越短,则时效性越强。

(5)可信性。可信性是指用户信赖的数据的数量。用户信赖的数据越多,则可信性越好。

(6)可解释性。可解释性是指数据自身是否易于人们理解。数据自身越容易被人们理解,则可解释性越高。

3.1.3　数据准备阶段的主要任务

数据准备阶段工作主要包括数据清洗、数据集成、数据规约和数据变换。

(1)数据清洗。数据清洗通过填写缺失的值、光滑噪声数据、识别或删除离群点等方法去除源数据中的噪声数据和无关数据,并且处理遗漏的数据和清洗"脏"数据,考虑时间顺序和数据变化等。

(2)数据集成。当需要分析挖掘的数据来自多个数据源的时候,就需要集成多个数据库、数据立方体或文件,即数据集成。对来自多个不同数据源的数据,可能存在数据的不一致性和冗余问题,即代表同一内容的属性在不同数据源中的命名规则可能不同,例如在某装备数据库中的装备的名称属性为 equipment _name,它在另一个数据集中可能是 equip _name。数据的不一致还可能出现在具体的数据值中,例如同一个雷达装备在雷达数据库中的类别为"Radar_equip",在功能数据库中值为"measure_equip"。除此之外,还有某些属性是由其他属性导出的。

(3)数据规约。数据规约是指对数据集进行简化表示。大量的冗余数据会影响数据挖掘算法的性能,甚至使算法失效。因此,在数据准备阶段不仅要进行数据清洗,还必须采取措施避免数据集成后的数据冗余。这样既能降低数据集的规模以提高效率,又可以达到知识发现的目的。数据规约的目的是,通过规约得到比原来小得多的数据集,但是可以得到与原数据集几乎相同的分析结果。

(4)数据变换。数据变换是将数据从一种表现形式变成另一种表现形式的过程,它包括数据的规范化、数据的离散化和概念分层,可以使数据的挖掘在多个抽象层上进行。

在进行数据挖掘工作之前,需要在数据准备阶段对数据进行清洗、变换等一系列操作,提高数据的质量,这样可以提高挖掘过程的准确率和效率。因此,数据准备是数据挖掘的重要步骤。

3.2　数据清洗

装备试验中产生的数据,许多都存在数据完整性不强、数据一致性不高以及存在噪声数据等特点。这种数据一般被称为原始数据中的"脏"数据,数据分析人员在做数据分析挖掘时,首先就需要对"脏"数据进行数据清洗。数据清洗就是对数据进行重新审查和校验的过程,其目的是纠正存在的错误,并提高数据一致性。

3.2.1　数据清洗的原理

数据清洗就是将不能满足数据分析挖掘要求的原始数据("脏"数据),通过制定的数据清洗策略和规则,转换为满足数据分析人员要求的数据。数据清洗的基本流程如图 3-1 所示。

图 3-1　数据清洗的基本流程

从图 3-1 中可以看出,各类数据源中存在的不同命名规则、不同的命名习惯、异常值以及空值都会导致"脏"数据出现,通过定义好的数据清洗策略和清洗规则(即数理统计技术、数据挖掘技术等清洗策略)对"脏"数据进行清洗,得到满足数据质量要求的数据。

需要注意的是,数据清洗的目的是解决"脏"数据问题,即不是将"脏"数据洗掉,而是将"脏"数据洗干净。干净的数据指的是满足质量要求的数据。

3.2.2　数据清洗的基本流程

数据清洗的基本流程一共分为 5 个步骤,分别是数据分析、定义数据清洗的策略和规则、搜寻并确定错误实例（即检测"脏"数据）、纠正发现的错误（即清洗数据）以及干净数据回流（即替代"脏"数据）。数据清洗流程图如图3-2所示。

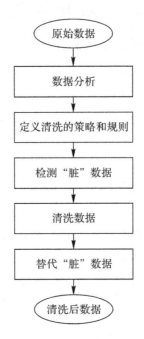

图 3-2　数据清洗流程图

（1）数据分析。数据分析是数据清洗的前提和基础，通过人工检测或者自动分析程序的方式对原始数据源的数据进行检测分析，从而找出原始数据源中存在的数据质量问题。

（2）定义清洗策略和规则。根据数据分析出的数据源个数和数据源中的"脏"数据程度定义数据清洗策略和规则，并选择合适的数据清洗算法。

（3）检测"脏"数据。检测"脏"数据步骤包括自动检测属性错误和检测重复记录的算法。

手工检测数据集中的属性错误需要花费大量的时间、精力以及物力，并且该过程本身很容易出错，所以需要使用高效的方法自动检测数据集中的属性错误，主要检测方法基于统计的方法、聚类方法和关联规则方法。

检测重复记录的算法可以对两个数据集或者一个合并后的数据集进行

检测,从而确定同一个现实实体的重复记录,即匹配过程。检测重复记录的算法有基本的字段匹配算法、递归字段匹配算法等。

(4)清洗数据。根据不同的"脏"数据存在形式的不同,执行相应的数据清洗和转换步骤解决原始数据源中存在的质量问题。需要注意的是,原始数据源进行数据清洗时,应将原始数据源进行备份,以防需要撤销清洗操作。

为了便于处理单一数据源、多数据源以及单一数据源与其他数据源合并的数据质量问题,一般需要在各个数据源上进行数据转换操作,具体如下。

1)从原始数据源的属性字段中抽取值(属性分离)。原始数据源的属性一般包含很多信息,这些信息有时需要细化成多个属性,便于后续清洗重复记录。

2)确认并改正。确认并改正输入和拼写的错误,然后尽可能地使该步骤自动化。若是基于字典查询拼写错误,则更利于发现拼写的错误。

3)标准化。为了便于记录实例匹配和合并,应该将属性值转换成统一格式。

(5)替代"脏"数据。在数据被清洗后,干净的数据替代原始数据源中的"脏"数据,这样可以提高信息系统的数据质量,还可避免将来再次抽取数据后进行重复的清洗工作。

3.2.3　数据清洗的策略与方法

(1)缺失值的处理。缺失值是指在现有的数据集中缺少某些信息,例如某项试验数据中,试验条件缺失等。也就是说,某个或某些属性的值是不完全的。处理缺失值一般使用以下几种方式。

1)忽略属性列。如果某个属性的缺失值太多,假设超过了 80%,那么在整个数据集中就可以忽略该属性。

2)人工清洗缺失值,即通过人工填写或删除缺失值。一般来说,人工清洗缺失值会耗费过多的人力和物力,而且如果数据集缺失了很多值或者数据集很大,该方法不易实现。

3)使用属性的均值、中位数或最大概率值等填写缺失值。如果数据的分布是正常的,就可以使用均值来填充缺失值。例如,对于某项试验中某一测试内容的测试时间的缺失的情况,可以将该类试验中所有与之相似的内容测试的平均时间作为该项测试内容的测试时间。如果数据的分布是有所偏重的,可以使用中位数来填充缺失值。

4)使用经验值填充空缺值。使用一个经验值填充空缺值就是对一个属性的所有缺失值都根据经验使用一个固定的值填补。此方法最大的优点就是简单、省事,但是也可能产生一个问题,挖掘的程序可能会误认为这是一个特殊的概念。

5)使用可能的特征值替换缺失值。以上这些简单方法的替代值都不准确,数据都有可能产生误差。为了比较准确地预测缺失值,数据挖掘者可以生成一个预测模型预测每个丢失值。例如,如果每个样本给定 3 个特征值 A、B、C,那么可以将这 3 个值作为一个训练集的样本,生成一个特征之间的关系模型。一旦有了训练好的模型,就可以提出一个包含丢失值的新样本,并产生预测值。也就是说,如果特征 A 和 B 的值已经给出,模型会生成特征 C 的值。如果丢失值与其他已知特征高度相关,这样的处理就可以为特征生成最合适的值。

当然,如果缺失值总是能够被准确地预测,就意味着这个特征在数据集中是冗余的,在进一步的数据挖掘中是不必要的。在现实世界的应用中,缺失值的特征和其他特征之间的关联应该是不完全的。所以,不是所有的自动方法都能填充出正确的缺失值。但此方法在数据挖掘中是很受欢迎的,因为它可以最大限度地使用当前数据的信息预测缺失值。

(2)噪声的处理。噪声是指被测量的变量产生的随机错误或误差。噪声是随着随机误差出现的,包含错误值或异常值。噪声数据产生的主要原因是数据采集过程中产生的泄漏及设备可能的故障。噪声检测可以降低采集大量数据时,做出错误决策的风险,并有助于识别、防止、去除恶意或错误行为的影响。

发现噪声数据并且从数据集中去除它们的过程可以描述为,从 n 个样本中选 k 个与其余数据显著不同或例外的样本($k \ll n$)。定义噪声数据的问题是非同寻常的,在多维样本中尤其如此。常用的噪声检测的技术如下。

1)基于统计的噪声检测技术。基于统计的噪声检测方法可以分为一元法和多元法,目前多数研究通常采用多元方法,但是这种方法并不适合高维数据集和数据分布未知的任意数据集。

多元噪声探测的统计方法常常能指出远离数据分布中心的样本。这个任务可以使用几个距离度量值完成。马哈拉诺比斯(Mahalanobis)距离(简称马氏距离)包括内部属性之间的依赖关系,这样系统就可以比较属性组合。这个方法依赖多元分布的估计参数,给定 p 维数据集中的 n 个观察值 $\boldsymbol{x}_i$(其中 $n \gg p$),用 $\boldsymbol{x}_n$ 表示样本平均向量,$\boldsymbol{V}_n$ 表示样本协方差矩阵,则有

$$\boldsymbol{V}_n = \frac{1}{n-1} \sum_{i=1}^{n} (\boldsymbol{x}_i - \bar{\boldsymbol{x}}_n)(\boldsymbol{x}_i - \bar{\boldsymbol{x}}_n)^{\mathrm{T}} \tag{3-1}$$

每个多元数据点 $i(i=1,2,\cdots,n)$ 的马哈拉诺比斯距离 M_i 为

$$M_i = \Big[\sum_{i=1}^{n} (\boldsymbol{x}_i - \bar{\boldsymbol{x}}_n)^{\mathrm{T}} \boldsymbol{V}_n^{-1} (\boldsymbol{x}_i - \bar{\boldsymbol{x}}_n) \Big]^{\frac{1}{2}} \tag{3-2}$$

于是,马氏距离很大的 n 个样本就被视为噪声数据。

2)基于距离的噪声检测技术。基于距离的噪声检测方法与基于统计的噪声检测方法最大的不同是:基于距离的噪声检测方法可以用于多维样本;而大多数的基于统计的噪声检测方法仅分析一维样本,即使分析多维样本,也是单独分析每一维。这种基于距离的噪声检测方法的基本计算复杂性,在于估计 n 维数据集中所有样本间的测量距离。如果数据集 S 中至少有一部分数量为 p 的样本到样本 a 的距离比 d 大,那么样本 a 就是数据集 S 中的一个噪声数据。也就是说,这种方法的检测标准基于参数 p 和 d,这两个参数可以根据数据的相关知识提前给出或者在迭代过程中改变,以选择最有代表性的噪声数据。

(3)不一致数据的处理。数据的不一致性,是指各类数据的矛盾性和不相容性,主要是由于数据冗余、并发控制不当以及各种故障和错误造成的。由于存在很多破坏数据一致性的因素,数据库系统都会有一些相应的措施解决并保持数据库的一致性,因此可以使用数据库系统来保持数据的一致性。

但是对于某些事务中一些数据记录的不一致,可以使用其他比较权威的材料改正这些事务的数据性。另外,数据输入时产生的问题可以采用记录的方式改正这些数据的不一致性。知识工程手段也可以用来检测违反约束条件的数据。

(4)重复值的清洗。目前,数据清洗重复值的基本思想是"排序和合并"。清洗重复值的方法主要有相似度计算和基于基本近邻排序算法等。

1)相似度计算是通过计算记录的个别属性的相似度,然后考虑每个属性的不同权重值,进行加权平均后得到记录的相似度,若两个记录相似度超过某一个阈值,则认为两条记录匹配,否则认为这两条记录指向不同的实体。

2)基于基本近邻排序算法的核心思想是为了减少记录的比较次数,在按关键字排序后的数据集上移动一个大小固定的窗口,通过检测窗口内的记录判定它们是否相似,从而确定并处理重复记录。

3.2.4　数据清洗的原则

噪声和缺失值都会产生"脏"数据,也就是有很多原因会使数据产生错误,在进行数据清洗时,就需要对数据进行偏差检测,但是导致偏差的原因有很多,例如:人工输入数据时有可能出现错误;数据库表的字段设计自身可能产生一些问题;用户填写信息时有可能没有填写真实信息以及数据退化;等等。不一致的数据表示和编码的不一致使用也可能出现数据偏差,例如装备高度 170 cm 和 1.70 m,日期"2022/11/11"和"11/11/2022"。

可以使用唯一性原则、连续性原则和空值原则观察数据,进行偏差检测。

(1)唯一性原则。每个值是唯一的,一个属性的每一个值都不能和这个属性的其他值相同。

(2)连续性原则。首先要满足唯一性原则,然后每个属性的最大值和最小值之间没有缺失的值。

(3)空值原则。需要明确空白、问号、特殊符号等指示空值条件的其他字符串的使用,并且知道如何处理这样的值。

此外,为了统一数据格式和解决数据冲突,在数据清洗时还可以使用正确的数据文件更正未清洗的错误数据。正确的数据文件就是以记录的形式表示信息的文件,这些正确的数据文件可以从权威的数据管理部门或者从数据分析人员中的已有数据中获得,如下例所示。

例:使用正确的数据文件更正错误数据。

在表 3-1 所示的正确的数据文件中,数据标识(Identity Docoment,ID)是唯一的,关键字段表 3-2 是一条"脏"记录。正确的数据文件模式与"脏"数据的模式一致,根据正确的数据文件的关键字段确定"脏"数据中字段的格式错误。清理过后的结果见表 3-3,对表中时间字段的值重新进行了调整。

表 3-1 外部源文件实例

ID	任务名称	试验人员	试验开始时间
20200111	××装备试验	张三	2020 年 1 月 1 日
...	...	...	...
20211312	××装备试验	李四	2021 年 11 月 1 日
...	...	...	...
20220213	××装备试验	王五	2022 年 3 月 1 日

表 3-2 一条"脏"记录

ID	任务名称	试验人员	试验开始时间
20220214	××装备试验	张三	2022.4.2

表 3-3 清理后的记录

ID	任务名称	试验人员	试验开始时间
20220214	××装备试验	张三	2022 年 4 月 2 日

3.3 数据集成

数据集成主要是在数据分析任务中把不同来源、格式、特点和性质的数据合理地集中合并起来,从而为数据挖掘提供完整的数据源(包括多个数据库、数据仓库或一般性数据文件),然后存放在一个一致的数据存储中,这样有助于减小结果数据集的冗余度和不一致性,提高之后的挖掘过程的准确性和速度。

数据集成的过程涉及的两个问题是数据内容一致性问题和数据冗余性问题。

(1)数据内容一致性问题。这个问题主要是来自具有多信息源的现实世界产生的"匹配"问题。例如,一个数据源中的装备名称和另一个数据库的设备名称指的是同一数据内容。通常,数据库和数据仓库中的元数据可以帮助避免模式集成中的错误。

(2)数据冗余性问题。在进行数据集成的过程中很可能会遇到许多不必要的数据。某些数据可以通过相关性分析检测出来，主要分两种情况：一种是对数值属性数据（即数值数据），使用相关系数和协方差；另一种是对标称数据，使用 χ^2（卡方）检验。

1）数值数据的相关系数（Correlation Coefficient）。属性 X 和 Y 的相关度使用其相关系数 $r_{x,y}$ 来表示。

$$r_{X,Y} = \frac{\sum\limits_{i=1}^{n}(x_i - \overline{X})(y_i - \overline{Y})}{n\sigma_X\sigma_Y} = \frac{\sum\limits_{i=1}^{n}(x_iy_i) - n\overline{X}\ \overline{Y}}{n\sigma_X\sigma_Y} \tag{3-3}$$

式中：n 代表元组的个数；x_i 是元组 i 在属性 X 上的值；y_i 是元组 i 在属性 Y 上的值；$\overline{X}$ 表示 X 的均值；$\overline{Y}$ 表示 Y 的均值；σ_X 表示 X 的标准差；σ_Y 表示 Y 的标准差；$\sum\limits_{i=1}^{n}(x_i, y_i)$ 表示每个元组中 X 的值乘 Y 的值。$r_{x,y}$ 的取值范围为 $-1 \leqslant r_{x,y} \leqslant 1$。

若 $r_{x,y} > 0$，则 X 和 Y 是正相关的，也就是说，X 值随 Y 值的变大而变大。如果 $r_{x,y}$ 的值较大，那么数据可以作为冗余数据而被删除。

若 $r_{x,y} = 0$，则 X 和 Y 是独立的且互不相关。

若 $r_{x,y} < 0$，则 X 和 Y 是负相关的，也就是说，X 值随 Y 值的减小而变大，即一个字段随着另一个字段的减少而增多。

（2）数值数据的协方差。在概率论和统计学中，协方差（Covariance）用于衡量两个变量的总体误差。而方差是协方差中两个变量相同的一种特殊情况。协方差也可以评估两个变量的相互关系。

期望值就是指在一个离散性随机变量试验中每次可能得到结果的概率乘以其结果的总和。

设有两个属性 X 和 Y，以及有 n 次观测值的集合 $\{(x_1, y_1), (x_2, y_2), \cdots, (x_n, y_n)\}$，则 X 的期望值（均值）为

$$E(X) = \overline{X} = \frac{\sum\limits_{i=1}^{n}x_i}{n} \tag{3-4}$$

Y 的期望值（均值）为

$$E(Y) = \overline{Y} = \frac{\sum\limits_{i=1}^{n} y_i}{n} \tag{3-5}$$

X 和 Y 的协方差定义为

$$\mathrm{Cov}(X,Y) = E[(X-\overline{X})(Y-\overline{Y})] = \frac{\sum\limits_{i=1}^{n}(x_i - \overline{X})(y_i - \overline{Y})}{n} \tag{3-6}$$

将式（3-3）与式（3-6）结合,得到

$$r_{X,Y} = \frac{\mathrm{Cov}(X,Y)}{\sigma_X \sigma_Y} \tag{3-7}$$

式中:σ_X 和 σ_Y 分别是 X 和 Y 的标准差。

还可以证明:

$$\mathrm{Cov}(X,Y) = E(X \cdot Y) - \overline{X}\,\overline{Y} \tag{3-8}$$

当 $\mathrm{Cov}(X,Y) > 0$ 时,表明 X 与 Y 正相关;当 $\mathrm{Cov}(X,Y) < 0$ 时,表明 X 与 Y 负相关;当 $\mathrm{Cov}(X,Y) = 0$ 时,表明 X 与 Y 不相关。

若属性 X 和 Y 是相互独立的,有

$$E(X \cdot Y) = E(X) \cdot E(Y) \tag{3-9}$$

则协方差的公式为

$$\mathrm{Cov}(X,Y) = E(X \cdot Y) - \overline{X}\,\overline{Y} = E(X) \cdot E(Y) - \overline{X}\,\overline{Y} = 0 \tag{3-10}$$

但是,它的逆命题是不成立的。

3.4　数 据 规 约

数据规约是指在对挖掘任务和数据自身内容理解的基础上,通过删除列、删除行和减少列中值的数量,来删掉不必要的数据,以保留原始数据的特征,从而在尽可能保持数据原始状态的前提下最大限度地精简数据量。

数据规约技术可以得到数据集的归约表示,虽然小,但仍大致保持原数据的完整性。在归约后的数据集上挖掘将更有效,并产生相同（或几乎相同）

的分析结果。

数据规约的主要策略如下。

(1)数量规约:通过直方图、聚类和数据立方体聚集等非参数方法,使用替代的、较小的数据表示形式替换原数据。

(2)属性子集选择:检测并删除不相关、弱相关或冗余的属性。

(3)抽样:使用比数据小得多的随机样本表示大型的数据集。

(4)回归和对数线性模型:对数据建模,使之拟合到一条直线,主要用来近似给定的数据。

(5)维度规约:通过小波变换、主成分分析等特征变换方式减少特征数目。

3.4.1 可视化方法

直方图是一种常见的数据规约的形式。属性 X 的直方图将 X 的数据分布划分为不相交的子集或桶。通常情况下,子集或桶表示给定属性的一个连续区间。单值桶表示每个桶只代表单个属性值或者频率对(单值桶对于存放那些高频率的离群点非常有效)。

将桶和属性值进行关联划分的策略有以下两点:

(1)等宽:在等宽直方图中,每个桶的宽度区间是一致的。例如,图 3 - 3 中的桶宽为 10。

(2)等频(或等深):在等频直方图中,每个桶的频率粗略地计为常数,即每个桶大致包含相同个数的邻近数据样本。

例:用直方图表示数据。

已知一数据集合为:

158,128,113,168,87,96,110,92,93,85,94,111,156,138,123,116,169,113,158,8793,89,95, 122,114,111,158,135,128,99,101,111,123,128,113,96,110,98,87,94,80。

使用等宽直方图表示数据如图 3 - 3 所示,桶宽为 10。

如果需要继续压缩数据,可以使用桶表示某个属性的一个连续值域,如图 3 - 4 中的每个桶都代表数值的区间为 15。

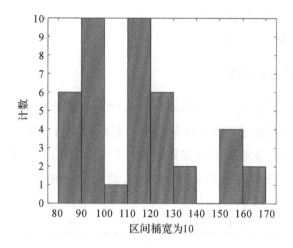

图 3 - 3　直方图(桶宽为 10)

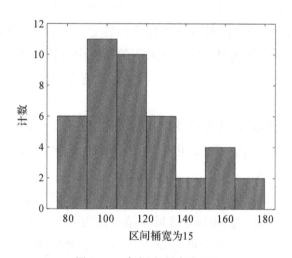

图 3 - 4　直方图(桶宽为 15)

3.4.2　数据立方体聚集

数据立方体是一类多维矩阵,可以使用户从多个维度探索和分析数据集,其中的数据是已经处理过的并且聚合成了立方体形式。数据立方体中的基本概念如下。

(1)方体:不同层创建的数据立方体。

(2)基本方体:最低抽象层创建的立方体。

(3)顶方体:最高层抽象的立方体。

(4)方体的格:每一个数据立方体。

3.4.3　属性子集选择

属性子集选择是从一组已知属性集合中通过删除不相关或冗余的属性（或维度）来减少数据量。属性子集选择主要是为了找出最小属性集，使所选的最小属性集可以像原来的全部属性集一样能正确区分数据集中的每个数据对象。这样可以提高数据处理的效率，简化学习模型，使得模型更易于理解。

属性子集选择的基本启发式方法包括逐步向前选择、逐步向后删除以及决策树归纳，例如初始属性集为$\{X_1, X_2, X_3, X_4, X_5, X_6\}$。

(1)逐步向前选择。以空的属性集作为开始，首先确定原属性集中最好的属性，初始化归约集后，先选择属性X_1，将它添加到归约后的属性集中。然后继续迭代，每次都从原属性集乘组下的属性中寻找最好的属性并添加到归约后的属性集中，依次选择属性X_4和X_6，最终得到归约后的属性集$\{X_1, X_4, X_6\}$。

(2)逐步向后删除。从原属性集开始，删除在原属性集中最差的属性，首先删除属性X_2，然后依次迭代，再依次删除属性X_3和X_5，最终得到归约后的属性集$\{X_1, X_4, X_6\}$。

(3)决策树归纳。使用给定的数据构造决策树，假设不出现在树中的属性都是不相关的。决策树中每个非叶子结点代表一个属性上的测试，每个分支对应一个测试的结果，每个叶子结点代表一个类预测，对于属性X_1的测试，结果为"是"的对应类别1的类预测结果；结果为"否"的对应类别2的类预测结果。在每个结点上，算法选择"最好"的属性，将数据划分成类。出现在树中的属性形成归约后的属性子集。

以上这些方法的结束条件都可以是不同的，最终都通过一个度量阈值确定何时结束属性子集的选择过程。

也可以使用这些属性创造某些新属性，这就是属性构造。例如，已知属性"半径"（radius），可以计算出"面积"（area）。这对于发现数据属性间联系是否缺少信息是有用的。

3.4.4　抽样

抽样在统计中主要是在数据的事先调查和数据分析中使用。抽样是很常用的方法,用于选择数据子集,然后分析出结果。但是,抽样在统计学与数据挖掘中的使用目的是不同的。统计学使用抽样,主要是因为得到数据集太费时费力;数据挖掘使用抽样,主要是因为数据量太大,处理这些数据太耗费时间并且代价太大,使用抽样在某种情况下会压缩数据量。

有效抽样的理论是:假设有代表性的样本集,那么样本集和全部的数据集被使用且得到的结论是一样的。例如,假设对数据对象的均值感兴趣,并且样本的均值近似于数据集的均值,则样本是有代表性的。但是抽样是一个过程,特定的样本的代表性不是不变的,所以最好选择一个确保以很高的概率得到有代表性的样本的抽样方案。抽样的效果取决于样本的大小和抽样的方法。

假定大型数据集 D 包含 N 个元组。3 种常用的抽样方法如下:

(1)无放回的简单随机抽样方法:该方法从 N 个元组中随机(每一数据行被选中的概率为 $1/N$)抽取出 n 个元组,以构成抽样数据子集。

(2)有放回的简单随机抽样方法:该方法与无放回的简单随机抽样方法类似,也是从 N 个元组中每次抽取一个元组,但是抽中的元组接着放回原来的数据集 D 中,以构成抽样数据子集。这种方法可能会产生相同的元组。图 3-5 表示无放回和有放回的简单随机抽样方法。

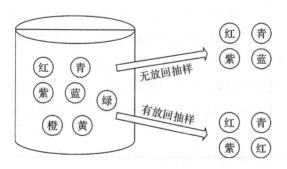

图 3-5　无放回和有放回的简单随机抽样方法示意图

(3)分层抽样:在总体由不同类型的对象组成且每种类型的对象数量差别很大时使用。

分层抽样需要预先指定多个组,然后从每个组中抽取样本对象。一种方法是从每个组中抽取相同数量的对象,而不管这些组的大小是否相同。另一种方法是从每一组抽取的对象数量正比于该组的大小。

首先将大数据集 D 划分为互不相交的层,然后对每一层简单随机选样得到 D 的分层选样。例如,根据人员的年龄组进行分层,然后再在每个年龄组中进行随机选样,从而确保了最终获得的分层采样数据子集中的年龄分布具有代表性。

选择好了抽样技术,接下来就需要选择样本容量了。过大的样本容量会使计算变得复杂,但是却可以使得样本更具有代表性;过小的样本容量可以使计算变得简单,但是却可能使得结果不准确。所以,确定适当的样本容量同样非常重要。

3.5 数 据 变 换

3.5.1 数据变换策略及分类

数据变换是将数据转换为适合于数据挖掘的形式,数据变换策略主要包括平滑、汇聚、数据泛化、数据规范化、属性构造和数据离散化。

(1)平滑:去掉数据中的噪声。这类技术包括分箱、回归和聚类,与数据清洗中的平滑类似。

(2)汇聚:对数据进行汇总或聚集。例如,可以聚集某项试验任务每一季度的实际任务天数,以获得该项任务在当年的总任务天数。一般来说,汇聚主要用来为多维度的数据分析构造数据立方体。

(3)数据泛化:使用概念分层,用高层概念替换低层或"原始"数据。例如,可以把某营区的具体地址泛化为多层的概念,如战区、城市、经度、纬度等。

(4)数据规范化:把属性数据按比例缩放,使之落入一个特定的小区间,如 $-5.0 \sim 5.0$ 或 $-10.0 \sim 10.0$。

(5)属性构造(特征构造):通过已知的属性构建出新的属性,然后放入属性集中,有助于挖掘过程。

(6)数据离散化:数值属性(如年龄)的原始值用区间标签(如 $18 \sim 30$ 或

31～50)或概念标签(如青年、中年、老年)替换。这些标签可以递归地组织成更高层概念,形成数值属性的概念分层。图3-6就是属性指标评分的离散化。

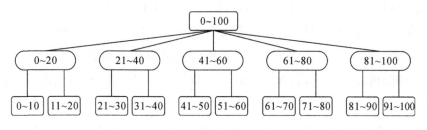

图3-6 属性年龄的离散化

3.5.2 数据泛化

概念分层可以用来泛化数据,虽然这种方法可能会丢失某些细节,但泛化后的数据更有意义、更容易理解。

对于数值属性,概念分层可以根据数据的分布自动地构造,如用分箱、直方图分析、聚类分析、基于熵的离散化和自然划分分段等技术生成数据概念分层。

对于分类属性,有时可能具有很多个值。如果分类属性是序数属性,可以使用类似于处理连续属性方法的技术,以减少分类值的个数。如果分类属性是标称的或无序的,就需要使用其他方法。例如一所大学由许多系组成,系名属性可能具有数十个值。在这种情况下:可以使院系之间的学科联系,将系合并成较大的学科;或者使用更为经验性的方法,仅当分类结果能提高分类准确率或达到某种其他数据挖掘目标时,才将值聚集到一起。

由于一个较高层概念通常包含若干从属的较低层概念,高层概念属性(如区)与低层概念属性(如街道)相比,通常包含较少数目的值。因此,可以根据给定属性集中每个属性不同值的个数自动产生概念分层。具有越多不同值的属性在分层结构中的层次就越低,属性的不同值越少,则所产生的概念在分层结构中所处的层次就越高。

首先,根据每个属性的不同值的个数,将属性按升序排列。其次,按照排好的次序,自顶向下产生分层,第一个属性在最顶层,最后一个属性在最低层。

3.5.3　数据规范化

数据规范化是通过将数据压缩到一个范围内(通常是在[0,1]区间或者考虑数据符合属性在[-1,1]区间),赋予所有属性相等的权重。这些数据的规范化,对于神经网络的分类算法或者基于距离度量的分类和聚类用处很大。但是有时并不需要规范化,例如算法使用相似度函数而不是距离函数时;再如随机森林算法,它从不比较一个特征与另一个特征,因此也不需要规范化。

数据规范化的常用方法有 3 种:按小数定标规范化、最小-最大值规范化和 $z-score$ 规范化。

(1)按小数定标规范化。通过移动属性值的小数点的位置进行规范化,通俗地说就是将属性值除以 10 的 n 次方,使其值落在[-1,1]。属性 A 的值 v_i 被规范化 v_i',其计算公式为

$$v_i' = \frac{v_i}{10^j} \tag{3-11}$$

式中:v_i 表示对象 i 的原属性值;v_i' 表示规范化的属性值;j 是使 $\max(|v_i'|)<1$ 的最小整数。

例:设某属性的最大值为 9 670,最小值为 2 510,按小数定标规范化,使属性值缩小到[-1,1]的范围内。

解:题中属性的最大绝对值为 9 670,显然只要将属性中的值分别除以 10 000,就满足 $\max(|v_i'|)<1$,这时 $j=9$ 670 规范化后为 0. 967,而 2 510 被规范化为 0. 251,达到了将属性值缩到小的特定区间[-1,1]的目标。

(2)最小-最大值规范化。最小-最大值规范化对原始数据进行了线性变化。

假设 $\min A$ 和 $\max A$ 分别表示属性 A 的最小值和最大值,则最小-最大值规范化计算公式为

$$v_i' = \frac{v_i - \min A}{\max A - \min A}(b-a) + a \tag{3-12}$$

式中:v_i 表示对象 i 的原属性值;v_i' 表示规范化的属性值;$[a,b]$ 表示 A 属性的所有值在规范化后落入的区间。

例：某试验相关人员中的最大年龄为 52 岁，最小年龄为 21 岁，将年龄映射到 $[0.0,1.0]$ 的范围内。

解：根据最小-最大值规范化，44 岁将变换为 $\dfrac{44-25}{52-21}\times(1.0-0)+0\approx$ 0.742。

（3）z - score 规范化。z - score 规范化方法是基于属性的均值和标准差进行规范化的。

z - score 规范化的计算公式为

$$v_i' = \frac{v_i - \overline{A}}{\sigma_A} \tag{3-13}$$

式中：v_i 表示对象 i 的原属性值；v_i' 表示规范化的属性值；A 表示属性 A 的平均值，σ_A 表示属性 A 的标准差。

例：某单位技术人员的平均值和标准差分别为 25 岁和 11 岁。根据 z - score 规范化，将 44 岁这个数据规范化。

解：根据 z - score 规范化，44 岁变换为 $\dfrac{44-25}{11}\approx 1.727$。

3.5.4　数据离散化

连续变量的离散化就是将具体性的问题抽象为概括性的问题，即将它取值的连续区间划分为小的区间，再将每个小区间重新定义为一个唯一的取值。例如，装备试验打分可以划分为两个区间，$[0,60)$ 为不及格，$[60,100]$ 为及格。60 是两个区间的分界点，称为断点。断点就是小区间的划分点，区间的一部分数据小于断点值，另一部分数据则大于或等于断点值。选取断点的方法不同，从而产生了不同的离散化方法。

对连续变量进行离散化处理，一般经过以下步骤：①对连续变量进行排序；②选择某个点作为候选断点，根据给定的要求，判断此断点是否满足要求；③若候选断点满足离散化的要求，则对数据集进行分裂或合并，再选择下一个候选断点；④重复步骤②和③，若满足要求则停止准则，不再进行离散化过程，从而得到最终的离散结果。

（1）分箱法。分箱法主要包括等宽分箱法和等深分箱法，它们是基本的离散化算法。分箱的方法是基于箱的指定个数自顶向下的分裂技术,在离散化的过程中不使用类信息,属于无监督的离散化方法。

1)等宽分箱法就是使数据集在整个属性值的区间上平均分布,即每个箱的区间范围是一个常量,称为箱子宽度。

2)等深分箱法就是要把这些数据按照某个定值分箱,这个数值就是每箱的记录的行数,也称为箱子的深度。

在等宽或等深划分后,可以用每个箱中的中位数或者平均值替换箱中的所有值,实现特征的离散化。

以下按照两种分箱法进行分箱举例。

某单位存储在职人员信息的数据库中表示收入的字段工资排序后的值(元)为:900,1 000,1 300,1 600,1 600,1 900,2 000,2 400,2 600,2 900,3 000,3 600,4 000,4 600,4 900,5 000。分别按照等深分箱法和等宽分箱法的方法进行分箱。

解:等深分箱法:设定权重(箱子深度)为4,分箱后有:

箱1:900,1 000,1 300,1 600;

箱2:1 600,1 900,2 000,2 400;

箱3:2 600,2 900,3 000,3 600;

箱4:4 000,4 600,4 900,5 000。

使用平均值平滑结果为:

箱1:1 200,1 200,1 200,1 200;

箱2:1 975,1 975,1 975,1 975;

箱3:3 025,3 025,3 025,3 025;

箱4:4 625,4 625,4 625,4 625。

等宽分箱法:设定区间范围(箱子宽度)为1 000元,分箱后有:

箱1:900,1 000,1 300,1 600,1 600,1 900;

箱2:2 000,2 400,2 600,2 900,3 000;

箱3:3 600,4 000,4 600;

箱4:4 900,5 000。

使用平均值平滑结果为:

箱1:1 383,1 383,1 383,1 383,1 383,1 383;

箱 2:2 580,2 580,2 580,2 580,2 580;

箱 3:4 067,4 067,4 067;

箱 4:4 950,4 950。

（2）直方图分析法。直方图也可以用于数据离散化,它能够递归地用于每一部分,可以自动产生多级概念分层,直到满足用户需求的层次水平后结束。

例如,图 3-7 是某考核成绩数据集的分布直方图,被划分成了四个等级水平的区间$\{[0,59],[60,75],[75,85],[85,100]\}$。这就产生了多级概念分层。

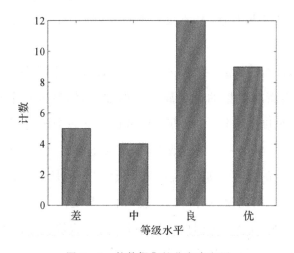

图 3-7　某数据集的分布直方图

3.6　总　　结

数据准备阶段是数据挖掘中非常重要的一环,本章主要从数据准备的必要性、数据准备阶段的主要任务（数据清洗、数据集成、数据规约和数据变换）两个方面进行了介绍。

第4章 试验数据挖掘中的分类算法概述及应用

分类是指根据训练集(即已经包含类别标签的数据集)建立分类器,并通过该分类器预测不具有类别标签的数据属于哪种类别。本章将介绍常见的分类算法,包括决策树算法、朴素贝叶斯算法、随机森林算法、支持向量机算法以及神经网络等。

分类主要针对离散型数据建立类别标签,而回归则是针对连续型数据建立回归模型推断新的数据的某项属性。例如,已知最近一个月中每天的温度、湿度以及能见度的数据,并根据这些数据建立一个预测"今天是否适合进行试验"的模型,当给出一组新的数据时,该模型给出"适合"或"不适合"的回答,这是一个分类的过程。如果不是用来预测"今天是否适合进行试验",而是根据今天的天气状况预测明天的温度,由于温度使用连续的实数表示,所以这就是一个回归的例子。因此,考虑到装备试验数据分析需求,我们将有关回归问题的研究也划入本章进行讲述。

分类算法是装备试验数据分析挖掘中非常常用的算法,本章将对相关算法进行详细介绍,并结合具体案例研究分类算法在装备试验数据分析挖掘中的应用。

4.1 决策树算法

决策树是一种由节点和有向边组成的层次结构,如图 4-1 所示,树中包含 3 种节点。

(1)根节点(rootnode),没有入边,但有零条或多条出边,比如 outlook 节点;

（2）内部节点（internalnode），有一条入边和两条或多条出边，比如 humidity、windy 节点；

（3）叶节点（leafnode），又叫终节点（terminalnode），只有一条入边，没有出边，比如 yes、no 节点。

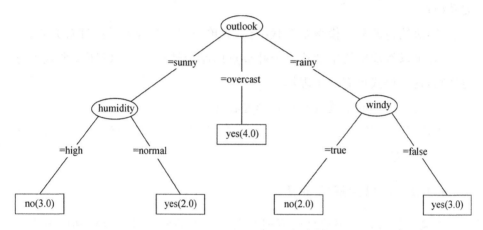

图 4-1　决策树结构

在决策树中，每个叶子节点都有一个类标号，非叶子节点（包括根节点和内部节点）包含属性测试条件，用于分开具有不同特性的记录。

常用的决策树算法有第三代迭代二分器（Iterative Dichotomic Version3，ID3）算法、C4.5 算法、分类与回归树（Classification and Regression Trees，CART）算法等。决策树算法的生成过程包括树构造（Tree Building）阶段与树剪枝（Tree Pruning）阶段。

（1）树构造阶段。决策树采用自顶向下的递归方式从根节点开始在每个节点上按照给定标准选择测试属性，然后按照相应属性的所有可能取值向下建立分枝，划分训练样本，直到一个节点上的所有样本都被划分到同一个类，或者某一节点中的样本数量低于给定值时为止。

（2）树剪枝阶段。构造过程得到的并不是最简单、紧凑的决策树，因为许多分枝反映的可能是训练数据中的噪声或孤立点。树剪枝过程主要检测和去掉这种分枝，以提高对未知数据集进行分类时的准确性。

决策树算法的应用是通过未分类实例的属性与决策树比较，实现对未分类实例的类别判定。

决策树算法应用广泛,其独特的优点包括:

(1)它是一种非参数方法,不要求任何先验假设,不假定类和其他属性服从一定的概率分布;

(2)决策树的训练时间相对较短,即使训练集很大,也可以快速地构建分类模型;

(3)决策树的分类模型是树状结构,简单、直观,符合人类的理解方式;

(4)可以将决策树中到达每个叶节点的路径转换为 IF-THEN 形式的分类规则,这种形式更有利于理解;

(5)对于噪声的干扰具有较好的健壮性。

决策树算法的缺点在于它属于贪心算法,只能局部最优。另外,对于何时停止剪枝需要有较准的把握。

4.1.1 信息论基础知识

决策树算法是利用信息论原理对大量样本的属性进行分析和归纳而产生的,本节主要介绍决策树中用到的信息论基础知识。

(1)信息量。若存在 n 个相同概率的消息,则每个消息的概率 p 是 $1/n$,一个消息传递的信息量为 $-\log_2(1/n)$(即基数为 2 的概率的负对数)。例如,有 32 个相同概率的消息,则每个消息传递的信息量为 $-\log_2(1/32)=5$,即每个消息传递的信息量是 5,需要 5 个比特来表示一个消息。

(2)熵。若有 n 个消息,其给定概率分布为 $P=(p_1,p_2,\cdots,p_n)$,则由该分布传递的信息量称为 P 的熵,记为 $I(P)$。

$$I(P) = -\sum_{i=1}^{n}\left[p_i \times \log_2(p_i)\right] \qquad (4-1)$$

一个随机变量的熵越大,其不确定性就越大。

(3)分类几何信息量。若一个记录集合 T 根据类别属性的值被分成互相独立的类 $C_1,C_2,\cdots,C_k$,则识别 T 的一个元素属于哪个类所需的信息量为 $\mathrm{Info}(P)=I(P)$,其中 P 为 $C_1,C_2,\cdots,C_k$ 的概率分布,即

$$P = \left(\frac{|C_1|}{|T|},\frac{|C_2|}{|T|},\cdots,\frac{|C_k|}{|T|}\right) \qquad (4-2)$$

若先根据非类别属性 X 的值将 T 分成集合 $T_1,T_2,\cdots,T_n$,则在已得到

的属性 X 的值后确定 T 中一个元素类的信息量(也称期望熵)为

$$\text{Info}(X,T) = \sum_{i=1}^{n}\left[\frac{|T_i|}{|T|} \times \text{Info}(T_i)\right] \qquad (4-3)$$

(4)信息增益度。信息增益度是两个信息量之间的差值,其中之一是确定 T 中元素类别的信息量,另一个信息量是在已得到的属性 X 的值后需确定的 T 中元素类别的信息量,信息增益度公式为

$$\text{Gain}(X,T) = \text{Info}(T) - \text{Info}(X,T) \qquad (4-4)$$

4.1.2　ID3 算法

ID3 算法采用信息增益度作为属性划分的衡量标准,从而实现对数据的归纳分类。其中,训练集中的记录可表示为 $(v_1,v_2,\cdots,v_n;c)$,其中 v_i 表示属性值,c 表示类标签。

ID3 算法计算每个属性的信息增益度,并总是选取具有最高增益度的属性作为给定集合的测试属性。对被选取的测试属性创建一个节点,并以该节点的属性标记,对该属性的每个值创建一个分枝,并据此划分样本。ID3 算法过程如下。

输入:样本集合 S,属性集合 A。

输出:ID3 决策树。

(1)若所有种类的属性都处理完毕,返回;否则执行步骤(2)。

(2)计算出信息增益最大属性 a,把该属性作为一个节点。

若仅凭属性 a 就可以对样本分类,则返回;否则执行步骤(3)。

(3)对属性 a 的每个可能的取值 v,执行以下操作:

1)将所有属性 a 的值是 v 的样本作为 S 的一个子集 S_v;

2)生成属性集合 $AT=A-\{a\}$;

3)以样本集合 S_v 和属性集合 AT 为输入,递归执行 ID3 算法。

在生成决策树的过程中,除了要选择测试属性,还要判断是否停止树的分裂。只要满足以下 3 个条件中的一条,即可停止树的分支构造:

(1)子集中的所有记录属于同一类时;

(2)所有的记录具有相同的属性值;

(3)提前终止树的分裂。

4.1.3 C4.5 算法

ID3 算法在实际应用中存在一些问题,如 ID3 算法在选择根节点和内部节点中的分支属性时采用信息增益度作为评价标准。信息增益度的缺点是倾向于选择取值较多的属性,但在有些情况下这类属性可能不会提供太多有价值的信息。另外,ID3 算法只能对离散型属性的数据集构造决策树。因此在 ID3 算法的基础上,学者提出了 C4.5 算法。

C4.5 算法继承自 ID3 算法,并在以下几方面对 ID3 算法进行了改进:

(1)用信息增益率来选择最佳分裂属性,弥补了用信息增益选择属性时偏向选择取值多的属性的不足;

(2)在树构造过程中进行剪枝;

(3)能够完成对连续属性的离散化处理;

(4)能够对不完整数据进行处理。

4.1.3.1 根据信息增益率来选择属性

信息增益率(GainRatio)定义为

$$\text{GainRatio}(X,T) = \frac{\text{Gain}(X,T)}{\text{SplitInfo}(X,T)} \qquad (4-5)$$

式中:$\text{Gain}(X,T)$ 与 ID3 算法中的信息增益度相同;$\text{SplitInfo}(X,T)$ 表示以非类别属性 X 的值为基准进行分割的 T 的信息量,即 $\text{SplitInfo}(X,T) = I\left(\frac{|T_1|}{|T|}, \frac{|T_2|}{|T|}, \cdots, \frac{|T_n|}{|T|}\right)$,其中 $\{T_1, T_2, \cdots, T_n\}$ 表示以 X 的取值分割 T 所产生的 T 的子集。

4.1.3.2 构造过程中进行剪枝

在实际构造决策树时,通常要进行剪枝,这是为了处理由数据中的噪声和离群点导致的过拟合问题,剪枝一般采用自下而上的方式,在生成决策树后进行。目前决策树的剪枝策略主要有三种:基于代价复杂度的剪枝(Cost-Complexity)、悲观剪枝(Pessimistic Pruning)和基于最小描述长度准则(Minimum Description Length,MDL)剪枝。

C4.5 算法使用悲观剪枝方法,采用训练样本本身来估计未知样本的错误率,通过递归计算目标节点的分支错误率来获得目标节点的错误率。如对

有 N 个实例和 E 个错误（预测类别与真实类别不一致的实例数目）的叶节点，用比值 $(E+0.5)/N$ 确定叶节点的经验错误率。设一棵子树有 L 个节点，这些叶节点包含 $\sum E$ 个错误和 $\sum N$ 个实例，该子树的错误率可以估算为 $(\sum E+0.5\times L)/\sum N$。假设该子树被它的最佳叶节点替代后，在训练集上得到的错误数量为 J，如果 $J+0.5$ 在 $(\sum E+0.5\times L)$ 的一个标准差范围内，即可用最佳叶节点替换这棵子树。该方法被扩展为基于理想置信区间的剪枝方法应用于 C4.5 算法中。

4.1.3.3　处理连续属性值

ID3 算法把属性值假设为离散型，但是实际生活环境中很多属性是连续值。C4.5 算法对连续属性的处理有两种方法：一种是基于信息增益度的；另一种则是基于 Risannen 的最小描述长度原理。

基于信息增益的连续属性离散化处理过程如下：

（1）对属性的取值进行排序；

（2）两个属性取值之间的中点作为可能的分裂点，将数据集分成两部分，计算每个可能的分裂点的信息增益度（InforGain）；

（3）选择修正后信息增益度（InforGain）最大的分裂点作为该属性的最佳分裂点。

4.1.3.4　处理缺省不完整数据

在某些情况下，可供使用的数据可能缺少某些属性的值。假如 $<x,c(x)>$ 是样本集 T 中的一个训练实例，但是其属性 R 的值 $R(x)$ 未知。处理缺少属性值的策略包括：①忽略不完整的数据；②赋给它训练实例中该属性的最常见值；③一种更复杂的策略是为 R 的每个可能值赋予一个概率。

4.1.4　CART算法

CART 算法属于二叉决策树算法，由 Breirnan 等人提出，可以同时处理连续变量和离散变量。算法构建预测准则所采用的二叉树形式，与传统统计学完全不同，易于理解、使用和解释。CART 模型构建的预测树在很多情况下比常用的统计方法更准确，且随着数据变量增多、复杂度增加，算法的优越性越高。

CART 算法生成决策树的过程主要包括分裂、剪枝以及树的选择三个步骤,下面进行详细介绍:

(1)分裂。分裂是一个二叉递归划分过程。用 Y 表示因变量(分类变量),用 $X_1,X_2,\cdots,X_p$ 表示自变量,通过递归的方式把关于 X 的 P 维空间划分为不重叠的区域。

CART 算法主要使用 Gini 分裂准则。如果集合 T 包含 C 个类,节点 A 的 Gini 系数为

$$\text{Gini}(A) = 1 - \sum_{k=1}^{c} p_k^2 \qquad (4-6)$$

式中:p_k 表示样本属于 k 类的概率。当 Gini＝0 时,节点中的所有样本属于同一类,当所有类在节点中以相同的概率出现时,Gini 值最大。

当前属性的最优分裂点就是使 $\text{Gini}_{\text{split}(x)}$ 最小的值。

分裂的步骤如下:

(1)为每个属性选择最优的分裂点;

(2)从这些属性的最优分裂点中选择节点最优的分裂点,成为这个节点的分裂条件;

(3)对此节点分裂出来的两个节点继续进行步骤(1)的分裂。

分裂过程一直持续到叶节点数目很少或者样本基本属于同一类别。

由于 CART 算法建立二叉树,对于具有多个值的分类型属性变量,需要将多个类别合并为两个"超类";对于数值型属性,需要确定分裂值将样本分为两组。

(2)剪枝。CART 算法使用"成本复杂性"标准(Cost-Complexity Pruning)来剪枝,该方法从最大树开始,每次选择训练数据上对整体性能贡献最小的那个(也可能是多个)分裂作为下一个剪枝的对象,如此直到只剩下根节点。这样 CART 算法就会产生一系列嵌套的剪枝树,需要从中选择一棵作为最优的决策树。

(3)树的选择。因为在树生成过程中可能存在不能提高分类纯度的划分节点,且存在过拟合训练数据的情况,所以需要使用一份单独的测试数据来评估每棵剪枝树的预测性能,从而选取最优树。

4.2　随机森林算法

基于集成学习算法(Bootstrap Aggregating)和随机子空间理论(Random Subspace Method),Breiman 在 2001 年提出了随机森林(Random Forest,RF)算法。对于决策树分类算法的训练过程来说,这个过程相对比较复杂,决策树剪枝后仍然可能受一些噪声数据的干扰,引起决策树的过拟合,而 RF 算法可以有效地解决这个问题。对于 RF 算法来说,分类过程主要包括以下两个重要步骤。

(1)Bagging 抽样。Bagging 抽样是由 Breiman 在 2001 年提出来的,它是一种集成学习方法。该方法首先通过抽样得到多个不同的样本数据集,利用这些获取的样本数据集训练 RF 算法分类模型。RF 算法利用 Bagging 抽样方法,采用有放回的方式从样本数据集中抽取 N 个样本数据,而且要求所抽取样本的规模与样本数据集规模一样,则各个样本数据没有被抽取的概率大概为 $(1-1/N)^N$。当样本数量有一定规模时,其值大约等于 0.368,此部分样本数据称之为袋外数据(Out of Bag,OOB)。在 RF 建立过程中,采用 Bagging 抽样方法,显示每个样本数据被选为训练样本数据的概率约为 62%。

(2)随机子空间。在 RF 算法建立的过程中,决策树需要完成各个属性的信息增益计算,然后选择分裂属性完成分裂过程。在 RF 算法中,如果要避免决策树过拟合的问题发生,必须要让 RF 算法中的决策树之间具有显著的差异性。因此,RF 算法采用了特征子空间的方法。采用这一方法的决策树,在确定分裂属性时,不需要完成各个属性的信息增益计算,而是随机产生属性的特征子集,并基于特征子集确定最优的分裂属性完成分裂。假设特征空间中有 M 个属性值,对于分类问题来说,通常特征子空间规模取值为 $\log_2 M$,由于仅仅选取了小部分的特征,所以 RF 算法可以很好地完成大数集数据的分类工作。

RF 算法的构建过程如图 4-2 所示。RF 算法由多个决策树构成,这些决策树是随机生成的,它们之间没有任何关联,当使用 RF 算法对样本数据进行分类时,RF 算法中的每一棵决策树均会对样本数据的类别进行判定,并且每一棵决策树都将按照各自的算法进行判定。最后依据 RF 算法里面全部决策树的分类结果判定样本数据所属类别,判断结果可以用下式表示。

$$H(x) = \arg\max_Y \sum_{i=1}^{K} I[h_i(x) = Y] \tag{4-7}$$

式中:$H(x)$ 为最后判定的分类结果;$h_i(x)$ 表示第 i 棵决策树判定样本数据的类别结果;Y 表示类别标签;$I[h_i(x)=Y]$ 为示性函数。

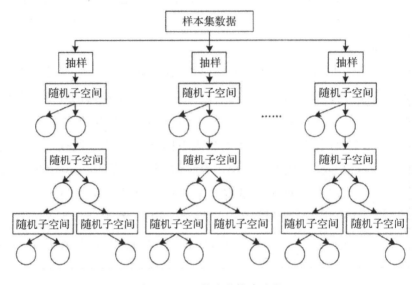

图 4 - 2　RF 算法的构建过程

对于 RF 算法来说,它有很好的适用范围,不会在分类的过程中出现过拟合现象,采用随机抽取样本集的方法使它具有更加广泛的应用环境。

4.3　BP 神经网络算法

BP(Back-Propagation)神经网络,也称误差反向传播多层前馈神经网络,是目前应用最广泛,也是发展最成熟的一种神经网络,是对非线性可微分函数进行权值训练的多层网络。

4.3.1　BP 神经网络的结构

BP 神经网络是按层次结构构造的,如图 4 - 3 所示,包括一个输入层,一个输出层,一个或多个隐含层,各层内的结点(神经元)只和与该层相邻的下一层中的各结点相连。网络中神经元的变换函数通常采用 S 型函数,此时输出量是[0,1]之间的连续量,所以它可以实现从输入到输出的任意的非线性映射。学习过程由正向和反向传播两个部分组成,在正向传播过程中输入信息从输入层经隐含层逐层处理,然后传向输出层,每一层神经元的状态只影响下一层神经元状态,如果输出层不能得到期望输出,即转向反向传播过程,将误差信号由原来的连接通路返回,通过修改各层神经网络的权值,使得误差信号最小,在实际应用中,误差达到要求时,网络的学习过程就结束。实际上,BP 神经网络模型把一组样本的输入、输出问题变为一个非线性优化问题,我们可以把这种模型看成是一个从输入到输出的映射,这个映射是高度非线性的。

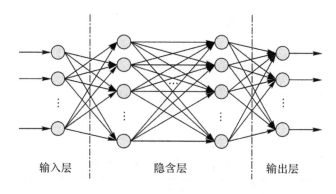

输入层　　　　　隐含层　　　　　输出层

图 4 - 3　神经网络示意图

4.3.2　神经元模型

神经元模型如图 4 - 4 所示。

网络中的 n 个输入 $x_i \in \mathbf{R}$,相当于其他神经元的输出值,n 个权值 $w_i \in \mathbf{R}$,相当于突角的连接强度,f 是激活函数(也叫激励函数),一般是非线性函数,θ 是阈值。神经元的动作如下:

$$\mathrm{net} = \sum_{i=1}^{n} w_i x_i \qquad (4-8)$$

则输入的加权和(也称激励电平)可以表示为

$$u = \sum_{i=1}^{n} w_i x_i + \theta \qquad (4-9)$$

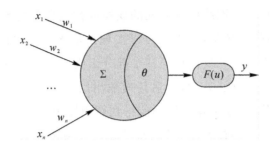

图 4 - 4   神经元模型

神经元的输出为

$$y = f(u) = f\left(\sum_{i=1}^{n} w_i x_i + \theta\right) \tag{4-10}$$

为使式子更为简洁，设阈值为

$$\theta = -w_0$$
$$\boldsymbol{W} = (w_0, w_1, w_2, \cdots, w_n)^{\mathrm{T}}$$
$$\boldsymbol{X} = (x_0, x_1, x_2, \cdots, x_n)^{\mathrm{T}} \tag{4-11}$$

则

$$y = f(\boldsymbol{W}^{\mathrm{T}} \boldsymbol{X}) \tag{4-12}$$

这样的表达式可以将阈值合并到权向量中处理。

激活函数如果是线性的，那么不管神经网络有多少层，输出都是输入的线性组合，如果激活函数是非线性的，那么输出就不再是输入的线性组合，神经网络几乎可以逼近任意函数。激活函数 f 一般有以下几类。

(1)阈值函数：

$$y = f(x) = \begin{cases} 1, & x \geqslant 0 \\ -1, & x < 0 \end{cases} \tag{4-13}$$

(2)S型函数 Sigmoid 函数：

$$\left. \begin{aligned} y &= f(x) = \frac{2}{1 + e^{-2x}} - 1, & y \in (-1, 1) \\ y &= f(x) = \frac{1}{1 + e^{-x}}, & y \in (0, 1) \end{aligned} \right\} \tag{4-14}$$

它能够把输入的连续实值变换为 0～1 或 −1～1 之间的输出。该函数存在一些缺点：①在梯度反向传递时导致梯度爆炸和梯度消失；②输出不是

0 均值,导致反向传播过程中 w 要么都往正方向更新,要么都往负方向更新;③解析式中含有幂运算,计算机求解时相对来讲比较耗时。

(3)双曲正切 tanh 函数:

$$y = \tanh(x) = \frac{\mathrm{e}^x - \mathrm{e}^{-x}}{\mathrm{e}^x + \mathrm{e}^{-x}}, \quad y \in (-1, 1) \tag{4-15}$$

它是 0 均值输出,但是梯度消失和幂运算的问题仍然存在。

(4)Relu 函数:

$$y = \max(0, x) \tag{4-16}$$

Relu 虽然简单,但有几大优点:①解决了梯度消失的问题;②计算速度非常快;③收敛速度远快于 Sigmoid 和 tanh。

(5)Leaky ReLU 函数(PReLU):

$$y = \max(ax, x) \tag{4-17}$$

式中:a 一般取 0.01。

(6)ELU(Exponential Linear Units)函数:

$$y = \max(ax, x) = \begin{cases} x, & x > 0 \\ a(\mathrm{e}^x - 1), & x \leqslant 0 \end{cases} \tag{4-18}$$

(7)Purelin 函数:纯线性函数,一般用于输入/输出神经元。

$$y = x \tag{4-19}$$

4.3.3　BP 神经网络算法流程

(1)权值和阈值初始化:随机地给全部权值和神经元的阈值赋予初始值;

(2)给定 N 个样本 (x_k, y_k),$k = 1, 2, \cdots, N$;

(3)前向计算,计算每个样本点的实际输出 $\bar{y}_k = [\bar{y}_{jk}] = [O_{jk}^o]$。使用公式:$O_{jk}^l = f(\mathrm{net}_{jk}^l) = f\left(\sum_i w_{ij}^l O_{ik}^{l-1}\right)$;检查精度是否达到要求,若达到要求则停止计算,否则进入下一步;检查计算次数是否达到指定阈值,若达到则停止计算,否则进入下一步;

(4)反向计算,计算各层神经元的误差项 δ_{jk}^l,并计算出权值的变化量 $\Delta w_{ij}^l = -\eta \sum_{k=1}^{N} \delta_{jk}^l O_{ik}^{l-1}$;

(5)修正权值:从输出层开始,将误差信号沿着连接通路反向传播方向传播,通过修正各权值,使误差减小,修正公式为 $w_{ij}^l = w_{ij}^l + \Delta w_{ij}^l$;

(6)进入步骤(2)重新计算。

4.4 Adaboost 算法

自适应增强(Adaboost)算法将多个弱分类器,组合成强分类器。它的自适应性在于:前一个弱分类器分错的样本的权值(样本对应的权值)会得到加强,权值更新后的样本再次被用来训练下一个新的弱分类器。在每轮训练中,用总体(样本总体)训练新的弱分类器,产生新的样本权值、该弱分类器的话语权,一直迭代直到达到预定的错误率或达到指定的最大迭代次数。

算法流程如下。

(1)初始化训练数据(每个样本)的权值分布。每一个训练样本,初始化时赋予同样的权值 $w = \dfrac{1}{N}$,N 为样本总数。

$$D_1 = (w_{11}, w_{12}, \cdots, w_{1N}) \tag{4-20}$$

式中:D_1 表示第 1 次迭代时的每个样本的权值;w_{11} 表示第 1 次迭代时的第一个样本的权值。

(2)训练弱分类器。具体训练过程中,如果某个样本已经被准确地分类,那么在构造下一个训练集中,它的权重就被降低;相反,如果某个样本点没有被准确地分类,那么它的权重就得到提高。同时,得到弱分类器对应的话语权。然后,更新权值后的样本集被用于训练下一个分类器,整个训练过程如此迭代地进行下去。

1)计算误差。在进行第 $m = 1, 2, \cdots, M$(M 表示总迭代次数)次迭代时,使用具有权值分布 $D_m = (w_{m1}, w_{m2}, \cdots, w_{mN})$ 的训练样本集进行学习,得到弱的分类器:

$$G_m(X): X \rightarrow \{-1, +1\} \tag{4-21}$$

式(4-21)表示,第 m 次迭代时的弱分类器,将样本 x 要么分类成 -1,要么分类成 1。该分类器的误差 $\dot{o}_m$ 为

$$\dot{o}_m = \sum_{n=1}^{N} w_{mn} I, \quad G_m(X_n) \neq y_n \tag{4-22}$$

式中:y_n 表示第 n 个样本 X_n 的分类值,取 -1 或 1。

2)计算弱分类器 $G_m(X)$ 的话语权。话语权 α_m 表示 $G_m(X)$ 在最终分类器中的重要程度。

$$\alpha_m = \frac{1}{2}\log\frac{1-\dot{o}_m}{\dot{o}_m} \tag{4-23}$$

3)更新训练样本集的权值分布,用于下一轮迭代。其中,被误分的样本的权值会增大,被正确分类的权值减小。

$$D_{m+1} = (w_{m+1,1}, w_{m+1,2}, \cdots, w_{m+1,N}) \tag{4-24}$$

$$w_{m+1,i} = \frac{w_{mi}}{Z_m}\exp\left[-\alpha_m y_i G_m(X_i)\right] \tag{4-25}$$

式中:D_{m+1} 是用于下次迭代时样本的权值;$w_{m+1,i}$ 表示下一次迭代时,第 i 个样本的权值。

其中 Z_m 是归一化因子,使得所有样本对应的权值之和为 1。

$$Z_m = \sum_{i=1}^{N} w_{mi}\exp[-\alpha_m y_i G_m(X_i)] \tag{4-26}$$

(3)组合弱分类器。各个弱分类器的训练过程结束后,分类误差率小的弱分类器的话语权较大,其在最终的分类函数中起着较大的决定作用,而分类误差率大的弱分类器的话语权较小,其在最终的分类函数中起着较小的决定作用。换言之,误差率低的弱分类器在最终分类器中占的比例较大,反之较小。

$$f(x) = \sum_{m=1}^{M} \alpha_m G_m(x) \tag{4-27}$$

然后,再加个 sign 函数,该函数用于求解数值的正负。数值大于或等于0,该函数取 1,否则取 -1,得到最终的强分类器 $G(x)$ 为

$$G(x) = \text{sign}[f(x)] = \text{sign}\left[\sum_{m=1}^{M} \alpha_m G_m(x)\right] \tag{4-28}$$

可以使用各种方法构建弱分类器,且不需要做特征筛选。实际中,其多用于二分类或多分类、特征选择、分类人物的轮廓等。

4.5　SVM 算法

支持向量机(Support Vector Machine,SVM)算法是 Cortes 和 Vapnik 于 1995 年首次提出的,它在解决小样本、非线性及高维模式识别中表现出许

多特有的优势,并能够推广应用到函数拟合等其他机器学习过程中。目前,该思想已成为最主要的模式识别方法之一,使用支持向量机可以在高维空间构造良好的预测模型。

SVM 算法在模式识别、回归估计、概率密度函数估计等方面都有应用。对于手写数字识别、语音识别、人脸图像识别、文章分类等问题,SVM 算法在精度上已经超过传统的学习算法或与之不相上下。

支持向量机算法来源于最为基本的线性分类器,它通过　个超平面将数据分成两个类别,该超平面上的点满足

$$w^\mathrm{T} x + b = 0 \qquad\qquad (4-29)$$

SVM 采用了这种方式,将分类问题简化为确定 $w^\mathrm{T} x + b$ 的符号,大于 0 为一类,小于 0 为另一类。

一般意义上,超平面会存在多个,最优的超平面是远离两侧数据点的平面,因此最优超平面不是所有样本点决定的,而仅仅是由训练集中的三个点确定的,这三个点(当然也是向量)就称为支持向量(Support Vector),因此该方法也称为支持向量机算法。

4.6 回归分析

回归分析(Regression Analysis)目的在于了解两个或多个变量间是否相关、相关方向与强度,并建立数学模型以便观察特定变量来预测研究者感兴趣的变量,主要包括线性回归分析和非线性回归分析。

虽然分类与回归具有许多不同的研究内容,但它们之间却有许多相同之处。简单地说,它们都是研究输入输出变量之间的关系问题,不同之处在于分类的输出是离散的类别值,而回归的输出是连续的数值,即回归分析用来预测缺失的或难以获得的数值数据,而不是(离散的)类标号。例如:预测一个 Web 用户是否会在网上书店买书是分类任务,因为该目标变量是二值的(会购买和不会购买);而预测某股票的未来价格则是回归任务,因为预测的价格是连续的数值性数据。有很多学习方法既可以用于分类又可以用于回归中,如贝叶斯方一法、神经网络方法和支持向量机方法等。

在分类问题中,常用 Logistic 回归分析。设 $X_1, X_2, \cdots, X_n$ 为一组自变

量，Y 为因变量。Logistic 回归模型为

$$P = \frac{1}{1 + e^{-(\beta_0 + \beta_1 X_1 + \cdots + \beta_n X_n)}} Y \tag{4-30}$$

式中：β_0 是常数项；$\beta_1, \beta_2, \cdots, \beta_n$ 是与有关的参数，称为偏回归系数；P 为事件发生概率；P 与 $\boldsymbol{\beta}^{\mathrm{T}} \boldsymbol{X}$ 之间呈曲线关系。

Logistic 回归算法流程如下：

(1)筛选自变量，可以通过特征选择算法选择与因变量 Y 相关性强的自变量。

(2)对选择后的变量检验其相关性，剔除相关性强的冗余变量。

(3)对于剩余的自变量和 Y，通过实验数据对未知参数 $\beta_1, \beta_2, \cdots, \beta_n$ 进行极大似然估计，形成 Logistic 回归模型。

Logistic 回归算法与 SVM 算法都是要在数据中找出一个超平面，能够准确地将两类数据分开，并且两类数据尽可能地远离这个超平面，不同的是 Logistic 回归算法是基于概率的非线性回归模型，而 SVM 算法是基于多元线性方程的模型。

4.7　KNN 算法

K 最近邻（K-Nearest Neighbor，KNN）算法，由 Cover 和 Hart 在 1968 年提出，是数据挖掘分类技术中最简单的方法之一。所谓 K 最近邻，就是 K 个最近的邻居的意思，指的是每个样本都可以用它最接近的 K 个邻居来代表。KNN 算法输入基于实例的学习，没有显式的学习过程，也就是说没有训练阶段，数据集事先已有了分类和特征值，待收到新样本后直接进行处理。

KNN 算法描述如下：

(1)计算测试数据与各个训练数据之间的距离；

(2)按照距离的递增关系进行排序；

(3)选取距离最小的 K 个点；

(4)确定前 K 个点所在类别的出现频率；

(5)返回前 K 个点中出现频率最高的类别作为测试数据的预测分类。

这种实现在特征多，样本多的时候很有局限性，改进措施是可以先对训练集建模，建立的模型就是 KD 树，建好了模型再对测试集做预测。所谓的

KD 树就是 K 个特征维度的树,注意这里的 K 和 KNN 算法中的 K 的意思不同。KNN 算法中的 K 代表最近的 K 个样本,KD 树中的 K 代表样本特征的维数。为了防止混淆,后面称特征维数为 n。

KD 树建树采用的是从 m 个样本的 n 维特征中,分别计算 n 个特征的取值的方差,用方差最大的第 k 维特征 nk 来作为根节点。对于这个特征,可以选择特征 nk 的取值的中位数 nkv 对应的样本作为划分点,对于所有第 k 维特征的取值小于 nkv 的样本,划入左子树,对于第 k 维特征的取值大于等于 nkv 的样本,划入右子树,对于左子树和右子树,采用和刚才同样的办法来找方差最大的特征来做根节点,递归的生成 KD 树。具体流程如图 4-5 所示。

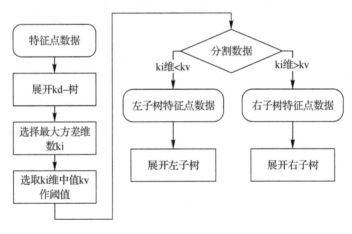

图 4-5　KD 树的建立

生成 KD 树以后,利用 KD 树去预测测试集里面的样本目标点。对于一个目标点,首先应在 KD 树里面找到包含目标点的叶子节点。以目标点为圆心,以目标点到叶子节点样本实例的距离为半径,得到一个超球体,最近邻的点一定在这个超球体内部。然后返回叶子节点的父节点,检查另一个子节点包含的超矩形体是否和该超球体相交,如果相交就到这个子节点寻找是否有更加近的近邻,有的话就更新最近邻。如果不相交直接返回父节点的父节点,在另一个子树继续搜索最近邻。当回溯到根节点时,算法结束,此时保存的最近邻节点就是最终的最近邻。

从上面的描述可以看出,KD 树划分后可以大大减少无效的最近邻搜索,很多样本点由于所在的超矩形体和该超球体不相交,根本不需要计算距离,大大节省了计算时间。

有了 KD 树搜索最近邻的办法,KD 树的预测就很简单了,在 KD 树搜索最近邻的基础上,选择第一个最近邻样本,就把它置为已选。在第二轮中,忽略置为已选的样本,重新选择最近邻,这样跑 K 次,就得到了目标的 K 个最近邻,然后根据多数表决法,如果是 KNN 分类,预测为 K 个最近邻里面有最多类别数的类别。如果是 KNN 回归,那么用 K 个最近邻样本输出的平均值作为回归预测值。

KD 树算法提高了 KNN 算法搜索的效率,但是在某些时候效率并不高,比如当处理不均匀分布的数据集时,不管是近似方形,还是矩形,甚至正方形,都不是最好的使用形状,因为他们都有角。一个例子如图 4-6 所示。

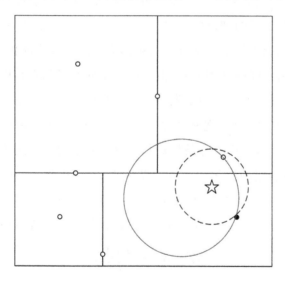

图 4-6　KD 树矩形扩展

如果实心点离目标点星点再远一点,那么虚线圆会如实线圆所示那样扩大,导致与左上方矩形的右下角相交,那么就要检查这个左上方矩形,而实际上,最近的点离星点的距离很近,检查左上方矩形区域已是多余。由此可见,KD 树把二维平面划分成一个一个矩形,但矩形区域的角却是个难以处理的问题。为了优化超矩形体导致的搜索效率的问题,于是改进引入了球树,这种结构可以优化上面的这种问题。

球树的建立与 KD 树类似,主要区别在于球树得到的是节点样本组成的最小超球体,而 KD 得到的是节点样本组成的超矩形体,这个超球体要与对应的 KD 树的超矩形体小,这样在做最近邻搜索的时候,可以避免一些无谓的搜索。KD 树在搜索路径优化时使用的是两点之间的距离来判断,而球树使用的是两边之和大于第三边来判断,相对来说球树的判断更加复杂,但是却避免了更多的搜索,这是一个权衡。

KNN 算法的缺点在于计算量大,KD 树、球树之类的模型建立需要大量的内存。

4.8 朴素贝叶斯算法

贝叶斯网络又称信度网络,是贝叶斯方法的扩展,是目前不确定知识表达和推理领域最有效的理论模型之一。一个贝叶斯网络是一个有向无环图,由代表变量结点及连接这些结点有向边构成。结点代表随机变量,结点间的有向边代表了结点间的互相关系(由父结点指向其子结点),用条件概率进行表达关系强度,没有父结点的用先验概率进行信息表达。结点变量可以是任何问题的抽象,如测试值、观测现象、意见征询等,适用于表达和分析不确定性和概率性的事件,应用于有条件地依赖多种控制因素的决策,可以从不完全、不精确或不确定的知识或信息中做出推理,分析数值间的关联。贝叶斯网络的构建关键在于寻找值 X 和值 Y 的联合分布 $P(X,Y)$,最终所属类别的概率由贝叶斯公式得出。在概率论的知识范畴内,条件概率公式为

$$P(Y \mid X) = \frac{P(X,Y)}{P(X)} \tag{4-31}$$

式中:$P(X,Y)$ 表示事件 X 和 Y 同时发生的概率等于发生的前提下发生的概率,或是发生的前提下发生 X 的概率。

贝叶斯定理是在已知某种条件发生的概率后,可以得到其他关联事件互换后的概率,如在已得知 $P(X,Y)$,后可获得 $P(Y|X)$,因此把 $P(Y)$ 称为先验概率,$P(Y|X)$ 称为 Y 的后验概率,可表示已知后可以判断 Y 发生的概率。在日常的生活和工作中,$P(X|Y)$ 可以直接或者间接得到,但是 $P(Y|X)$ 的获得却是一个比较困难的过程,因此可利用 $P(X|Y)$ 作为中间步骤,即桥梁作用,进而得到 $P(Y|X)$。

$$P(Y \mid X) = \frac{P(X,Y)}{P(X)} \tag{4-32}$$

朴素贝叶斯算法最终以概率的形式给出结果,所以对测试集样本进行分类时,划分到不同的类型是参照样本得到的概率大小进行的。

假如 X 是由几个相互独立的事件构成的概率空间,记 $X = \{b_1, b_2, \cdots, b_n\}$,有限集合代表不同的类别,目标函数 $f(x)$ 在集合 V 中取值。则朴素贝叶斯模型经过现有类别数据之后,会预测出新样本属性值 $\{b_1, b_2, \cdots, b_n\}$ 的最大概率类别,记为 V_{MAP}。

$$V_{MAP} = \arg\max_{v_j \in V} P(v_j \mid b_1, b_2, \cdots, b_n) \tag{4-33}$$

将式(4-33)依据贝叶斯定理可变形为

$$V_{MAP} = \arg\max_{v_j \in V} \frac{P(b_1, b_2, \cdots, b_n \mid v_j) p(v_j)}{P(b_1, b_2, \cdots, b_n)}$$
$$= P(b_1, b_2, \cdots, b_n \mid v_j) p(v_j) \tag{4-34}$$

由式(4-34)以得到待分类数据在样本中的出现频率。但因为当目标值已知时,概率空间中的特征是相互独立的,估计 $P(b_1, b_2, \cdots, b_n \mid v_j) p(v_j)$ 是不可行的。因此可以将式(4-34)转化为

$$V_{MAP} = \arg\max_{v_j \in V} P(v_j) \prod_i^n p(b_j \mid v_j) \tag{4-35}$$

式中:$P(v_j)$ 表示分类的类别发生频率;$\prod_i^n p(b_j \mid v_j)$ 表示在某些特定目标下的各类属性发生条件概率。

朴素贝叶斯算法具有很好的分类效率,能够处理多分类任务,特别在数据量较小时模型效果更好;但在数据量较大或者数据关联性较强的情况下,其模型效果有所局限,同时由于对缺失值处理不够准确,模型相对简单,因此,其常用于文本分类。

4.9　分类算法在装备试验中的应用

4.9.1　基于分类算法的雷达干扰数据分析挖掘

本节基于 WEKA 软件,分别对决策树 C4.5 算法、BP 神经网络算法、Adaboost 算法、SVM 算法、KNN 算法、朴素贝叶斯算法的应用进行分析。实验数据采用某雷达干扰数据(见表 4-1),干扰类型分为 4 类:噪声干扰、假

目标干扰、扫频式干扰和其他干扰。干扰数据的属性从时域、频域特征中抽取,包括时域矩峰度、时域矩偏度、时域峰均比、频域包络起伏度、频域矩偏度、脉压后时域峰均比。

在 WEKA 中提供了以上算法的变种或优化方案,本书不做详细介绍,利用各个算法对实验数据进行训练,训练结果的混淆矩阵见表 4-2,C4.5 算法训练决策数结果如图 4-7 所示,BP 神经网络算法的结构如图 4-8 所示。

从最终分类训练结果的识别率上可看出,KNN 算法(100%)>朴素贝叶斯算法(92.307 7%)>决策树 C4.5 算法(84.615 4%)>SVM 算法(76.923 1%)>Adaboost 算法(53.846 2%)>BP 神经网络算法(30.769 2%),造成这种分类结果的原因主要有以下两种:一是模型的算法参数对结果有一定影响,这里使用的是默认参数,结果一般不是最优的;二是不同模型对实验数据的数据量、数据分布等特征适应能力不同,造成分类结果各有差异。

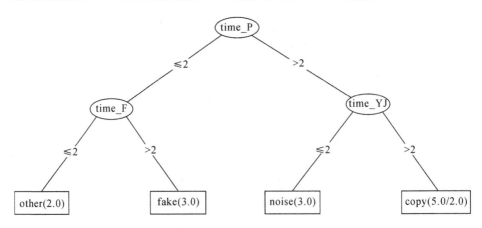

图 4-7　决策树 C4.5 训练结果图

表 4-1　雷达干扰类型分类

序　号	干扰类型	时域 矩峰度	时域 矩偏度	时域 峰均比	频域包络 起伏度	频域 矩偏度	脉压后时 域峰均比
1	噪声干扰	3	3	2	3	1	1
2	噪声干扰	3	3	2	2	2	1
3	噪声干扰	3	3	3	1	4	3

续表

序 号	干扰类型	时域 矩峰度	时域 矩偏度	时域 峰均比	频域包络 起伏度	频域 矩偏度	脉压后时 域峰均比
4	噪声干扰	4	3	1	1	4	2
5	其他干扰	2	2	2	4	4	1
6	其他干扰	1	2	1	1	4	3
7	假目标干扰	3	1	4	2	4	3
8	假目标干扰	3	3	4	2	2	3
9	假目标干扰	4	2	3	1	2	2
10	假目标干扰	4	1	4	1	2	2
11	扫频式干扰	1	3	1	1	4	3
12	扫频式干扰	1	3	3	1	4	3
13	扫频式干扰	4	3	1	2	3	3

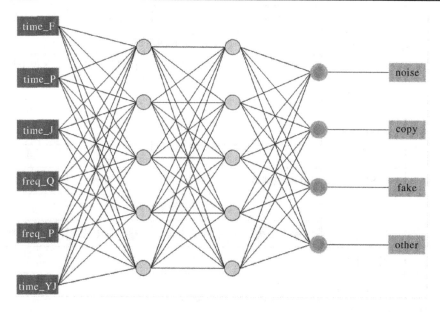

图 4-8　BP 神经网络算法结构

表 4－2　不同算法混淆矩阵

算法 1	决策树 C4.5	正确识别数	11	识别率	84.615 4%

		预测类别			
		噪声干扰	扫频式干扰	假目标干扰	其他干扰
实际类别	噪声干扰	3	1	0	0
	扫频式干扰	0	3	0	0
	假目标干扰	0	1	3	0
	其他干扰	0	0	0	2

算法 2	BP 神经网络	正确识别数	4	识别率	30.769 2%

		预测类别			
		噪声干扰	扫频式干扰	假目标干扰	其他干扰
实际类别	噪声干扰	4	0	0	0
	扫频式干扰	3	0	0	0
	假目标干扰	4	0	0	0
	其他干扰	2	0	0	0

算法 3	Adaboost	正确识别数	7	识别率	53.846 2%

		预测类别			
		噪声干扰	扫频式干扰	假目标干扰	其他干扰
实际类别	噪声干扰	4	0	0	0
	扫频式干扰	3	0	0	0
	假目标干扰	1	0	3	0
	其他干扰	0	0	2	0

算法 4	SVM	正确识别数	10	识别率	76.923 1%

		预测类别			
		噪声干扰	扫频式干扰	假目标干扰	其他干扰
实际类别	噪声干扰	3	1	0	0
	扫频式干扰	1	2	0	0
	假目标干扰	0	0	4	0
	其他干扰	0	1	0	1

算法 5	KNN	正确识别数	13		识别率	100%
		预测类别				
		噪声干扰	扫频式干扰		假目标干扰	其他干扰
实际类别	噪声干扰	4	0		0	0
	扫频式干扰	0	3		0	0
	假目标干扰	0	0		4	0
	其他干扰	0	0		0	2
算法 6	朴素贝叶斯	正确识别数	12		识别率	92.307 7%
		预测类别				
		噪声干扰	扫频式干扰		假目标干扰	其他干扰
实际类别	噪声干扰	3	1		0	0
	扫频式干扰	0	3		0	0
	假目标干扰	0	0		4	0
	其他干扰	0	0		0	2

4.9.2　模型驱动和数据驱动相结合的电磁目标分类识别技术

传统的同一电磁目标关联技术需要人为指定电磁目标行为特征并进行手动特征匹配(基于模型驱动的特征提取),这种方法会造成特征的不标准性,受人的经验影响较大,准确率低,且自动化程度差。卷积神经网络方法(基于数据驱动的特征提取)可以省略人为提取特征的过程,自动发现更佳数据来改善分类特征,但是通常很难直接由样本本身进行学习,需要对样本变换才能更好地识别,并且需要大量的样本,而在实际电子对抗场景中,往往难以获得足够多的样本。针对此问题,本技术将模型驱动和数据驱动的特征提取结果进行融合,解决小样本条件下的电磁目标识别问题。首先对接收到的电磁目标信号进行基于案例推理的人工特征提取,利用卷积神经网络进行自动特征提取,接下来融合人工与自动特征进行同一电磁目标关联。电磁目标关联识别过程如图 4-9 所示。

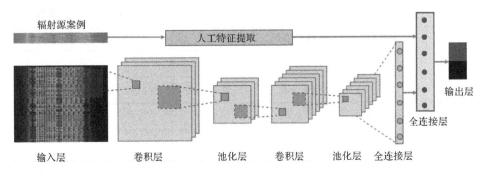

输出层

全连接层

输入层　　　　卷积层　　　　池化层　　　　卷积层　　　　池化层　　全连接层

图 4-9　融合人工/自动特征的电磁目标识别技术

　　传统的电磁目标个体特征提取方法可以归纳为以下三大类：一是基于信号参数的统计特征提取方法；二是基于信号变换域的统计特征提取方法；三是基于发射机非线性的统计特征提取方法。基于信号参数的统计特征包括时域参数统计特征、频域参数统计特征、高阶矩和高阶谱参数统计特征等。基于时域和频域统计参数特征的个体识别方法众多。然而，这些特征提取方法受噪声影响较大且对非高斯、非平稳信号的分析能力较弱。基于信号变换域的统计特征提取方法包括小波分析、时频分析、经验模态分解变换和本征时间尺度分解变换等方法。近年来，基于信号变换的特征提取方法越来越多地被应用到电磁目标个体识别中。这类方法认为对体现电磁目标个体差异的特征信息难以精确建模，因而试图通过各种信号变换，在其他域来观测或者统计信号参数特征，以此分辨不同电磁目标个体和关联同一个电磁目标。基于发射机器件非线性模型参数的特征提取方法，从器件非线性的角度来建模发射机非线性行为，揭示了电磁目标个体差异特征的形成机理，可以提升电磁目标的个体识别和关联精度。单个器件的非线性建模可能不足以刻画发射机的非线性行为。本书拟采用基于双谱和重构相空间指纹特征提取技术。

　　高阶统计量（Higher Order Statistics, HOS）是指阶数高于二阶的随机变量或者随机过程的统计量，主要包括高阶矩、高阶累积量、高阶矩谱以及高阶累积量谱。其中，采用高阶累积量方法的信号处理结果不仅能包含信号的幅值、相位等多个有用信息，同时还能实现高斯噪声的抑制、系统非线性信息的有效检测以及非最小相位、非因果系统的辨识。基于上述优点，高阶累积量在信号处理领域得到了广泛的应用。

高阶累积量是通过累积量生成函数的泰勒级数展开式系数计算得到。针对连续随机变量 x，设其概率密度函数为 $f(x)$，函数 $g(x) = \mathrm{e}^{\mathrm{j}\omega x}$，则函数 $g(x)$ 的期望可以表示为

$$\Phi(\omega) \overset{\text{def}}{=} E\{\mathrm{e}^{\mathrm{j}\omega x}\} = \int_{-\infty}^{+\infty} f(x)\mathrm{e}^{\mathrm{j}\omega x}\,\mathrm{d}x \tag{4-36}$$

由式(4-36)可以看出，$\Phi(\omega)$ 是 $f(x)$ 的逆 Fourier 变换，并称 $\Phi(\omega)$ 为第一特征函数。第二特征函数是通过对第一特征函数求自然对数得到，表示为

$$\Psi(\omega) = \ln\Phi(\omega) \tag{4-37}$$

第二特征函数又被称为累积量生成函数。进一步推广到多个随机变量，对于 n 个随机变量 $x_1, x_2, \cdots, x_n$，设其联合概率密度函数为 $f(x_1, x_2, \cdots, x_n)$，则第一联合特征函数定义为

$$\Phi(\omega_1, \omega_2, \cdots, \omega_n) = E\{\mathrm{e}^{\mathrm{j}(\omega_1 x_1 + \omega_2 x_2 + \cdots + \omega_n x_n)}\} =$$

$$\int_{-\infty}^{\infty} \cdots \int_{-\infty}^{\infty} f(x_1, x_2, \cdots, x_n)\mathrm{e}^{\mathrm{j}(\omega_1 x_1 + \omega_2 x_2 + \cdots + \omega_n x_n)}\,\mathrm{d}x_1\mathrm{d}x_2\cdots\mathrm{d}x_n$$

$$\tag{4-38}$$

同样，n 个随机变量 $x_1, x_2, \cdots, x_n$ 的第二联合特征函数可以定义为第一联合特征函数的自然对数，表示为

$$\Psi(\omega_1, \omega_2, \cdots, \omega_n) = \ln\Phi(\omega_1, \omega_2, \cdots, \omega_n) \tag{4-39}$$

根据式(4-39)计算 $r = r_1 + r_2 + \cdots + r_n$ 阶偏导，得 r 阶联合累积量为

$$C_{r_1 + r_2 + \cdots + r_n} \overset{\text{def}}{=} (-\mathrm{j})^r \left.\frac{\partial^r \ln\Phi(\omega_1, \omega_2, \cdots, \omega_n)}{\partial \omega_1^{r_1} \partial \omega_2^{r_2} \cdots \partial \omega_n^{r_n}}\right|_{\omega_1 = \omega_2 = \cdots = \omega_n = 0} \tag{4-40}$$

在实际中，常取 $r_1 = r_2 = \cdots = r_n = 1$，可得随机变量 $x_1, x_2, \cdots, x_n$ 的 n 阶联合累积量为

$$C_n = (-\mathrm{j})^n \left.\frac{\partial^n \ln\Phi(\omega_1, \omega_2, \cdots, \omega_n)}{\partial \omega_1 \partial \omega_2 \cdots \partial \omega_n}\right|_{\omega_1 = \omega_2 = \cdots = \omega_n = 0} \tag{4-41}$$

对于平稳连续的随机信号 $x(t)$，设 $x_1 = x(t), x_2 = x(t + \tau_1), \cdots, x_k = x(t + \tau_{k-1})$，则 $x(t)$ 的 k 阶累积量可表示为

$$C_{kx}(\tau_1, \tau_2, \cdots, \tau_{k-1}) = \mathrm{cum}[x(t), x(t + \tau_1), \cdots, x(t + \tau_{k-1})] \tag{4-42}$$

高阶统计量中的高阶累积量谱，简称高阶谱，又称多谱，表示多频率谱。

特别地,三阶谱又叫双谱(Bispectrum)。对于平稳随机信号 $x(t)$,若其三阶累积量 $\text{cum}\{x(t)x(t+\tau)x(t+\tau_2)\}$ 绝对可积,则其双谱为信号 $x(t)$ 三阶累积量的二维傅里叶变换,表示为

$$B_x(\omega_1,\omega_2) = \int_{-\infty}^{\infty}\int_{-\infty}^{\infty} \text{cum}\{x(t)x(t+\tau_1)x(t+\tau_2)\}\mathrm{e}^{-\mathrm{j}\omega_1\tau_1}\mathrm{e}^{-\mathrm{j}\omega_2\tau_2}\,\mathrm{d}\tau_1\mathrm{d}\tau_2 \qquad (4-43)$$

信号的双谱不仅含有幅值和相位信息,而且还具有相位保持性、尺度变化性、时移不变性以及噪声抑制的特点,在电磁目标信号的"指纹"特征提取中具有重要优势。

依据电磁目标信号和其双谱特点提取以下特征:双谱最高峰对应的幅值,双谱最高峰对应的相位、偏度、峰度、双谱幅值斜切片的积分均值,双谱相位斜切片的积分均值,双谱幅值横切片的积分均值,双谱相位横切片的积分均值,双谱幅值纵切片的积分均值以及双谱相位纵切片的积分均值。其中,对于偏度和峰度特征,定义如下。

偏度(Skewness)用于度量统计数据分布的偏斜方向和偏斜程度,是一个无量纲的数值。随机变量 X 的偏度定义为

$$\text{Skew}(X) = \frac{E[X-E(X)]^3}{\{E[X-E(X)]^2\}^{\frac{3}{2}}} \qquad (4-44)$$

设 $x_1,x_2,\cdots,x_n$ 有限总体 X 的一个具体实现,则 X 的偏度估计可表示为

$$\text{Skewness} = \frac{n}{(n-1)(n-2)s^3}\sum_{i=1}^{n}(x_i-\bar{x})^3 \qquad (4-45)$$

式中:$\bar{x} = \frac{1}{n}\sum_{i=1}^{n}x_i$;$s = \sqrt{\frac{1}{n-1}\sum_{i=1}^{n}(x_i-\bar{x})^2}$;$\bar{x}$ 表示样本均值;s 表示样本标准差。

峰度(Kurtosis),另一个描述总体数据取值分布的统计量,主要用来度量数据统计分布曲线的尾部厚度,也是一个无量纲表示的数值。随机变量 X 的峰度定义为

$$\text{Kurt}(X) = \frac{E[X-E(X)]^4}{\{E[X-E(X)]^2\}^2} - 3 \qquad (4-46)$$

设 $x_1,x_2,\cdots,x_n$ 为有限总体 X 的一个具体实现,则 X 的峰度特征估计

可表示为

$$\text{Kurtosis} = \frac{n(n+1)}{(n-1)(n-2)(n-3)s^4} \sum_{i=1}^{n} (x_i - \bar{x})^4 - 3\frac{(n-1)^2}{(n-2)(n-3)}$$

$$(4-47)$$

　　小波变换(Wavelet Transform),由傅里叶变换和加伯(Garbor)变换发展而来,小波变换具有多分辨率(Multi-resolution)的特点,常用于非平稳信号的细节处理。其中,合适的基本小波函数选取,可以使得信号的小波变换结果在时域和频域中都能有效地表征该信号的局部特征,从而有利于进行信号瞬态变化的分析。对于一个绝对可积的连续信号 $s(t)$,其小波变换的定义表示为

$$\text{WT}_s(a,b) = \int_R s(t)\,\overline{\Psi_{a,b}}\mathrm{d}t = \frac{1}{\sqrt{|a|}}\int_R s(t)\,\overline{\Psi\left(\frac{t-b}{a}\right)}\mathrm{d}t \quad (4-48)$$

式中:$\overline{\Psi_{a,b}}$ 表示小波基函数 $\psi_{a,b}$ 的复共轭形式;WT_s 表示信号 $s(t)$ 在位置 b 处尺度为 a 的小波分量。

　　针对电磁目标信号的双谱特征,采用离散小波变换进一步提取基于双谱切片的小波系数特征。具体而言:首先对双谱切片进行初步的离散小波变换,提取包含切片细节信息的高频能量系数和与切片相关性较高的近似能量系数;然后对近似能量系数做进一步的离散小波变换,重复 n 次;最后由得到的 n 个细节能量系数和 1 个近似能量系数,构成双谱切片的小波系数特征向量,具体包括双谱幅值斜切片小波系数特征、双谱相位斜切片小波系数特征、双谱幅值横切片小波系数特征、双谱相位横切片小波系数特征、双谱幅值纵切片小波系数特征以及双谱相位纵切片小波系数特征。

　　结合双谱特征和经小波变换得到的双谱切片细节系数特征和近似系数特征进行合并,共同构成基于双谱的"指纹"特征向量。

　　进一步,进行特征级的融合,即融合人工特征与自动特征,然后进行电磁目标关联识别。在模式识别中,特征级融合可以理解为特征提取、特征选择和目标关联识别三个阶段。目前的特征级融合大体分为三种:①简单的特征组合,即按照串行或并行融合算法将两组特征向量直接合并在一起,用于目标的分类;②特征选择,基于双谱与小波变换所得到的特征,从特征向量中筛选那些对于分类最有效的特征;③特征变换,将所有训练样本的特征向量放

在一起组成一个矩阵,采用一些数学方法将其变换为另一种新的特征表达形式。本书采用神经网络的办法进行人工/自动特征融合和同一电磁目标关联,具有端到端处理的能力,避免了简单组合带来的后续处理低识别精度的问题。

基于人工神经网络的特征融合算法已经出现在部分目标识别相关文献中。研究表明,任意的多元非线性函数都可以通过三层前馈网络近似逼近。由一系列神经元组成的多层认知器网络,以误差反向传播算法为学习规则,输入数据正向逐层通过网络,最后输出实际响应值,其与目标矢量之差为误差矢量。不同的传播方向权值的选择不同,在前向传播过程中神经元权值是稳定的,而反向传播过程中,连接权值是根据误差矢量校正准则进行调整的。

将融合后的特征送入一个二分类器即可完成同一电磁目标的关联识别。卷积神经网络对融合后的特征空间进行非线性变换,产生一个新的样本空间,使得变换后的特征经过一系列全连接层,在输出层产生 $[0,1]$ 区间内的一个概率值。概率门限设为 0.5 即可识别是否同一电磁目标。

4.10 总 结

分类是找出一组数据对象的共同特点并按照分类模式将其划分为不同的类,其目的是通过分类模型,将数据项映射到若干个给定的类别中,也可从中发现类别规则并预测新数据项的类别。本章首先介绍了决策树算法、朴素贝叶斯算法、神经网络算法、KNN 算法、支持向量机算法等常见的分类分析算法,然后基于分类算法,提出了雷达干扰数据的分析挖掘算法以及电磁目标分类识别技术。

第 5 章 试验数据挖掘中的关联规则算法概述及应用

关联规则反映某项事物与其他事物之间的相互依存性和关联性。如果两个或者多个事物之间存在一定的关联关系,那么其中一个事物就能够通过其他事物进行关联预测。在装备试验中,通过关联分析,发现感兴趣的数据关联关系,可以对辅助决策、装备试验设计、效能评估等方面产生帮助。

早期的关联规则的提出,是为了从商业交易记录中发现感兴趣的数据关联关系,进而帮助商家改进经营决策。对于装备试验来说,对装备使用情况进行分析,通过发现不同类型试验中使用的装备之间的关联性,来分析各种类型试验对装备的依赖程度,如在所有试验统计中,使用装备 A、装备 B 的试验数量占总的试验数量的 20％和 25％,这些数据表明装备在试验中的重要程度,称为支持度。在决策时,试验指挥人员以及试验组织人员关注具有高支持度的装备。如果支持度低,试验人员就不把对该型装备的状态作为决策的主要依据,如果在使用装备 A 的试验中,有 50％的试验既使用装备 A 又使用装备 B,那么称 50％为规则"装备 A＝＞装备 B"的信任度。其中,装备 A 称为关联规则的前项,装备 B 称为关联规则的后项。信任度反映了装备之间的关联程度。例如,通过观察和分析所有以装备 B 作为后项的规则,有助于试验组织人员采取相应措施规划试验时间,以达到合理调配装备 B 的目的;通过观察和分析所有装备 A 出现时的关联装备及试验,可以让试验组织人员清楚地意识到,装备 A 会影响到哪些进行中和将要进行的试验。

关联规则常用算法包括 Apriori 算法、FP-Growth 算法、DHP 算法、Partition 算法等,本章将对相关算法进行详细介绍并结合具体案例研究关联规则算法在装备试验数据分析挖掘中的应用。

5.1 关联规则挖掘算法简介

5.1.1 Apriori 算法

发现频繁项集的最简单的方法就是穷举法,即将所有满足条件的项集找出来,构成候选项集,然后根据相应条件筛选出频繁项集。穷举法中最具影响力的挖掘频繁项集的算法是 Apriori 算法。本节主要介绍 Apriori 算法的基本思想,根据 Apriori 算法的结果得出相应的关联规则。

5.1.1.1 Apriori 算法分析

Apriori 算法是一种挖掘关联规则的频繁项集算法,一种最有影响的挖掘布尔关联规则频繁项集的算法。其核心思想是通过候选集生成和情节的向下封闭检测两个阶段来挖掘频繁项集。核心算法是基于两阶段频集思想的递推算法。该关联规则在分类上属于单维、单层、布尔关联规则。在这里,所有支持度大于最小支持度的项集称为频繁项集,简称频集。Apriori 算法已经被广泛地应用到商业、网络安全等各个领域。Apriori 算法采用了逐层搜索的迭代的方法,算法简单明了,没有复杂的理论推导,也易于实现。

该算法的基本步骤是:首先找出所有的频集,这些项集出现的频繁度至少和预定义的最小支持度一样。然后由频集产生强关联规则,这些规则必须满足最小支持度和最小可信度。然后使用找到的频集产生只包含集合的项的所有期望规则。一旦这些规则被生成,那么只有那些大于用户给定的最小可信度的规则才被留下来。为了生成所有频集,使用了递归的方法。这就是取名为 Apriori 算法的原因。Apriori 在拉丁语中指"来自以前"。当定义问题时,通常会使用预定的知识或者假设,这被称作"先验"(Apriori)。先验知识可能来自领域知识,先前的一些测量结果等。在关联分析中,我们可以运用先验知识去判断后续的项集是否频繁。

下面对 Aprior 算法流程做一个总结。

输入:事物数据集合 D,支持度阈值 α;

输出:最大的频繁 k 项集。

(1)扫描整个数据集 D,得到所有出现过的数据,作为候选频繁 1 项集。

$k=1$,频繁 0 项集为空集。

(2)挖掘频繁 k 项集:

1)扫描数据计算候选频繁 k 项集的支持度。

2)去除候选频繁 k 项集中支持度低于阈值的数据集,得到频繁 k 项集。如果得到的频繁 k 项集为空,则直接返回频繁 $k-1$ 项集的集合作为算法结果,算法结束。如果得到的频繁 k 项集只有一项,那么直接返回频繁 k 项集的集合作为算法结果,算法结束。

3)基于频繁 k 项集,连接生成候选频繁 $k+1$ 项集。

(3)令 $k=k+1$,转入步骤(2)。

从算法的步骤可以看出,Aprior 算法每轮迭代都要扫描数据集,因此在数据集很大,数据种类很多的时候,算法效率很低。

5.1.1.2　Apriori 算法的时间复杂度分析

1.Apriori 算法的时间复杂度主要影响因素

(1)事务集合。事务集合的大小主要由项数、事务数、事务平均宽度表示。在频繁项集产生阶段,项数增加,候选项数的数目和长度可能增加,频繁项集的数目和长度也可能增加,从而计算频繁项集及其支持计数的时间也可能增加。

事务数增加会导致每次扫描事务集合的时间增加。候选项集和频繁项集的数目和长度、扫描事务集合的次数也可能增加。事务平均宽度增加,每次扫描事务集合的时间同样也会增加。同理,候选项集和频繁项集的数目和长度、扫描事务集合的次数也可能增加。

在强关联规则产生阶段,由于频繁项集的数目和长度可能随项数、事务数和事务平均宽度增加而增加,所以计算强关联规则的时间也可能增加。

(2)最小支持度阈值。一般情况下,最小支持度阈值越小,候选项集和频繁项集的数越多、长度越长,扫描事务集合的次数越多,Apriori 算法的运行时间越长。

(3)最小置信度阈值。一般情况下,最小置信度阈值越小,强关联规则的数目越多,Apriori 算法规则产生阶段的运行时间越长。

2.Apriori 算法的时间复杂度分析

(1)频繁项集产生。产生频繁 1 -项集:对于每个事务,需要更新事务中

出现的每个项的支持度计数。假定＝为事务的平均宽度,则该操作需要的时间开销为 $O(N\omega)$,N 为事务的总数。生成候选项集:为了产生候选 k-项集,需要合并一对频繁 $(k-1)$-项集,确定它们是否至少有 $k-2$ 个项相同。每次合并操作最多需要 $k-2$ 次比较。在最好的情况下,每次合并都会产生一个可行的候选 k-项集。在最坏的情况下,算法必须合并上次迭代发现的每对频繁 $(k-1)$-项集,因此,时间开销为 $O((k-2)|L_{k-1}|^2)$。Hash 树在候选产生时构造,以存放候选项集。由于 Hash 树的最大深度为 k,将候选项集散列到 Hash 树的开销为 $O(k|C_k|)$。在剪枝的过程中,需要检验每个候选 k-项集的 $k-2$ 个子集是否频繁。由于在 Hash 树上查找一个候选的花费是 $O(k)$,因此候选剪枝需要的时间开销是 $O((k-1)(k-2)|C_k|)$。最坏情况下,支持度计数需要扫描一次事务集合,每个事务有 C_w^k 个 k-项集,每个 k-项集在最大深度为 K 的 Hash 树上散列,时间开销为 $O(knC_w^k)$。产生频繁 k-项集的时间开销为 $O(C_k)$。

(2) 规则产生。频繁项集共有 $O[(k-2)|L_{k-1}|^2]$ 个,每个频繁 k-项集有 K 个 1-后项,连接产生所有 j-后项时需要 $\sum_{j=2}^{k+1}(j-2)|R_{j-1}|^2$ 次比较,所以规则产生的时间开销为

$$O\left\{\sum_{k=1}^{w}|L_k|\left[k+\sum_{j=2}^{k+1}(j-2)|R_{j-1}|^2\right]\right\} \qquad (5-1)。$$

综上所述,频繁项集产生的时间开销远远长于规则产生的时间开销,它的效率影响整个 Apriori 算法的效率。

5.1.1.3 Apriori 算法的应用

Apriori 算法广泛应用于各领域,通过对数据的关联性进行分析,挖掘出的这些信息在决策制定中具有重要的参考价值。Apriori 算法广泛应用于商业中,如应用于消费市场价格分析中,能够很快地求出各种产品之间的价格关系和它们之间的影响。

Apriori 算法应用于网络安全领域,比如入侵检测。它通过模式的学习和训练可以发现网络用户的异常行为模式,能够快速地锁定攻击者,提高基于关联规则的入侵检测系统的检测精度。

Apriori 算法应用于高校管理中。随着高校贫困生人数的不断增加,学

校管理部门资助工作难度增大。针对这一现象,将关联规则的 Apriori 算法应用到贫困生助学体系中,建立贫困生与资助方法关联规则模型,有效解决贫困生助学资助问题。

Apriori 算法应用于移动通信领域,依托电信运营商建设的增值业务 Web 数据仓库平台,对来自移动增值业务方面的调查数据进行挖掘处理,从而获得关于用户行为特征和需求等的间接反映市场动态的有用信息,这些信息在指导运营商的业务运营和辅助业务提供商的决策制定等方面具有十分重要的参考价值。

在装备试验领域,引入 Apriori 算法等关联规则算法,对装备试验数据进行关联性挖掘,通过相应的计算和分析,发现隐藏于数据之间的联系,为分析判断装备试验效能评估提供数据支撑,为装备的作战使用提供决策。下面以某导弹装备试验关联分析为例进行介绍。

根据某导弹装备作战试验中产生的数据,以及需要分析和了解潜在的关系,以某导弹装备试验中的数据类型,作为数据挖掘的对象。数据内容主要包括指挥员是否有发射经历、发射现场是否有技术把关力量、班组成员具备的专业等级、装备可用率、导弹瞄准精度、天气情况、瞬时风速、导弹命中精度等诸多方面,数据统计见表 5-1。

表 5-1　原始数据记录表

编号	指挥员发射经历	技术把关力量	班组专业等级	装备可用率	瞄准偏差	天气	风速	导弹命中精度
1	有	有	1	1	0	晴	0	高
2	有	有	1	0.90	1	晴	0.1	高
3	无	有	2	0.95	2	阴	0.5	高
4	有	无	3	1	5	阴	0	低
5	无	无	0	1	5	小雨	1.2	低
6	有	有	2	0.90	4	晴	0.9	高
7	有	无	3	1	1	阴	1.0	低
8	无	无	0	0.90	5	小雨	1.5	低
...	...	...	...	...	...	...	...	...

首先进行数据预处理，由于涉及作战数据的指标较多，而且各类数据之间的属性大都不统一。根据表 5-2 可知，数据都是不规则的、离散的，为方便后续数据分析和关联性挖掘，对各项数值按照关联规则进行离散性处理，得到处理后的数据表，见表 5-2。

表 5-2 数据处理后的表

编 号	I_1	I_2	I_3	I_4	I_5	I_6	I_7	I_8
1	K_1	K_3	K_6	K_{11}	K_{12}	K_{16}	K_{19}	K_{26}
2	K_1	K_3	K_6	K_{10}	K_{13}	K_{16}	K_{20}	K_{26}
3	K_2	K_3	K_7	K_{11}	K_{14}	K_{17}	K_{21}	K_{26}
4	K_1	K_4	K_8	K_{11}	K_{15}	K_{17}	K_{19}	K_{27}
5	K_2	K_4	K_5	K_{11}	K_{15}	K_{18}	K_{24}	K_{27}
6	K_1	K_3	K_7	K_{10}	K_{15}	K_{16}	K_{22}	K_{26}
7	K_1	K_4	K_8	K_{11}	K_{13}	K_{17}	K_{23}	K_{27}
8	K_2	K_4	K_5	K_{10}	K_{15}	K_{18}	K_{25}	K_{27}
…	…	…	…	…	…	…	…	…

指挥员发射经历（I_1）：K_1（有）；K_2（无）。

技术把关力量（I_2）：K_3（有）；K_4（无）。

班组专业等级（I_3）：K_5（$I_3 < 1$）；K_6（$1 < I_3 < 2$）；K_7（$2 < I_3 < 3$）；K_8（$I_3 = 3$）。

装备可用率（I_4）：K_9（$I_4 < 0.90$）；K_{10}（$0.90 \leqslant I_3 < 0.95$）；$K_{11}$（$0.95 \leqslant I_4 \leqslant 1$）。

瞄准偏差（I_5）：K_{12}（$I_5 < 1$）；K_{13}（$1 \leqslant I_5 < 2$）；K_{14}（$2 \leqslant I_5 < 4$）；K_{15}（$4 \leqslant I_5 \leqslant 5$）。

天气（I_6）：K_{16}（晴）；K_{17}（阴）；K_{18}（小雨）。

风速（I_7）：K_{19}（$I_7 < 0.1$）；K_{20}（$0.1 \leqslant I_7 < 0.5$）；K_{21}（$0.5 \leqslant I_7 < 0.9$）；K_{22}（$0.9 \leqslant I_7 < 1.0$）；K_{23}（$1.0 \leqslant I_7 < 1.2$）；K_{24}（$1.2 \leqslant I_7 < 1.5$）；K_{25}（$I_7 \geqslant 1.5$）。

导弹命中精度（I_8）：K_{26}（高）；K_{27}（低）。

然后进行数据挖掘采用 Apriori 数据挖掘算法，挖掘其关联性，为了让试验效果更加直观，更能反映数据间的隐藏关系，分别将最小支持度、最小置信度设置为 20% 和 85%。对所有数据进行扫描和分析，得出所有频繁项集，得出部分关联规则。

对表 5-3 中的关联规则结论进行解读，可得如下结论：

规则 1：指挥员有发射经验，且有技术力量的把关，在装备性能好的情况下,瞄准精度高,有 95.3％的概率导弹能精准命中目标。

规则 2:指挥员有发射经验,且班组成员专业素质过硬(均为 1 级操作手),则有 89.9％的概率导弹能精准命中目标。

规则 3:指挥员无发射经验,且班组成员专业素质较弱(未通过岗位资格认证),则有 86.1％的概率在操作中瞄准精度偏差较大。

规则 4:装备性能能满足最低发射条件且瞄准偏差较大的情况下,导弹命中精度偏低。

规则 5:在有技术力量的把关且装备质量完好,天气状况好的情况下,导弹命中精度较高。

规则 6:班组专业技术不过硬,天气条件较差的情况下,导弹命中精度较低。

表 5－3 数据关联结果表

编 号	关联规则	支持度	置信度
1	$K_1 K_3 K_{11} \Rightarrow K_{12} K_{26}$	42.4％	95.31％
2	$K_1 K_6 \Rightarrow K_{26}$	31.2％	89.92％
3	$K_2 K_5 \Rightarrow K_{15}$	22.3％	86.12％
4	$K_{10} K_{15} \Rightarrow K_{27}$	30.12％	88.96％
5	$K_3 K_{11} K_{16} \Rightarrow K_{26}$	26.3％	85.4％
6	$K_5 K_{18} K_{24} \Rightarrow K_{15}$	33.6％	97.35％
…	…	…	…

最后进行数据分析与解释,分析规则 1、规则 2 和规则 5,表明指挥员具备发射经历,班组成员专业素质过硬,各类装备、气象、技术把关等保障条件较好的情况下,导弹命中精度较高。这说明一个成熟的指挥员,对作战需要掌握的必备技能成竹于胸,注重班组成员的专业水平、装备质量认证、技术故障的处置、天候情况的监测等各种影响和制约导弹命中精度的因素,并能根据战场态势随时做出应对。

分析规则 3 和规则 4,表明班组专业素质较低和装备性能相对较差,导致瞄准偏差较大,最终导弹命中精度偏低。这说明不注重专业学习,装备性能保持抓得不紧,各项准备工作不托底,出现一系列心理紧张问题,操作上出现分心,致使命中精度不高。

综合分析结果,导弹命中精度与人员专业能力素质、装备性能、气象水文条件等诸多元素息息相关,不管是在日常训练还是作战演习任务,一方面要抓好人才的培养建设,另一方面抓好各项训练及训练保障工作。

5.1.2 FP-Tree 算法

作为一个挖掘频繁项集的算法,Apriori 算法需要多次扫描数据,I/O 是很大的瓶颈。为了解决这个问题,FP-Tree 算法(也称 FP-Growth 算法)采用了一些技巧,无论多少数据,只需要扫描两次数据集,因此提高了算法运行的效率。

为了减少 I/O 次数,FP-Tree 算法引入了一些数据结构来临时存储数据。这个数据结构包括 3 部分:项头表、FP-Tree 和结点链接。

FP-Tree 数据结构如图 5-1 所示,第一部分是一个项头表,记录了所有的频繁 1-项集出现的次数,按照次数降序排列。例如,在图 5-1 中,A 在所有 10 组数据中出现了 8 次,因此排在第一位。

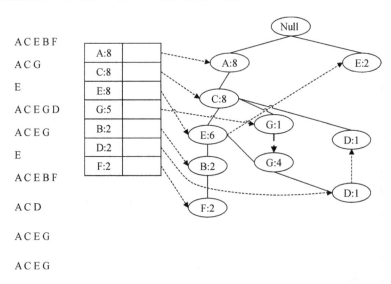

图 5-1 FP-Tree 数据结构

第二部分是 FP-Tree,它将原始数据集映射到了内存中的一棵 FP-Tree。

第三部分是结点链表。所有项头表里的频繁 1-项集都是一个结点链表的头,它依次指向 FP-Tree 中该频繁 1-项集出现的位置。这样做主要是方便项头表和 FP-Tree 之间的联系查找和更新。

建立 FP-Tree 需要首先建立项头表。第一次扫描数据集,得到所有频繁 1-项集的计数。然后删除支持度低于阈值的项,将频繁 1-项集放入项头表,并按照支持度降序排列。

第二次扫描数据集,将读到的原始数据剔除非频繁 1-项集,并按照支持度降序排列。

在这个例子中有 10 条数据,首先第一次扫描数据并对 1-项集计数,发现 F、O、I、L、J、P、M、N 都只出现一次,支持度低于阈值(20%),因此它们不会出现在项头表中。将剩下的 A、C、E、G、B、D、F 按照支持度的大小降序排列,组成了项头表。

接着第二次,扫描数据,对每条数据剔除非频繁 1-项集,并按照支持度降序排列。例如,数据项 A、B、C、E、F、O 中的 O 是非频繁 1-项集,因此被剔除,只剩下了 A、B、C、E、F。按照支持度的顺序排序,它变成了 A、C、E、B、F,其他的数据项以此类推。将原始数据集里的频繁 1-项集进行排序是为了在后面的 FP-Tree 的建立时,可以尽可能地共用祖先节点。

经过两次扫描,项头集已经建立,排序后的数据集也已经得到了,如图 5-2 所示。

有了项头表和排序后的数据集后开始 FP-Tree 的建立。

开始时 FP-Tree 没有数据,建立 FP-Tree 时要逐条读入排序后的数据集,并将其插入 FP-Tree。插入时,排序靠前的结点是祖先结点,靠后的是子孙结点。如果有共用的祖先结点,那么对应的共用祖先结点计数加 1。插入后,如果有新结点出现,项头表对应的结点会通过结点链表链接上新结点。直到所有的数据都插入 FP-Tree 后,FP-Tree 的建立完成。

下面来举例描述 FP-Tree 的建立过程。FP-Tree 构造结构如图 5-3 所示。首先,插入第一条数据 A、C、E、E、F。此时 FP-Tree 没有结点,因此 A、C、E、B、F 是一个独立的路径,所有结点的计数都为 1,项头表通过结点链表链接上对应的新增结点。

接着插入数据 A、C、G。由于 A、C、G 和现有的 FP-Tree 可以有共有的祖先结点序列 A、C,因此只需要增加一个新结点 G,将新结点 G 的计数记为 1,同时 A 和 C 的计数加 1 成为 2。当然,对应的 G 结点的结点链表要更新,如图 5-4 所示。

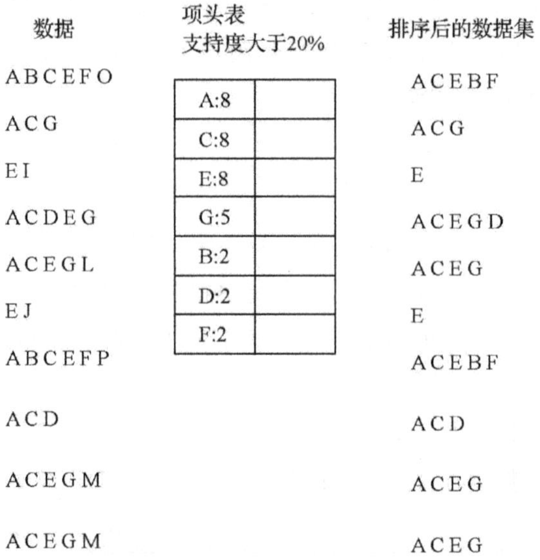

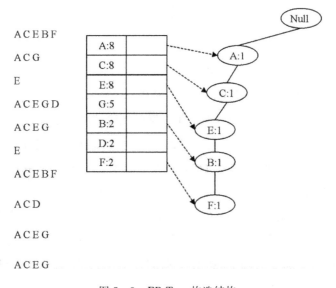

图 5-2　FP-Tree 项头表示意

图 5-3　FP-Tree 构造结构

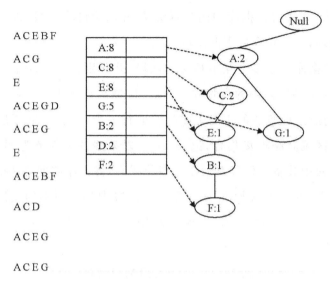

图 5 - 4   FP-Tree 构造示意图

用同样的办法可以更新后面 8 条数据,最后构成 FP-Tree。从 FP-Tree 挖掘频繁项集,基于 FP-Tree、项头表及结点链表,首先要从项头表的底部项依次向上挖掘。对于项头表对应于 FP-Tree 的每一项,要找到它的条件模式基。

条件模式基本是指以要挖掘的结点作为叶子结点所对应的 FP 子树。得到这个 FP 子树,将子树中每个结点的计数设置为叶子结点的计数,并删除计数低于支持度的结点。基于这个条件模式基,就可以通过递归挖掘得到频繁项集。

5.1.3   Partition 算法

与 Apriori 算法相比,Partition 算法主要解决了 Apriori 算法直接对数据进行全局搜索导致算法效率不高的问题。在 Partition 算法中,数据分析人员可以通过适当的方式将数据分为若干小群,再从这些小群中分别搜索高频相关群,最后再将这些从小群所搜索的高频相关群合并加以评估即可得到所要的结果。Partition 算法用多个小群的搜索代替对数据的整体搜索,可有效缩短计算时间。若 X 为数据集 D 的一个高频项集,在 D 被切为数个"子集"$P_1, P_2, \cdots, P_n$ 后,则 X 至少为一个子集 P_i 的高频项集,Partition 算法先进行数据分割,再进行搜索找出高频项集,以建立关联规则。

Partition 算法将数据库中的数据集 D 分割为许多区段（即子集），并对区段进行处理，主要包含以下两阶段：

（1）将数据库分成多个互不相交的区段，并分别计算区段中相关项集的支持度，以找出各区段中的高频项集，称为区域高频项集。第一次对事务数据库进行扫描时，此算法的主要工作是读取每一个子集 P_i 并逐层搜索找出该子集中的区域高频项集集合，记为 L_{P_i}。以某些试验任务为例，算法的第一阶段为以使用装备及任务类型作为划分区段，将整体数据集转换成任务类型 $\langle P_1, P_2, P_3 \rangle$ 的子集数据，并计算每一个区段中相关项集的支持度。在子集 P_1、P_2、P_3 中，分别找出的高频项集为 $L_{P_1} = \langle$装备 A，装备 B$\rangle$、$L_{P_2} = \langle$装备 H，装备 E$\rangle$、$L_{P_3} = \langle$装备 K，装备 G$\rangle$。

表 5－4　装备使用情况数据

试验任务	使用装备情况	时　段
任务 A	装备 A、装备 B	P_1
任务 B	装备 A、装备 C	P_1
任务 C	装备 D、装备 E	P_1
任务 D	装备 F、装备 G	P_1
任务 E	装备 A、装备 F、装备 B	P_1
任务 F	装备 H、装备 E	P_2
任务 G	装备 D、装备 K、装备 E	P_2
任务 H	装备 A、装备 G	P_2
任务 I	装备 K、装备 H、装备 E	P_2
任务 J	装备 F、装备 H、装备 E	P_2
任务 K	装备 D、装备 F、装备 G	P_3
任务 L	装备 F、装备 B	P_3
任务 M	装备 A、装备 G、装备 K	P_3
任务 N	装备 D、装备 H、装备 E	P_3
任务 O	装备 K、装备 G	P_3

（2）第二阶段，取所有区域高频项集的并集，即 $\{L_{P_1} \bigcup L_{P_1} \bigcup \cdots \bigcup L_{P_n}\}$，以产生 D 的整体候选项集集合。对 D 重新计算各候选项集的支持度，以得到真正的高频项集。如上例所示，通过 $\{L_{P_1}, L_{P_2}, L_{P_3}\}$ 可得 D 中的整体候选项集集合 $L = \{\{$装备 A，装备 B$\}$，$\{$装备 H，装备 E$\}$，$\{$装备 K，装备 G$\}\}$，再经由 D 的整体数据对 L 内的候选项集进行支持度评估，以确定这些项集对于整体数据的支持度高于阈值。评估后可得仅 $\{$装备 H，装备 E$\}$ 在整体数据中为高频项集，从而可根据此结果评估置信度与增益度以找出显著的关联规则。

总体来说，Partition 算法最多仅需对数据集进行两次完整搜索即可找出所有高频项集集合；若所有的分割所得的区域高频项集集合均相同，则仅需完整扫描数据库一次即可。

Partition 算法与 Apriori 算法的概念极为相似，采用"切割"的概念将数据分割成一些没有重叠的部分，使得可以通过并行计算等技术加快搜索速度，降低扫描全局数据的次数，大幅提升关联规则的搜索效能；但若各子集中存在过多的非相关项集时，则需要大量的储存空间。

5.1.4　DHP 算法

当事务数据库 D 中的交易记录很多时，Apriori 算法产生的候选 2 -项集及其他高阶项集的数量将会非常庞大。同时，计算候选 k -项集出现次数时需要搜索整个数据集，因而需要花费相当高的处理成本。DHP（Direct Hash-based Pruning）算法主要通过哈希（Hash）的技术，删除不必要的候选 2 -项集，以改善 Apriori 算法的搜索效率；相关的哈希技术包含哈希树（Hash Tree）以及哈希表（Hash Table）。

若以试验中使用的装备为例，已知装备集为 $\{A, B, C, D, E\}$，下表为各项集的哈希表形式范例，分析者得先决定哈希函数（Hash Function），假设选择除留余数作为哈希函数为 $h(x, y) = (x\_ord \times 9 + y\_ord) \% 4$ 其中，x_ord, y_ord 分别代表 2 -项集中元素的顺序，以项集 $\{C, E\}$ 为例，C 的字母顺序为 3，E 的字母顺序为 5，则其经过哈希函数计算的余数为 0，所以 2 -项 $\{C, E\}$ 应该放置于第 0 个哈希层。在哈希函数的选择上应考虑数据集大小，选择合适的函数将项集分配于哈希表的各对应哈希层，若选择的除数不当，则可能造成一个哈希层中出现多个项集的情况,见表 5-5。哈希表中的计数值代表该哈希层的候选项集的支持度上限,若计算结果显示该哈希层的支持度未达门槛值,表示该哈希层的所有候选项集皆非高频项集,则可删除此哈希层的所有候选项集,以提高算法的搜索效率。

表 5-5 哈希表形式

哈希层	0	1	2	3	
计数	4	3	1	5	
项目集	$\langle C,E \rangle$ $\langle C,E \rangle$ $\langle A,C \rangle$ $\langle A,C \rangle$	$\langle A,D \rangle$ $\langle B,C \rangle$ $\langle B,C \rangle$	$\langle A,E \rangle$	$\langle B,E \rangle$ $\langle B,E \rangle$ $\langle B,E \rangle$ $\langle A,B \rangle$ $\langle C,D \rangle$	

相较于 Apriori 算法借由关联上一层级的高频项集产生新的候选项集,接着再重新计算这些新候选项集的支持度,为此需不断搜索整个数据集导致计算复杂度高的情况。DHP 算法则是利用哈希树的架构,设计一个哈希函数,将数据库中的项集对应至哈希表中,以累计各哈希层所包含项集的个数;并以所累积的阶层计数粗略估算候选项集的支持度,以提前删除不可能成为高频项集的候选项集。步骤如下:

(1)规定支持度与置信度的阈值,搜索整个数据集 D 以找出高频 1-项集 L_1,并且建立 2-项集的哈希表,记为 H_2;定义 $k=l$。

(2)设定 $k=k+1$;利用 L_{k-1} 产生 k-项集集合 C_k,先利用哈希表中各阶层的累积次数来对 C_k 进行初步筛选,再计算筛选后之各 k-项集支持度以决定高频项集集合 L_k。

(3)不断地以递归方式重复上一个步骤,直到所有高频项集 L 无法再往上一阶层产生 C_{k+1} 为止。

DHP 算法利用哈希表的构建来免除大量不必要的低阶(特别是第二阶)候选项集筛选,其缺点在于一开始必须花费一些时间来建立哈希函数,且在使用哈希层所记录的数量来估算候选项集的支持度时,会使得某些项集的支持度被高估,而导致初期较高的误判率。然而,只要妥当分析,应可有效地改善后续产生候选项集的效率。

5.1.5　MSApriori 算法

传统的 Apriori 等关联规则算法均是在数据变量值出现概率相等的情况下提出的,所以给定的支持度门槛均为固定值,以决定高频项集。然而,实际上,有许多数据项的出现频率并不相同。有时候低频率的项目组合会比高频率的项目组合来得有意义,也会带来较高的效益。因此,有数据分析人员设计了一个以 Apriori 为基础的“多重最小支持度关联规则”,称为 MSApriori 算法,提出依不同交易项目,设定多重最小支持度阈值(Multiple Minimums Upports)的概念,规定每一项目的最小支持度,对于每个关联规则而言,如果该规则的支持度大于或等于所有项目规则中的最小支持度,即该规则具有显著性,从而处理多重支持度的问题。例如,以商品的购买比例及其所带来的相对效益来决定其支持度门槛值。

在多重最小支持度关联规则中,关联规则的最小支持度为该规则内所有项集所对应的最小支持度的最小值。分析者对于较少购买但相对效益高的交易项目(如钻石等)规定了较低的支持度阈值,对经常购买但相对效益较低的交易项目则规定较高的支持度阈值(如牛奶等)。在给予不同阈值的情况之下,分析者能更合理地找出所要的高频项集,以产生更客观且符合实际需求的关联规则。

Liu 等人归纳出关联规则挖掘中多重小支持度的重要性以及规则特性,称为排序封闭特性,其概念是由 Apriori 算法的向下封闭的特性延伸而来,即若某一项集满足最小支持度,则该项集中所有的子项集也会满足最小支持度,但此特性并不适用于多重最小支持度关联规则。

MSApriori 算法采用多重最小支持度找寻候选项集并建立显著关联规则,具体算法流程如下所示:

(1)规定需要关联对象(如装备、人员等)的最小支持度阈值,并将所有对象依最小支持度递增排列,而非依循 Apriori 算法向下封闭的特性。

(2)先扫描资料库中的关联对象,找出符合最小支持度的候选 1-项集,记为 F_1,并筛选 F_1 以得到高频 1-项集 L_l。其中,F_1 的每个关联对象都必须在“所有最小支持度的最小值”以上,而 L_l 内的项集都须在项集中各自对象的最小支持度以上。

（3）产生其他候选交易项集，方法与 Apriori 算法的步骤类似，分为联合与修剪，并以递归的搜索方式依序找出各阶层的候选项集以及高频项集。例如，欲产生候选 2-项集时，必须利用尚未经过最小关联对象支持度测试的项集集合 F_1 来生成，以避免错失具有效益但出现频率不高的项集。

MSApriori 算法应用相关的机制来避免删除重要但频率较低的项集，以挖掘频率较低的重要关联规则。然而，MSApriori 算法的多重最小支持度虽可以找到罕见且重要的规则，但分析人员必须对各个对象的重要性有一定程度的了解，才能对各个对象的最小支持度阈值做出合适的定义。

5.2   基于 Apriori 的装备试验数据的关联分析方法

装备试验过程中使用和产生了大量的装备试验训练数据，这些数据是评估装备是否满足性能指标要求、开展作战效能及体系贡献率评估、在役考核等方面研究的基本依据，也是装备论证与训练演练的重要支撑，是装备发展的重要战略资源。目前，对装备试验数据多从雷达、通信等专业相关的角度进行分析处理。随着装备试验训练数据呈现体量剧增、数据多源等特点，亟须从数据角度出发，利用数据挖掘的方法进行装备试验数据分析。装备试验数据中，不同数据项之间存在一定的关联性。这种规律性有些可以通过直观认识结合经验做出定性的判断，但无法掌握其量化程度。此外，还存在大量的未知的关联关系隐藏在数据中。为研究装备试验数据中隐含的规律，本节通过分析 Apriori 关联规则算法特点，介绍 Apriori 算法在装备试验数据分析挖掘中的一种应用模式。

5.2.1   装备试验数据的关联分析方法与过程

在通信对抗干扰类试验中，干扰效果一般与通信波段、信号传输质量、干扰信号样式、通信信号类型、通信信号调制样式等因素有关。通过 Apriori 算法进行关联规则分析，从而发现装备数据项中隐含的关联关系，从数据的角度深入研究装备干扰能力，实现数据的增值增效。

参照数据挖掘的基本流程，装备试验数据挖掘的一般流程可以分为数据抽取、数据探索分析、数据预处理、挖掘建模、分析评估五步，如图 5-5 所示。

图 5-5　装备试验数据挖掘流程

5.2.2　数据抽取

与干扰效果相关的数据主要有通信波段、信号传输质量、干扰信号样式、通信信号类型、通信信号调制样式等因素。故进行干扰效果关联分析时,需从原始数据中抽取以下数据:

基本信息:数据序号、产生时间等;

通信波段:中波、短波、超短波等;

信号传输质量:1～5 级,其中数字越大,信号质量越好;

干扰信号样式:噪声调频干扰、白噪声干扰、脉冲干扰等;

通信信号类型:定频、跳频;

通信信号调制样式:SSB、AM、FM、BSK 等;

干扰效果:可以将干扰分为 5 个等级,1 级代表干扰很强,语音完全被压制,无法通信;2 级代表干扰强,可发现干扰中有语音信号存在;3 级代表干扰较强,语音不太清晰,句子意思难懂;4 级代表干扰较弱,语音清晰,句子易懂;5 级代表干扰不可察觉。

抽取出的数据见表 5-6。

表 5-6　试验数据

序　号	产生时间	通信波段	传输质量	干扰样式	信号类型	调制样式	干扰效果
1	×××	短波	1	调频干扰	定频	SSB	4
2	×××	超短波	2	白噪声干扰	定频	BSK	5
3	×××	超短波	3	调频干扰	跳频	FM	1
…	…	…	…	…	…	…	…

5.2.3　数据探索分析

数据探索分析是对数据进行初步研究,发现数据的内在规律特征,有助于选择合适的数据预处理和数据分析技术。对于本章节的分析来说,可以利用数据分布分析,通过饼状图和条形图查看数据各项属性的分布情况,从而能够剔除数据中的缺失值和异常值。例如,某装备试验数据分布如图 5-6 所示。

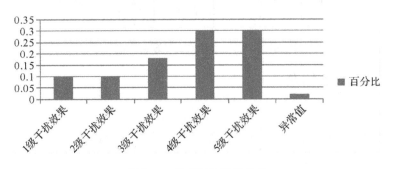

图 5-6 装备试验数据分布

5.2.4 数据预处理

数据预处理是数据挖掘中非常关键的一步,有效的数据预处理可以改进数据质量,提高数据挖掘的准确率和效率。这里主要进行数据清洗、数据变换等处理。

(1)数据清洗。数据清洗的主要目的是从业务以及建模的相关需要方面进行考虑,筛选出需要的数据。由于原始数据中并不是所有的数据都需要进行分析,因此需要在数据处理时,将赘余的数据进行过滤。主要进行如下操作:

通过数据的探索分析,发现数据各项属性中的异常值,需要将这些异常值过滤掉。

结合挖掘需求,将数据中通信传输质量较低的(质量等级为 1 和 2)数据剔除,传输质量较低,无法判断是否是干扰所致。

(2)数据变换。由于使用的数据挖掘算法为 Apriori 算法,针对的是定性数据,应根据实际需要,简化数据,进行数据变换。主要进行如下操作:

将传输质量设为好、一般。其中 4、5 级为好,3 级为一般。

将干扰效果设为有效、无效。其中 3、4、5 级为有效,1、2 级为无效。

5.2.5 挖掘建模

利用 Apriori 算法进行数据挖掘建模,核心思想是:

输入:干扰效果数据集合 S(在原始数据集中剔除干扰效果一列),支持度阈值 α,置信度阈值 δ。

输出:最大的频繁 k 项集。

(1)扫描整个数据集 S,得到所有出现过的数据,作为候选频繁 1 项集。$k=1$,频繁 0 项集为空集。

(2)挖掘频繁 k 项集。

1)扫描数据计算候选频繁 k 项集的支持度与置信度。

2)去除候选频繁 k 项集中支持度以及置信度低于阈值的数据集,得到频繁 k 项集。如果得到的频繁 k 项集为空,则直接返回频繁 $k-1$ 项集的集合作为算法结果,算法结束。如果得到的频繁 k 项集只有一项,则直接返回频繁 k 项集的集合作为算法结果,算法结束。

3)基于频繁 k 项集,连接生成候选频繁 $k+1$ 项集。

4)构建频繁 k 项对应于干扰效果的规则:例如(调频干扰,定频)=>(干扰效果:好)。

(3)令 $k=k+1$,转入步骤(2)。

最终获取关于干扰效果的关联规则。

5.2.6　分析评估

根据挖掘模型得出的关联规则,分析装备试验过程中影响因素与装备效能的关联关系,所得结论向前可以指导装备论证与研制、向后可以支持部队训练演练与作战应用,实现试验数据的增值增效。

5.3　总　　结

关联规则又称关联挖掘,就是在关系数据或其他信息载体中,查找存在于项集合或对象集合之间的频繁模式、关联、相关性或因果结构,即可以根据一个数据项的出现推导出其他数据项的出现。关联规则的挖掘过程主要包括两个阶段:第一阶段为从海量原始数据中找出所有的高频项目组;第二阶段为从这些高频项目组产生关联规则。本章介绍了 Apriori 算法、FP-growth 算法等常见的关联挖掘算法,然后针对通信抗干扰类试验,利用 Apriori 算法挖掘装备试验过程中影响因素与装备效能的关联关系。

第6章　试验数据挖掘中的聚类分析算法概述及应用

　　聚类也称无监督学习,或无指导学习,主要因为与分类模型相比,需要聚类的样本没有标记,要由聚类学习算法来学习生成。聚类分析的主要目标是研究如何在没有先验知识的情况下把样本划分为若干类。

　　聚类的目标有很多种,但都需要把一个样本集合分组或分割为一个子集(即簇)。数据子集样本的集合称为簇,聚类之后可以使每个簇内部的样本之间的相关性比不同簇之间样本的相关性更紧密,即簇内部的任意两个样本之间具有较高的相似度,而属于不同簇的两个样本间具有较高的相异度。相异度主要是根据样本的属性值计算,样本间的距离是聚类分析算法中最常采用的度量指标。在实际应用中,经常将一个簇中的数据样本作为一个整体看待。虽然用聚类生成的簇来表达数据集不可避免地会造成信息缺失,但却可以在允许的范围内,使问题得到必要的简化。从统计学的观点看,聚类是通过数据建模简化数据的一种方法。

　　了解聚类与分类之间的区别有十分重要的意义。通常,有监督分类是提供若干已标记的模式,需要解决的问题是为一个新遇到的、但无标记的模式进行标记。但是在很多的情况下,先给定若干无标记的模式,需要先利用给定的无标记的模式学习,反过来再用来标记一个新模式。在分类中,对于目标数据集中存在哪些类是知道的,要做的就是将每一条记录分别属于哪一类标记出来。聚类需要解决的问题是将已给定的若干无标记的模式聚集起来,使之成为有意义的聚类,聚类是在预先不知道目标数据集到底有多少类的情况下,希望将所有的数据组成不同的类,并且使得在这种分类情况下,以某种度量为标准的相似性,在同一聚类簇之间最小化,而在不同簇之间最大化。

　　聚类主要针对的数据类型包括区间标度变量、二值变量、标称变量、序数变量、比例标度变量以及由这些变量类型构成的符合类型。

作为数据挖掘方法的主要分支之一，聚类分析具有悠久的历史，其研究主要集中在基于距离和基于相似度的聚类方法。传统的统计聚类分析方法包括基于划分的、基于层次的、基于密度的和基于概率的方法等，采用 K-means、K-medoids 等算法，这些算法都将会在后面章节中介绍。在神经网络算法中，聚类方法的例子有自组织神经网络方法、竞争学习网络等。

聚类是观察式学习，而不是示例式的学习。聚类算法要求人们不但需要深刻地了解所用的技术方法，而且还要知道数据采集过程的细节及拥有应用领域的专家知识。对数据了解得越多，越能成功地评估它的真实结构。

6.1　基于划分的聚类分析算法

6.1.1　*K*-means 算法

聚类算法中最常用的就是 K-means 聚类算法，它是一种无监督学习算法，就其本身而言适应性也较强。K-means 算法流程图如图 $6-1$ 所示。

K-means 算法的思想很简单，对于给定的样本集，按照样本之间的距离大小，将样本集划分为 K 个簇。让簇内的点尽量紧密地连在一起，而让簇间的距离尽量地大。

如果用数据表达式表示，假设簇划分为 $(C_1, C_2, \cdots, C_k)$，则需要的目标是最小化二次方误差 E，即

$$E = \sum_{i=1}^{k} \sum_{x \in C_i} \| x - \mu_i \|_2^2 \qquad (6-1)$$

式中：μ_i 是簇 C_i 的均值向量，有时也称为质心，表达式为

$$\mu_i = \frac{1}{C_i} \sum_{x \in C_i} x \qquad (6-2)$$

K-means 是无监督学习的聚类算法，没有样本输出；而 KNN 是监督学习的分类算法，有对应的类别输出。KNN 基本不需要训练，对测试集里面的点，只需要找到在训练集中最近的 k 个点，用这最近的 k 个点的类别来决定测试点的类别。而 K-means 则有明显的训练过程，找到 k 个类别的最佳质心，从而决定样本的簇类别。

当然,两者也有一些相似点,两个算法都包含一个过程,即找出和某一个点最近的点。两者都利用了最近邻(Nearest Neighbors)算法的思想。

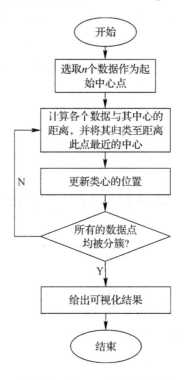

图 6-1　K-means 算法流程图

K-means 是个简单实用的聚类算法,原理比较简单,实现也很容易,收敛速度快且算法的可解释度比较强。

6.1.2　K-medoids 聚类算法

K-means 算法对噪声和离群点非常敏感,这是因为当这种远离大多数数据的对象被分配到一个簇中时,会严重影响其簇中的均值。K-medoids 算法不采用簇中所有对象的均值作为簇中心,而是选用簇中离平均值最近的代表对象作为簇中心。

K-medoids 聚类算法是 K-means 聚类算法的改进算法,其基本思想是:先为每一个簇随意选择一个代表对象,剩余的对象根据其与代表对象的距离分配给最近的一个簇,然后反复地用非代表对象来替代代表对象,以改进聚类的效果。聚类效果用一个代价函数来估算,如替换后的二次方误差减去替换前的二次方误差,当代价函数估算值为负,替换被执行,否则替换不被执行。

不采用簇中对象的均值作为参照点,而是在每个簇中选出一个实际的对象来代表簇,可以消除算法对噪声等数据的敏感性,其余的每个对象聚类到与其最相似的代表对象所在的簇中。这样,划分方法仍然是基于最小化所有对象与其对应的参照点之间的相异度之和的原则来执行。确切地说,使用绝对误差标准,其算法流程如图 6-2 所示。

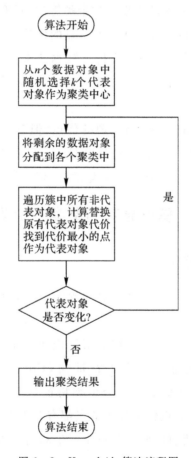

图 6-2　K-medoids 算法流程图

具体算法如下:

(1)从数据集 n 中随机选择 k 个对象 $\{a_1,a_2,\cdots,a_k\}$ 作为初始的代表对象,以这 k 个代表为聚类中心。

（2）将剩余的数据对象分配到各个以这 k 个对象为聚类中心的簇中。

（3）在簇 i 中选择一个非代表对象 a_{random}，计算用 a_{random} 替换代表对象 a_i 的代价 S。

（4）若 $S>0$ 且已遍历完所有非代表对象，则继续步骤（5），若 $S>0$ 且仍有待遍历的非代表对象，则返回步骤（3），若 $S<0$，则用 a_{random} 替换 a_i 形成新的 k 个聚类中心，返回步骤（2）。

（5）算法完成，输出聚类结果。

K-medoids 算法是一种基于划分的聚类算法，具有较强的鲁棒性和较高的准确性，且相对于 K-means 算法有着明显的优势。在 K-means 算法中，用平均点来代表簇，导致其对噪声和离群点数据非常敏感，而 K-medoids 算法用簇中最靠近平均中心的样本中存在的对象（即中心点）来代表该簇，可以有效地消除这种影响。

K-medoids 算法具有简单、易实现的优点，但其时间复杂度与 n 呈二次方关系，当数据集较大时，算法存在计算量大、耗时多、效率低下的缺陷，与 K-means 算法一样，它同样存在对初始化敏感、聚类结果多样化等问题。

6.2　基于层次的聚类分析算法

6.2.1　BIRCH 算法

BIRCH 算法是用层次方法来聚类和规约数据，只需要单遍扫描数据集就能进行的聚类方法。

BIRCH 算法利用了一个树结构来帮助快速的聚类，这个树结构类似于平衡 B＋树，一般将它称之为聚类特征树（Clustering Feature Tree，CF Tree）。树的每一个节点是由若干个聚类特征（Clustering Feature，CF）组成。聚类特征树的每个节点包括叶子节点都有若干个 CF，而内部节点的 CF 有指向子节点的指针，所有的叶子节点用一个双向链表连接起来。

CF 树的插入步骤如下：

（1）从根节点向下寻找和新样本距离最近的叶子节点和叶子节点里最近的 CF 节点。

（2）如果新样本加入后，这个 CF 节点对应的超球体半径仍然满足小于

阈值 T,则更新路径上所有的 CF 三元组,插入结束。否则转入步骤(3)。

(3)如果当前叶子节点的 CF 节点个数小于阈值 L,那么创建一个新的 CF 节点,放入新样本,将新的 CF 节点放入这个叶子节点,更新路径上所有的 CF 三元组,插入结束。否则转入步骤(4)。

(4)将当前叶子节点划分为两个新叶子节点,选择旧叶子节点中所有 CF 元组里超球体距离最远的两个 CF 元组,分布作为两个新叶子节点的第一个 CF 节点。将其他元组和新样本元组按照距离远近原则放入对应的叶子节点。依次向上检查根节点是否也要分裂,如果需要按和叶子节点相同的分裂方式进行分裂。

将所有的训练集样本建立了 CF 树,一个基本的 BIRCH 算法就完成了,对应的输出就是若干个 CF 节点,每个节点里的样本点就是一个聚类的簇。也就是说 BIRCH 算法的主要过程,就是建立 CF Tree 的过程。

BIRCH 算法节约内存,所有的样本均保存在磁盘上,内存中仅保存 CF 节点以及对应的指针,且聚类速度较快,仅需一遍遍历即可建立 CF 树。

6.2.2　CURE 算法

利用代表点聚类(Clustering Using Representative,CURE)算法是一种凝聚的层次算法。它维护了当前的一组基于单链接簇间距离与其他簇成功合并的簇。然而,不同于直接计算将要凝聚合并的两个簇中所有点对间的距离,这个算法使用一组代表点来提高执行效率。这些代表点是精心选取出来捕捉每个当前簇的形状的,所以尽管只使用少量的代表点,凝聚方法还保留着捕捉簇形状的能力。选取作为簇中心最远的数据点作为第一个代表点,离第一个代表点最远的数据点作为第二个代表点,离前两个点的最短距离最大的数据点作为第三个代表点,以此类推。特别地,第 n 个代表点是离前$(n-1)$个代表点最短距离最远的数据点。最终代表点趋向于沿着簇的轮廓排布。通常从每个簇中选取少量的代表点(例如 10 个)。这种利用最远距离的方法有一个缺点是倾向于选取异常点。在选取好代表点后,将它们朝着簇中心进行收缩以减少异常值的影响。通过使用连接代表点和簇中心线段 L 上的新的人造数据点替换代表点来实现这种收缩。人造代表点和原始代表点之间的距离是线段 L 的长度的 a 倍。收缩在凝聚聚类的单链接实现中格外有效,因为这些方法对于簇边缘的噪声代表点很敏感。这样的噪声代表点可能会将一些不相关的簇链接在一起。需要注意的是,如果代表点收缩得太厉害,这种方法将会变成基于中心点的合并,而这同样是低效的。

通过使用凝聚的自底向上的方法来合并簇。这里使用任意一对数据代表点之间的最小距离来实现合并。该方法最适合于发现任意形状的簇。通过使用少量的数据代表点,CURE 算法能够显著地降低凝聚的层次算法中的合并准则的计算复杂度。合并可以一直执行,直到剩余簇的数量等于 k。k 是由用户指定的输入参数。CURE 算法通过在合并过程中定期清除小的簇来处理异常值。这里认为簇依然很小是因为它们所包含的主要是异常值。

为了进一步降低计算复杂度,CURE 算法从底层数据中抽取一个随机样本,并对这个随机样本进行聚类。在这个算法的最后一步中,通过选取距离最近的数据代表点的簇来将所有的数据点都分配给剩余簇中的一个。

利用划分方法就可以高效地使用较大的样本容量。在这种情况下,将样本进一步划分为 p 个部分。对每个部分都进行层次聚类,直到达到期望的簇的数目,或者满足某个合并质量标准。这些(所有部分中的)中间簇将重新进行层次聚类以根据样本数据创建最终的 k 个簇。最终分配阶段将数据点分配给生成的代表点的簇。因此,总过程可以描述为下面的步骤:

(1)从容量为 n 的数据库 D 中抽取 s 个点作为样本。

(2)将 s 个样本点划分为 p 个部分,每个部分的容量为 s/p。

(3)使用层次合并对每个部分独立地进行聚类,每个部分生成 k' 个簇。所有部分中的簇的总数为 $k' \times p$,依然比用户期望的目标 k 要大。

(4)对从所有部分中得到的 $k' \times p$ 个簇进行层次聚类,来得到用户期望的 k 个簇。

(5)将 $n-s$ 个非样本数据点中的每一个都分配到与其最近的代表点的簇中。

与 BIRCH 和 CLARANS 等其他可扩展算法不同的是,CURE 算法能够发现任意形状的簇。

6.3　基于密度的聚类分析算法

6.3.1　DBSCAN 算法

基于密度的聚类方法将聚类视为数据空间中对象的密度区域,该区域的对象通过低密度(噪声)区域加以区分,这些区域可以有任意的形状。该方法的关键概念为密度和连接性,这两个概念都根据最近邻算法的局部分布来度量。以低维数据为目标的 DBSCAN 算法是基于密度的聚类算法分类的主要代表。DBSCAN 算法能够识别聚类的主要原因在于每个聚类中都有一个典型的点密度比聚类外的点高得多。此外,噪声区域内点的密度比其他任何聚类的密度要低。

DBSCAN 算法思想:寻找数据集 D 的子集 S,$S \subseteq D$, S 是密度相连的闭集,S 满足 S 中任意两点是密度相连的,并且 S 中任意点不能和 S 外的点是密度相连的。DBSCAN 算法从任一数据点 p 开始,根据参数 ε(半径)和 MinPts(密度阈值),提取所有从 p 点计算在半径 ε 内的点,得到一个聚类。

DBSCAN 算法的步骤如下:

(1)从任一数据点 p 开始,对 p 点根据 ε 和 MinPts 进行判定。如果 p 是核心数据点,那么建立新簇 S,并将 p 邻域内的所有点归入 S;否则将 p 点标记为边界点或噪声点。

(2)对于 S 中除 p 点以外的点继续实施步骤(1),继续扩充 S,直到所有的点都被判定处理。

DBSCAN 算法的优点:不易受噪声影响,可以发现任意形状的簇。DBSCAN 算法的缺点:受设置参数的影响,判定的标准比较固定,较稀的聚类会被划分为多个类,或密度较大且离得较近的类会被合并成一个聚类。

6.3.2　OPTICS 算法

6.2 节中介绍了 DBSCAN 聚类算法,它是一种基于密度的聚类算法,可以发现任意形状的类。但是,DBSCAN 算法也有一些缺点:第一,该算法需要输入参数,并且输入参数在很多情况下是难以获取的;第二,该算法对输入参数敏感,设置的细微不同可能导致聚类结果差别很大;第三,高维数据集的分布常常具有侧重性,该算法使用的全局密度参数不能刻画内置的聚类结构。例如,图 6-3 中的数据,使用全局密度参数不能同时将{类 1,类 2,类 3,类 4}检测出来,而只能同时检测{类 1,类 2,类 3}或者{类 3,类 4},对于后一种情况来说,类 1 和类 2 中的对象都被视为噪声点。

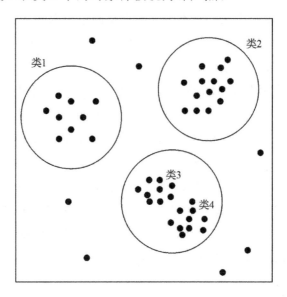

图 6-3　不同密度参数下的聚类结果

下面将要介绍的 OPTICS 聚类算法,英文全称为 Ordering Points to Identify the Clustering Structure,也是一种基于密度的聚类算法。其思想和 DBSCAN 算法非常类似,但是能够弥补 DBSCAN 算法的上述缺点。OPTICS 算法可以获得不同密度的聚类,即经过 OPTICS 算法的处理,理论上可以获得任意密度的聚类,因为 OPTICS 算法输出的是样本的一个有序队列,从这个队列里可以获得任意密度的聚类。

OPTICS 算法也需要两个输入参数:半径 ε 和最小点数 MinPts。但这两个参数只是对算法起辅助作用,不会对结果产生太大的影响。

除了 DBSCAN 算法中提到的定义,OPTICS 算法还用到了以下定义:

(1)核心距离(Core-distance)。对于核心点,距离其 MinPts 近的点与之的距离,即 MinPts-dist(p)为该核心点的核心距离,即

$$\text{coreDist}_{\in,\text{MinPts}}(p) = \begin{cases} \text{UNDEFINED}, & |N_{\in}(p)| < \text{MinPts} \\ \text{MinPts-dist}(p), & |N_{\in}(p)| \geqslant \text{MinPts} \end{cases} \quad (6-3)$$

(2)可达距离(Reachability-distance)。p 到核心对象 o 的可达距离为 o 的核心距离和 p 到 o 的欧式距离的较大者。p 的可达距离取决于用的是哪个核心对象,即

$$\text{reachDist}_{\epsilon,\text{MinPts}}(p,o) = \begin{cases} \text{UNDEFINED}, & |N \in (p)| < \text{MinPts} \\ \max[\text{coreDist}(o),\text{distance}(o,p)], & |N \in (p)| \geqslant \text{MinPts} \end{cases}$$

$$(6-4)$$

OPTICS 算法的难点在于维护核心点的直接可达点的有序列表。OPTICS 算法描述如下:

输入:数据样本 D,初始化所有点的可达距离和核心距离为 Max,半径为 c,最小点数为 MinPts。

输出:样本的一个有序队列。

第一步:建立两个队列——有序队列(核心点及其直接密度可达点)和结果队列(存储样本输出和处理次序)。

第二步:若 D 中数据全部处理完,则算法结束,否则,从 D 中选择一个未处理的核心点,将该核心点放入结果队列,其直接密度可达点放入有序队列,直接密度可达点按可达距离升序排列。

第三步:若有序队列为空,则回到第二步,否则,从有序队列中取出第一个点。

判断该点是否为核心点,不是则回到第三步,是的话则将该点存入结果队列,如果该点不在结果队列。

若该点是核心点的话,则找到其所有直接密度可达点,将这些点放入有序队列,并将有序队列中的点按照可达距离重新排序。若该点已经在有序队列中且新的可达距离较小,则更新该点的可达距离。

重复第三步,直至有序队列为空。

第四步:算法结束,输出结果。

而后给定半径 ε 和最少点数 MinPts,就可以输出所有的聚类。计算过程如下。

给定结果队列:

第一步,遍历结果队列。

第二步:从结果队列中按顺序取出点,如果该点的可达距离不大于给定

半径,则该点属于当前类别,否则至第三步。

第三步:如果该点的核心距离大于给定半径,则该点为噪声点,可以忽略;否则该点属于新的聚类,回到第二步。

第四步:结果队列遍历结束,则算法结束。

6.4 基于概率模型和基于图的聚类分析算法

6.4.1 EM算法

EM(Expectation Maximization)算法也叫最大期望算法,是一种解决问题的思想,解决一类问题的框架,经常用于聚类分析、离群点挖掘。它包括三个主要的步骤:初始化参数、观察预期、重新估计。首先是给每个参数初始化一个初值,然后再观察预期,这两个步骤实际上就是期望步骤(Expectation)。如果结果存在偏差就需要重新估计参数,这个就是最大化步骤(Maximization)。这两个步骤加起来也就是EM算法的过程。

EM算法的思路是使用启发式的迭代方法,既然无法直接求出模型分布参数,那么可以先猜想隐含参数(EM算法的E步),接着基于观察数据和猜测的隐含参数一起来极大化对数似然估计,求解模型参数(EM算法的M步)。由于之前的隐含参数是猜测的,所以此时得到的模型参数一般还不是我们想要的结果。基于当前得到的模型参数,继续猜测隐含参数(EM算法的E步),然后继续极大化对数似然估计,求解模型参数(EM算法的M步)。以此类推,不断地迭代下去,直到模型分布参数基本无变化,算法收敛,找到合适的模型参数。

在输入为 $x = [x^{(1)}, x^{(2)}, \cdots, x^{(n)}]$,联合分布为 $p(x,z|\theta)$,条件分布为 $p(z|x,\theta)$ 时,算法步骤如下:

(1)随机化初始化模型参数 θ 的初值 θ^0。

(2)E步:计算联合分布的条件概率期望为

$$Q_i(z^{(i)}) := P(z^{(i)}|x^{(i)},\theta) \tag{6-5}$$

(3)M步:极大化 $L(\theta)$ 得到 θ 为

$$\theta = \arg\max_{\theta} \sum_{i=1}^{m} \sum_{z^{(i)}} Q_i(z^{(i)}) \log P(x^{(i)}, z^{(i)}|\theta) \tag{6-6}$$

(4)重复 E 步、M 步,直到 θ 收敛,即为 EM 算法。

(5)输出模型参数 θ。

一个最直观了解 EM 算法思路的是前文提到的 K-means 算法。在 K-means 聚类时,每个聚类簇的质心是隐含数据。假设 k 个初始化质心,即 EM 算法的 E 步;然后计算得到每个样本最近的质心,并把样本聚类到最近的这个质心,即 EM 算法的 M 步。重复这个 E 步和 M 步,直到质心不再变化为止,这样就完成了 K-means 聚类。

如果从算法思想的角度来思考 EM 算法,那么可以发现算法里已知的是观察数据,未知的是隐含数据和模型参数,在 E 步,所做的事情是固定模型参数的值,优化隐含数据的分布,而在 M 步,所做的事情是固定隐含数据分布,优化模型参数的值。

6.4.2　Jarvis-Patrick 聚类算法

Jarvis-Patrick 算法利用以下步骤实现聚类:

(1)计算 SNN 相似度。

(2)使用相似度阈值,稀疏化 SNN 相似度图。

(3)找出稀疏化的 SNN 相似度图的连通分支(簇)。

若两个对象在彼此最近的邻居列表中,则 SNN 相似度是共享邻居的数量。

在图 6-4 中,i 节点与 j 节点相邻,且他们的最近邻居中有四个是共享的,因此这两个点之间共享的最邻近相似度为 4,如图 6-5 所示。

SNN 相似度是以点的密度来做的自动评估,仅仅依赖于对象之间共享的最近邻居,而不以这些对象的间距来做判断。而 Jarvis-Patrick 聚类算法就是以 SNN 相似度来取代两点间的距离,生成 SNN 图。再对图中所有的边做阈值区分,删减掉 SNN 相似度低于设定阈值的边,也就是将 SNN 相似度低的关系从数据集中删除,以此稀疏化图像。调整阈值后生成的若干个最小连通图即为聚类结果。

相较于其他聚类算法,由于 Jarvis-Patrick 聚类算法采用 SNN 相似度代替传统意义上的距离,更善于处理噪声和离散值,且更加灵活,可以处理大小形状各不同的数据集。但是稀疏化图像的阈值选择对结果影响较大,若阈值选择不正确,则可能在算法中将一个真正的簇分开。

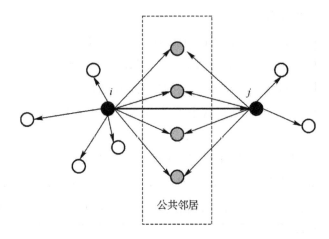

图 6-4　SNN 相似度示意图

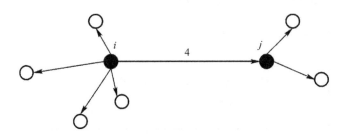

图 6-5　SNN 相似度

6.5　灰色聚类法

　　灰色系统理论是由我国学者邓聚龙教授于 1982 年创立的系统科学理论,它的产生丰富了系统科学理论的发展,对今后的系统理论发展研究具有深远的意义,为人们更科学地认识社会经济系统提供了一种强有力的解释工具。灰色系统的研究对象为"部分信息已知、部分信息未知"的"小样本""贫信息"不确定性系统,在"部分"已知信息的基础上,对现有信息进行开发利用,从而对系统进行正确、有效的模拟、控制。灰色系统理论科学地将定性分析与定量分析融合,使定性分析更贴近于客观实际,同时也使定量分析有效符合主观经验。自创立以来,学者进行了大量理论、应用方面的研究,灰色系统已成为系统科学理论中具有生命力的新分支。

灰色聚类分析作为灰色系统的主要分析方法之一,是灰色系统的重要组成部分。灰色聚类方法广泛应用各个应用研究领域,是进行灰色评估与灰色决策的常用方法之一。聚类分析是定量的研究事物分类问题和地理分区问题的重要方法,而灰色聚类针对小样本数据建模,对"外延明确,内涵不明确"的对象进行分类。灰色聚类方法应用领域广泛,较为常见的是经济、能源、环境、生物、交通等领域。除此之外,在材料、军事和灾害预防新领域也得到满意的成果。近年来,灰色聚类研究集中在应用研究、复合方法研究,学者将灰色聚类方法与一些热门学科相结合,提出新的综合灰色聚类方法并应用到新兴的领域。

按聚类对象划分,灰色聚类可分为灰色关联聚类和灰色白化权函数聚类。常用的灰色聚类方法有灰色关联聚类、灰色变权聚类与灰色定权聚类,其中灰色变权聚类与灰色定权聚类都属于灰色白化权函数聚类方法。

6.5.1　灰色关联聚类

6.5.1.1　概念

灰色关联聚类是以灰色关联矩阵为依据,对观测对象和指标进行聚类的方法。通过灰色关联聚类方法,可以分析多个作用因素类别,便于归并同类因素,区分不同类因素,促使复杂系统分析时,简化系统,并且尽可能使原始信息不受严重损失。

灰色关联聚类的主要步骤为计算灰色关联度。常见的灰色关联度为文献中灰色绝对关联度、灰色相对关联以及结合两种关联度的灰色综合关联度。

定义 1　设系统行为序列 $X_i = [x_i(1), x_i(2), \cdots, x_i(n)]$,$D$ 为序列算子,且有

$$X_i D = [x_i(1)d, x_i(2)d, \cdots, x_i(n)d] \tag{6-7}$$

(1)当 $x_i(k)d_i = x_i(k) - x_i(1)$,$k = 1, 2, \cdots, n$ 时,则称 D_1 为始点零化算子,$X_i D_1$ 为系统行为序列 X_i 的始点零化像,即

$$X_i D_i = X_i^0 = \left[x_i^0(1), x_i^0(2), \cdots, x_i^0(n) \right] \qquad (6-8)$$

(2)当 $x_i(1) \neq 0, x_i(k)d_2 = x_i(k)/x_i(1), k=1,2,\cdots,n$ 时，则称 D_2 为初值化算子，$X_i D_2$ 为系统行为序列 X_i 的初值像，即

$$X_i' = X_i D_2 = X_i/x_i(1) = \left[\frac{x_i(1)}{x_i(1)}, \frac{x_i(2)}{x_i(1)}, \cdots, \frac{x_i(n)}{x_i(1)} \right] \qquad (6-9)$$

设系统行为序列为

$$\left. \begin{array}{l} X_i = \left[x_i(1), x_i(2), \cdots, x_i(n) \right] \\ X_j = \left[x_j(1), x_j(2), \cdots, x_j(n) \right] \end{array} \right\} \qquad (6-10)$$

根据定义 1 得到 X_i 与 X_j 的始点零化像和初值像：X_i^0, X_j^0, X_i' 和 X_j'。

(1)根据 X_i 与 X_j 的始点零化像 X_i^0, X_j^0，令

$$\left. \begin{array}{l} s_i = \displaystyle\sum_{k=2}^{n-1} x_i^0(k) + \frac{1}{2} x_i^0(n) \\ s_j = \displaystyle\sum_{k=2}^{n-1} x_j^0(k) + \frac{1}{2} x_j^0(n) \end{array} \right\} \qquad (6-11)$$

灰色绝对关联度计算公式为

$$\varepsilon_{ij} = \frac{1 + |s_i| + |s_j|}{1 + |s_i| + |s_j| + |s_i - s_j|} \qquad (6-12)$$

(2)根据初值像 X_i' 和 X_j'，将其始点零化像得到，令

$$s_i' = \sum_{k=2}^{n-1} x_i'^0(k) + \frac{1}{2} x_i'^0(n)$$

$$s_j' = \sum_{k=2}^{n-1} x_j'^{n0}(k) + \frac{1}{2} x_j'^0(n)$$

灰色相对关联度为

$$\gamma_{ij} = \frac{1 + |s_i'| + |s_j'|}{1 + |s_i'| + |s_j'| + |s_i' - s_j'|} \qquad (6-13)$$

设序列 X_i 与 X_j 长度相同，并且 $x_i(1) \neq 0, x_j(1) \neq 0, \varepsilon_{ij}$ 与 γ_{ij} 分别为序列 X_i 与 X_j 的灰色绝对关联度与灰色相对关联度，令 $\theta \in [0,1]$，则称

$$\rho_{ij} = \theta \varepsilon_{ij} + (1-\theta) \gamma_{ij} \qquad (6-14)$$

为序列 X_i 与 X_j 之间的灰色综合关联度，简称综合关联度。

6.5.1.2　灰色关联聚类方法

设有 n 个聚类对象，m 个评价指标（特征）的数据，原始序列为

$$
\left.\begin{aligned}
X_1 &= \left[x_1(1), x_1(2), \cdots, x_1(n)\right] \\
X_2 &= \left[x_2(1), x_2(2), \cdots, x_2(n)\right] \\
&\cdots\cdots \\
X_m &= \left[x_m(1), x_m(2), \cdots, x_m(n)\right]
\end{aligned}\right\} \tag{6-15}
$$

计算 X_i 与 X_j 之间的灰色绝对关联度 ε_{ij}，根据灰色绝对关联度计算公式易得 $\varepsilon_{ij} = \varepsilon_{ji}$，得到特征变量关联矩阵为

$$
\boldsymbol{A} = \begin{bmatrix}
\varepsilon_{11} & \varepsilon_{12} & \cdots & \varepsilon_{1m} \\
\varepsilon_{21} & \varepsilon_{22} & \cdots & \varepsilon_{2m} \\
\vdots & \vdots & & \vdots \\
\varepsilon_{m1} & \varepsilon_{m2} & \cdots & \varepsilon_{mn}
\end{bmatrix} \tag{6-16}
$$

给出临界值 $r \in [0, 1]$，正常情况下要求 $r > 0.5$，当序列 X_i 与 X_j 之间的灰色绝对关联度 $\varepsilon_{ij} = \varepsilon_{ji} \geq r$ 时，表明两个序列为同类特征。

临界值 r 根据聚类实际需要确定，分类越细，r 越接近于 1。

6.5.2　灰色白化权函数聚类

6.5.2.1　白化权函数介绍

定义 2：存在 n 个聚类对象，m 个评价指标的取值，第 j 个指标分为 s 个灰类，这 s 个灰类称为 j 指标的子类。

各个指标的 s 个子类有各自对应的函数，通过这些函数，将不同的聚类对象根据该指标的取值进行分类，这个函数称为白化权函数。第 j 个指标的第 k 个子类的白化权函数为 $f_j^k(x)$。

普通形式的白化权函数可描述为图 6-6 所示，图中的点 $x_j^k(1)$，$x_j^k(2)$，$x_j^k(3)$，$x_j^k(4)$ 为转折点。该白化权函数可记为 $f[x_j^k(1), x_j^k(2), x_j^k(3), x_j^k(4)]$。

$x_j^k(1)$，$x_j^k(2)$，$x_j^k(3)$，$x_j^k(4)$ 取值不同时，白化权函数就各有不同。

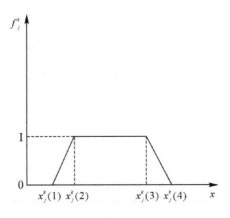

图 6-6　典型白化权函数示意图

（1）当 $x_j^k(1)$，$x_j^k(2)$ 不存在时，$f_j^k(x)$ 为下限测度白化权函数，并可记为 $f[-,-,x_j^k(3),x_j^k(4)]$。

（2）当 $x_j^k(2)=x_j^k(3)$ 时，$f_j^k(x)$ 为适中测度白化权函数，并可记为 $f[x_j^k(1),x_j^k(2),-,x_j^k(4)]$。

（3）当 $x_j^k(3)$，$x_j^k(4)$ 不存在时，$f_j^k(x)$ 为上限测度白化权函数，并可记为 $f[x_j^k(1),x_j^k(2),-,-]$。

（4）当 $x_j^k(1)>x_j^k(2)>x_j^k(3)>x_j^k(4)$ 时，$f_j^k(x)$ 即为典型测度白化权函数，以上三种皆为典型白化权函数的特殊情况。

除图 6-6 所示的典型白化权函数外，其余种形式的白化权函数的示意图如图 6-7 所示。

根据图 6-7 中白化权函数示意图，典型白化权函数可描述为分段函数，即

$$f_j^k(x)=\begin{cases} 0, & x\notin[x_j^k(1),x_j^k(4)] \\ \dfrac{x-x_j^k(1)}{x_j^k(2)-x_j^k(1)}, & x\in[x_j^k(1),x_j^k(2)] \\ 1, & x\in[x_j^k(2),x_j^k(3)] \\ \dfrac{x_j^k(4)-x}{x_j^k(4)-x_j^k(3)}, & x\in[x_j^k(3),x_j^k(4)] \end{cases} \quad (6-17)$$

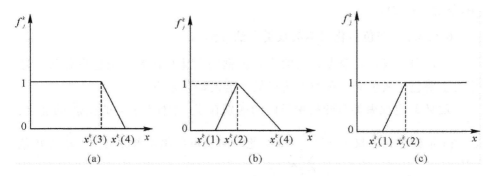

图 6 - 7　典型白化权函数

(a) 下限测度白化权函数；(b) 适中测度白化权函数；(c) 上限测度白化权函数

(1)下限测度白化权函数可描述为分段函数，即

$$f_j^k(x) = \begin{cases} 0, & x \notin [0, x_j^k(4)] \\ 1, & x \in [0, x_j^k(3)] \\ \dfrac{x_j^k(4) - x}{x_j^k(4) - x_j^k(3)}, & x \in [x_j^k(3), x_j^k(4)] \end{cases} \tag{6-18}$$

(2)适中测度白化权函数可描述为分段函数，即

$$f_j^k(x) = \begin{cases} 0, & x \notin [x_j^k(1), x_j^k(4)] \\ \dfrac{x - x_j^k(1)}{x_j^k(2) - x_j^k(1)}, & x \in [x_j^k(1), x_j^k(2)] \\ \dfrac{x_j^k(4) - x}{x_j^k(4) - x_j^k(2)}, & x \in [x_j^k(2), x_j^k(4)] \end{cases} \tag{9-19}$$

(3)上限测度白化权函数可描述为分段函数，即

$$f_j^k(x) = \begin{cases} 0, & x < x_j^k(1) \\ \dfrac{x - x_j^k(1)}{x_j^k(2) - x_j^k(1)}, & x \in [x_j^k(1), x_j^k(2)] \\ 1, & x \geqslant x_j^k(2) \end{cases} \tag{6-20}$$

根据 λ_j^k 即 j 指标 k 子类的临界值的不同，各个白化权函数取值不同：①典型白化权函数中，令 $\lambda_j^k = [x_j^k(2) + x_j^k(3)]/2$；②下限测度白化权函数中，令 $\lambda_j^k = x_j^k(3)$；③适中测度白化权函数中，令 $\lambda_j^k = x_j^k(2) = x_j^k(3)$；④上限测度白化权函数

中，令 $\lambda_j^k = x_j^k(2)$。

6.5.2.2 灰色白化权函数聚类方法介绍

灰色白化权函数聚类方法的主要依据为白化权函数。灰色白化权函数聚类主要包括灰色变权聚类方法与灰色定权聚类方法。

定义3：定权聚类与变权聚类间的区别在于 j 指标 k 子类的权 η_j^k 的确定：

① 当 j 指标子类的权 $\eta_j^k = \dfrac{\lambda_j^k}{\sum\limits_{j=1}^{m} \lambda_j^k}$ 时，此时的灰色白化权函数聚类方法为灰色

变权聚类方法；② 当 j 指标 k 子类的权 η_j^k 已给出，并且与 k 无关时，此为灰色

定权聚类；当 $\eta_j^k = \dfrac{1}{m}$ 时，为灰色定权聚类的特殊情况，即灰色等权聚类。

定义4：设 x_{ij} 为对象 i 关于指标 j 的观测值，$f_j^k(x)$ 为 j 指标 k 子类的灰色白化权函数。

根据定义确定 j 指标 k 子类的权 η_j^k，灰色定权聚类时，由于 η_j^k 与 k 无关，此时 $\eta_j^k = \eta_j$，称

$$\sigma_i^k = \sum_{j=1}^{m} f_j^k(x_{ij}) \times \eta_j^k \tag{6-21}$$

为对象 i 关于 k 子类的灰色白化权函数聚类系数。

定义5：(1)对象 i 关于所有 s 个子类的聚类系数向量为

$$\boldsymbol{\sigma}_i = [\sigma_i^1, \sigma_i^1, \cdots, \sigma_i^s] = \left[\sum_{i=1}^{m} f_j^1(x_{ij}) \times \eta_j^1, \sum_{i=1}^{m} f_j^2(x_{ij}) \times \eta_j^2, \cdots, \sum_{i=1}^{m} f_j^s(x_{ij}) \times \eta_j^s \right]$$

$$\tag{6-22}$$

(2) n 对象的所有 s 个子类的聚类系数矩阵为

$$\boldsymbol{\Sigma} = [\sigma_i^k] = \begin{bmatrix} \sigma_1^1 & \sigma_1^2 & \cdots & \sigma_1^s \\ \sigma_2^1 & \sigma_2^2 & \cdots & \sigma_2^s \\ \vdots & \vdots & & \vdots \\ \sigma_n^1 & \sigma_n^2 & \cdots & \sigma_n^s \end{bmatrix} \tag{6-23}$$

定义6：设 $\max\limits_{1 \leqslant i \leqslant n}\{\sigma_i^k\} = \sigma_i^{k^*}$，得到对象 i 属于第 k^* 个子类。

这里需要指出，灰色变权聚类中，j 指标 k 子类的权 $\eta_j^k = \dfrac{\lambda_j^k}{\sum\limits_{j=1}^{m} \lambda_j^k}$，直接受

到白化权函数中转折点的数量级的影响。当聚类指标意义不同,量纲不同时,不同指标的样本值在数量上相差较大时,不适合采用灰色变权聚类方法进行聚类。灰色变权聚类对于指标意义与量纲都相同的情况较为合适。

变权聚类与和权聚类的主要区别见表 6 - 1。

表 6 - 1　灰色变权聚类和灰色定权聚类的聚类权系数及适用范围

	灰色变权聚类	灰色定权聚类
η_j^k 取值	$\eta_j^k = \dfrac{\lambda_j^k}{\sum\limits_{j=1}^m \lambda_j^k}$,与 k 有关	η_j^k 与 k 无关,并可写为 η_j
适用范围	指标意义、量纲皆相同,不同指标在数量上的差别不大	指标意义、量纲不同,不同指标在数量上的差别较大

虽然灰色变权聚类和灰色定权聚类之间存在一些区别,但两种方法聚类主要依据灰色白化权函数,并且聚类步骤近乎相同,故两者同属于灰色白化权函数聚类,聚类步骤可以进行一定程度的统一。故灰色白化权函数聚类方法的聚类步骤可表述为:

(1)对不同的聚类指标和灰类进行编号,存在 n 个对象,m 个指标,s 个灰类;

(2)根据灰色白化函数的确定方法,确定 j 指标,k 子类的灰色白化权函数为 $f_j^k(x)$,其中,$j=1,2,\cdots,m,k=1,2,\cdots,s$;

(3)根据要求计算或给定各个指标的聚类权 η_j^k,$j=1,2,\cdots,m$;

(4)根据已经得到的白化权函数 $f_j^k(x)$ 与各个指标的聚类系数 η_j^k 和原始观测数据 x_{ij},计算得到对象 i 属 k 灰类的灰色白化权函数聚类系数,其中 $i=1,2,\cdots,n,j=1,2,\cdots,m,k=1,2,\cdots,s$;

(5)如果 $\max\limits_{1\leqslant k\leqslant s}\{\delta_i^k\}=\delta_i^{k^*}$,这里的 k^* 指的就是对象 i 所属灰类的编号。

6.6　聚类方法在装备试验领域的应用

6.6.1　基于灰色聚类方法的装备试验陪试设备选择

电子对抗装备试验是电子战系统装备研制过程中的一个重要环节,其目的主要是根据战术技术指标要求,对系统进行定量描述、测试与评估,检验评估其在完成作战任务时的对抗效果。能满足这个基本要求的试验陪试设备有很多种,每一种陪试设备适合电子战系统试验的程度也不一致,这样就带来了选用哪种试验陪试设备的决策问题。

对试验陪试设备的评定主要从可靠性、可维修性、价格以及使用年限等几个性能指标因素进行,其中包含有确定因素(如设备价格)和不确定因素(如可靠性、可维修性等),因此,试验陪试设备的指标因素具有信息不完全的灰色特性。试验陪试设备选择时,因为每项试验需求的不同,所以这些指标因素在试验陪试设备中所占比重也不同。

因此根据试验陪试设备指标因素的灰色特性,提出了灰色聚类选择模型,从多个因素入手举例进行分析计算,把宏观层次上的确定量和微观层次上的不确定量联系起来,为装备试验中合理选择陪试设备提供理论支持。

电子战系统试验陪试设备主要是指测试设备、测量设备、指挥控制设备、数据处理设备和模拟作战对象的试验设备等,对其进行评估涉及因素多,且部分因素存在信息不完全和不确定的问题。灰色系统理论是处理信息不完全等不确定性问题的有力工具,利用灰色聚类评估方法可对电子战系统试验陪试设备进行科学、合理评估。

对一批没有标出类别的模式样本集按照样本之间的相似程度进行分类,称为聚类分析。灰色聚类是根据灰色关联矩阵或灰数的白化权函数将一些观测指标或观测对象划分成若干个可定义类别的方法,一个聚类可以看作是属于同一类的观测对象的集合。按聚类对象划分,灰色聚类可分为灰色关联聚类和灰色白化权函数聚类。灰色关联聚类主要用于同类因素的归并,以使复杂系统简化。通过灰色关联聚类,我们可以检查许多因素中是否有若干个因素大体上属于同一类,使我们能用这些因素的综合平均指标或其中的某一个因素来代表这若干个因素而使信息不受严重损失,这属于系统变量的删减问题。灰色白化权函数聚类主要用于检查观测对象是否属于事先设定的不同类别,以便区别对待。

被评估样本矩阵为

$$\boldsymbol{D} = (d_{ij})W \times m = \begin{bmatrix} d_{11} & d_{12} & \cdots & d_{1m} \\ d_{21} & d_{22} & \cdots & d_{2m} \\ \vdots & \vdots & & \vdots \\ d_{w1} & d_{w2} & \cdots & d_{um} \end{bmatrix} \tag{6-25}$$

式中:$\{d_{i1},d_{i2},\cdots,d_{im}\}$ 为被评估单元 i 对因素 $j=1,j=2,\cdots,j=m$ 的样本行。

通过变换使 i 样本行转化为单元 i 对各灰类 $k=1,k=2,\cdots,k=n$ 的评估值,称为单元 i 所属灰类的灰聚类评估。由上述定义可见,灰聚类评估是根据被评估样本矩阵的行向量进行的。

应用灰色系统理论来解决电子战系统陪试设备选择问题的关键是建立符合实际的灰色白化函数。陪试设备灰色聚类评估具体步骤如下:

(1)设某第 i 台设备的第 $j(j=1,2,\cdots,m)$ 个指标 x_{ij} 取值为 d_{ij},设有 P 位专家对五台试验陪试设备指标打分,根据第 k 个评价者的评分 d_{ijk},求其评价样本矩阵 $\boldsymbol{D}_i$。

(2)确定评估灰类。确定评估灰类就是要确定评估灰类的等级数、灰类的灰数及灰类的白化函数。设评估灰类的序号为 $e(e=1,2,\cdots,g)$,即有 g 个评价灰类。

(3)确定各指标的权重系数。试验陪试设备的各指标因素对其性能的影响程度不一,为了准确地反应各指标因素的精度,因此要对各指标因素取不同的权重值 $\eta=(\eta_1,\eta_2,\cdots,\eta_m)$。

(4)计算灰色评价系数、灰色评价向量。对于评价指标 x_{ij},设第 i 个受评陪试设备属于第 e 个评价灰色评价数称为灰色评价系数 x_{ijk},各评价灰类的总灰色评价数记为 x_{ij},第 e 个灰类的灰色评价系数记为 r_{ije},灰类总评价向量为 $\boldsymbol{r}_{ij}$,其计算公式为

$$\left.\begin{aligned}
x_{ije} &= \sum_{k=1}^{p} f_e(d_{ijk}) \\
x_{ij} &= \sum_{e=1}^{g} x_{ije} \\
r_{ije} &= x_{ije}/x_{ij} \\
\boldsymbol{r}_{ij} &= [r_{ij1},r_{ij2},\cdots,r_{ijg}]
\end{aligned}\right\} \tag{6-25}$$

(5)对 x_i 综合评价。对第 i 个受评陪试设备的 x_i 进行综合评价,其综合评价权记为

$$\sigma_i = \eta \cdot [r_{i1},r_{i2},\cdots,r_{im}]$$

(6)在系数矩阵

$$\boldsymbol{\Sigma} = (\sigma_i^k) = \begin{bmatrix} \sigma_1^1 & \sigma_1^2 & \cdots & \sigma_1^g \\ \sigma_2^1 & \sigma_2^2 & \cdots & \sigma_2^g \\ \vdots & \vdots & & \vdots \\ \sigma_n^1 & \sigma_n^2 & \cdots & \sigma_n^g \end{bmatrix} \tag{6-26}$$

中,设$\max\limits_{1\leqslant k\leqslant g}\{\sigma_i^k\}=\sigma_i^{k^*}$,则称设备 i 属于灰类 k^*。根据设备所属灰类来判断设备的优劣,从而进行选择。

6.6.2 基于聚类分析的景象匹配特征点分析

聚类方法的基本思想是通过判断读入点与准聚类中心之间距离同预定阈值的大小关系来确定同一目标所包含的像素点,通过将聚类半径内像素点坐标加权平均的方式得到聚类过程中的准聚类中心坐标及最终的聚类中心坐标。因此,通过聚类可以精确地在每个叠掩区获得 1 个或 n 个特征点,为后续的特征点匹配提供基础。

景象匹配导引头的工作主要基于景象特征点匹配,聚类方法的作用是对由图像分割得到的 0-1 二值掩膜图像(将 0-1 二值图像与原图像相乘得到的图像)进行聚类,将相互距离处于一定范围之内的非零像素点聚到一起,计算得到一个聚类中心,其具体步骤如下。

(1)聚类中心确定。

设一幅大小为 $M \times N$ 的 SAR 图像经图像分割后得到的掩膜图像为 $A=\{a_{ij}\}$,其中 $i=1,2,\cdots,M,j=1,2,\cdots,N$,用于判断两像素是否属于同一目标区域的距离阈值为 D(也称为聚类半径),则提取特征点的流程如下:

1) 按图像行列顺序依次读入 A 中各元素值 a_{ij}:若 $a_{ij}=0$,则继续读取下一元素;若 $a_{ij}>0$,则转入下一步操作。

2) 依次计算 a_{ij} 与 L 个已存准聚类中心$\{[x_1,y_1,k_1],[x_2,y_2,k_2],\cdots,[x_L,y_L,k_L]\}$(其中$[x_L,y_L]$为准聚类中心坐标,$k_L$ 为第 L 个准聚类中心已聚类个数)之间的距离$\{d_1,d_2,\cdots,d_L\}$:若 $L=0$ 或者 $d_1,d_2,\cdots,d_L>D$,则将上述非零元素作为一个新的准聚类中心进行存储,即 $x_1=i,y_1=j$ 或者 $x_{L+1}=i,y_{L+1}=j$;设 $R=\{d_1,d_2,\cdots,d_L\}$,若 R 中存在一个子集 $H=\{h|h\in R$且$h\leqslant D\}$,则对子集 H 中最小元素对应的第 q 个准聚类中心进行

下一步操作。

3)对 A 中所有元素完成上述操作后,将所聚合点个数 k_1 值小于 N_T 的聚类中心作为虚假聚类中心去除。为后续特征点匹配方便,将距离图像边界小于门限 D_T 的聚类中心也去除。然后,将剩余的聚类中心作为特征点保存。

(2)聚类中心分析。对第 q 个准聚类中心进行如下运算:

$$k'_q = k_q + 1 + \frac{a_{ij}}{\max(a_{ij})} \tag{6-27}$$

$$x'_q = \frac{1}{k'_q}\left\{x_q \times k_q + i \cdot \left[\frac{a_{ij}}{\max(a_{ij})}\right]\right\} \tag{6-28}$$

$$y'_q = \frac{1}{k'_q}\left\{y_q \times k_q + i \cdot \left[\frac{a_{ij}}{\max(a_{ij})}\right]\right\} \tag{6-29}$$

从而得到第 q 个准聚类中心汇聚元素 a_{ij} 后的更新值。

(3)基于聚类的特征点对选取。

1)根据前述确定的聚类中心特征点 $(x_{\text{ref}}, y_{\text{ref}})$,以其自身为中心,确定一个半径为 R_{ad} 的圆模板 W_1。

2)根据图像偏置找到每个特征点在实测 SAR 图像中对应的候选点,并以此候选点为中心确定一个搜索区域。对于搜索区域内的每个像素点,以同样的方法确定一个圆模板 W_2,并计算它与 W_1 之间的互相关系数。当搜索区域内所有像素点均处理完毕,找到具有最大相关系数 ρ_m 的位置 $(x_{\text{rel}}, y_{\text{rel}})$。若 $\rho_m > G_T$(G_T 是灰度相关系数门限),则将 $(x_{\text{rel}}, y_{\text{rel}})$ 作为特征点 $(x_{\text{ref}}, y_{\text{ref}})$ 的同名点进行保存,否则将 $(x_{\text{ref}}, y_{\text{ref}})$ 从模拟 SAR 图像中的特征点库中去除。

3)通过步骤 1)和步骤 2)的处理,可以得到一组特征点对。然而,尽管一些特征点通过了特征点匹配,仍然可能是误配的(本书称之为外点),接下来还需要一个外点筛选的过程。基于特征点对和多项式变换模型,计算得到变换模型参数,并将实测 SAR 图像中的所有特征点变换到模拟 SAR 图像中。假定模拟 SAR 图像中的特征点为 $(x_{\text{ref}\_m}, y_{\text{ref}\_m})$,实测 SAR 图像变换到模拟 SAR 图像中的特征点为 $(x'_{\text{ref}\_m}, y'_{\text{ref}\_m})$,$m = 1, 2, \cdots, M$,其中 M 为特征点的个数,则二者的距离误差可以通过下式来计算。

$$Error = \sqrt{(x_{ref\_m} - x'_{ref\_m})^2 + (y_{ref\_m} - y'_{ref\_m})^2} \qquad (6-30)$$

待所有控制点对的距离误差计算完毕,统计距离误差的中误差 E_T,并将其作为距离筛选门限。若控制点的距离误差大于门限 E_T,则将其作为外点从特征点数据库中去除。根据需要此过程可迭代执行,直至最终精度满足要求为止。

4) 经过外点筛选后可以得到一组较为精确的控制点对,保存这些控制点对的坐标以备图像变换参数计算和匹配精度评估之用。

(4) 特征点匹配。特征点匹配具体过程如下:获得一组较为精确的特征点对后,因其位置只能达到像素级。为了应尽可能地提高特征点匹配的精度,还应该寻求亚像素位置的计算方法。目前求解亚像素位置的方法主要有图像插值法和基于分析的匹配插值法两种,其中图像插值法需要对图像局部区域进行亚像素的插值,计算量相对较大;基于分析的插值法不在图像域进行处理,而是通过对特征点相关曲面的插值来完成亚像素位置计算。假定相关曲面为 $S(a,r)$,最佳匹配位置为 (a_0,r_0),则通过插值估算的相关曲面峰值位置为

$$a = a_0 - \frac{1}{2} + \frac{S(a_0,r_0) - S(a_0-1,r_0)}{2S(a_0,r_0) - S(a_0-1,r_0) - S(a_0+1,r_0)} \qquad (6-31)$$

$$r = r_0 - \frac{1}{2} + \frac{S(a_0,r_0) - S(a_0,r_0-1)}{2S(a_0,r_0) - S(a_0,r_0-1) - S(a_0,r_0+1)} \qquad (6-32)$$

6.7 总　　结

聚类分析类似于分类分析,但与分类分析的目的不同,它是针对数据的相似性和差异性将一组数据分为几个类别,属于同一类别的数据间的相似性很大,但不同类别之间数据的相似性很小,跨类的数据关联性很低。本章介绍了常见的聚类分析算法,包括 K-means 算法、图团体检测算法、层次聚类算法、高斯混合模型(GMM)算法、基于密度的(DBSCAN)算法、均值偏移算法等,然后,结合装备试验中的陪试装备选择问题,提出了基于灰色聚类的陪试装备选择方法。

第7章 试验数据挖掘中的离群点挖掘算法概述及应用

7.1 离群点挖掘概述

离群点挖掘是数据挖掘中非常重要的研究方向之一。离群概念并没有统一的定义，不同的研究领域对离群的定义可能不同。Hawkins 在对离群点的定义中表示，离群点或离群对象就是那些与众不同的、偏离常规数据的数据，这些数据的表现不同于常规数据，以至于被怀疑是由另外一种完全不同的机制产生的。简而言之，离群检测就是检测出数据集中那些存在着潜在危险的、少部分异常的数据。

现今离群点挖掘技术越来越成熟，已经在诸多领域中得到实践应用，例如信用卡欺诈行为检测、电子金融犯罪行为检测、视频监控、天气预报、医学药物图像分析、异常信号检测等。离群点挖掘在机器学习和数据挖掘中有许多其他名称，如异常值检测、异常建模、新颖性检测等。在处理离群点的过程中，最重要的是如何发现和定位离群点，有时错误地消除数据中的离群点可能会丢失重要的隐藏信息。另外，在检测离群点时还需要考虑后续数据挖掘时所需要的特征维度、情景条件等因素，因此离群检测并不只是简单地将离群点挖掘出来，还需对检测出来的离群点进行分析解释，从而得到新的知识或发现数据集中数据产生的新机制。

目前，在离群点挖掘中主要有统计分析方法、距离分析方法、密度分析方法、一分类支持向量机（One-Class Support Vector Machine，One-Class SVM）方法等，下面将分别对这些方法进行介绍。

7.2 基于统计分析的离群点挖掘方法

基于统计分析的离群点挖掘方法一般是建立在对数据的生成概率密度

函数(Probability Density Function,PDF)进行估计的基础上,在估计得到数据样本的生成概率密度函数后,对生成概率密度函数进行阈值处理,定义样本数据空间的正态边界,即可检验后续的测试样本是来自相同的分布"正常"数据还是离群点。这里假设数据是基于潜在的概率分布 P 生成的,并且可以使用样本数据进行估计。估计值 $\hat{P}$ 通常可以表示为一个正态模型,并能够通过某种方式为 $\hat{P}$ 设置离群阈值,此外还要能够合理地解释阈值。

最简单的统计分析离群点检测方法是统计假设检验,用来确定测试样本与"正常"数据是否具有相同的分布。

统计假设检验可以使用直方图来进行,如图 7-1 所示。首先构造直方图,尽管统计假设检验并不假定任何先验统计模型,一般情况下仍要为其提供参数,如指定直方图的类型(等宽或等深的)和其他参数(直方图中的箱数或每个箱的大小),但在一般情况下这些参数并不需要指定数据分布的类型。然后,为了确定一个对象是否离群,可以对照直方图来检验它。在最简单的方法中,若该对象落入直方图的一个箱中,则该对象被看作是正常的,否则被认为是离群点。

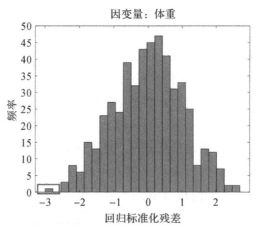

图 7-1　直方图

另一个用于离群值检测的较为简单的统计方案是基于箱型图的统计分析。如应用于分析医学实验室参考数据中的异常值。箱型图用五个数量图形描绘了数值数据组:最小值、下四分位数(Q_1)、中位数(Q_2)、上四分位数

（Q_3）和最大值。箱型图中使用的方法首先对原始数据进行转换，从而得到一个接近正态分布的分布（通过应用 BoxCox 变换）。然后，对变换后的数据分别估计上、下四分位 Q_1 和 Q_3，并利用四分位差 $\text{IQR}=Q_3-Q_1$ 来定义两个检测限：$Q_1-(1.5\times\text{IQR})$ 和 $Q_3+(1.5\times\text{IQR})$，位于这两个极限之外的所有值都会被标识为离群值。

　　箱线图的典型构造如图 7-2 所示，将数据分布划分为四分位，即四个子集。用一个方框表示上、下四分位的位置，此框的内部表示内四分位范围，即上四分位和下四分位之间的区域，包含 50% 数据的分布。线（有时称为 whiskers）被扩展到分布的极值，要么是数据集中的最小值和最大值，要么是内四分位范围的倍数，如 1.5 倍，在此范围以外的一般作为离群点。通常，离群点用符号单独表示，这种类型的图有时被称为示意图。最后，在数据集的中间位置画一个横条与方框相交。框的宽度和填充、异常值的指示以及范围线的范围都是任意的选择，这取决于如何使用绘图以及它所表示的数据。

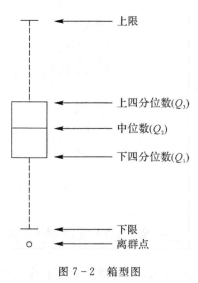

图 7-2　箱型图

　　箱型图在符号的选择上没有普遍的规定。按照 3σ 法则，正态分布的 $\pm3\sigma$ 的区间涵盖了 99.73% 的数据，四分位数应该接近 $\mu\pm0.67\sigma$，内围应该分别接近 $\mu\pm2.67\sigma$，外围应该接近 $\mu\pm4.67\sigma$。因此，如果数据是正态分布，那么会有大约 0.8% 的数据会被排除在内围之外，而有大约百万分之三的数据会在外围之外。箱型图与直方图的对应关系如图 7-3 所示。

直方图和箱型图都是非参数方法检验,而大部分统计检验,例如未经常使用的最大标准残差检验(Grubbs 检验),需要假设训练数据为正态分布,并设置分布参数。Grubbs 检验计算测试数据点与估计样本均值的距离,对于数据集中的每个对象 x,定义距离 z 为 $z=\dfrac{|x-\bar{x}|}{s}$,其中 $\bar{x}$ 是输入数据的均值,s 是标准差,并将距离 z 高于某个阈值的任何点标记为离群值。因此 Grubbs 检验需要确定一个带异常值的正态分布拖尾长度的阈值参数。这些方法被称为参数方法。

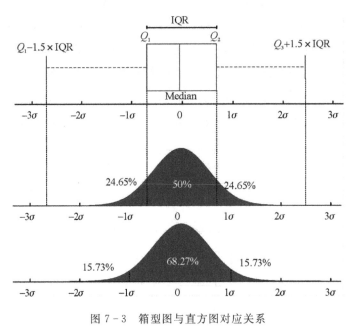

图 7-3　箱型图与直方图对应关系

7.3　基于距离的离群值检测方法

基于距离的离群点挖掘方法,包括最近邻和聚类方法。这些方法主要依赖于定义距离公式,计算出两个数据点之间的距离(即相似性),然后计算出每个数据对象和其最近的若干个近邻数据对象之间的距离关系,最后计算出对象的离群系数并输出最有可能是离群点的数据对象。基于距离的离群点挖掘算法原理简单,易于理解和实现。但该类算法在处理高维度和数据量较大的数据集时算法时间复杂度较高。

7.3.1　基于 KNN 的离群点挖掘方法

K 近邻(K-Nearest Neighbour,KNN)方法是基于非离群点在其训练集中有近邻,而离群点一般位于远离这些点的假设,如果一个数据点离他的 k 个相邻数据点较远,它就被视为离群点。对于单变量或多变量的连续型数据,欧氏距离是一个常用的选择,其他参数如马氏距离也偶尔会被使用。而对于分类型数据,通常使用简单的匹配系数来计算其相似性。最近邻方法中可以使用几个定义好的距离公式来计算两个数据点之间的距离(或相似性计算),大致可以分为基于距离的方法(如到第 k 个最近邻的距离)和基于局部密度的方法(即考虑其中 k 个最近邻距离的平均值)。KNN 离群点挖掘中首先在算法中定义离群点的离群阈值 T,在数据集 S 的 KNN 图中,将 k-近邻距离大于阈值 T 的值视作离群点,其流程如图 7-4 所示。

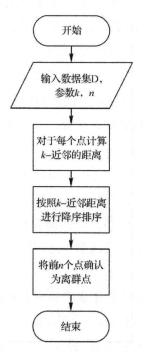

图 7-4　k-近邻算法流程图

KNN 离群点挖掘算法只有两个输入,即离群阈值 T 和近邻数 k,算法较为简单明了,而为了解决算法无法有效地处理高维数据的问题,近年来也有基于 KNN 的高维离群点挖掘改进算法,其中一个趋势是采用进化搜索方法,通过搜索稀疏子空间来检测离群点,如考虑 k 个最近邻居到每个数据点的加权和,并将加权和最大的点分类为离群点,或通过使用希尔伯特空间曲线线性化搜索空间,找到每个点的 k 个最近邻,可将高维数据集用希尔伯特空间填充曲线映射到区间 $[0,1]^n$,从而使其中每个连续的映射都改进了样本在原始高维空间中离群值的估计。又如基于超图的离群点检测(Hypergraph based Dutlier Test,HOT)技术,这是一种检测分类数据中局部异常值的有效方法。一个超图可以定义为一个广义图,由一组顶点和超图边缘组成。在 HOT 算法中使用了超图的边缘部分,它只存储"频繁项集"以及包含这些频繁项集的数据点(顶点)。此算法首先使用 Apriori 算法挖掘所有频繁项集,然后,根据包容关系将它们排列成一个层次。在该算法中,频繁项集 I 表示公共属性,而 I 中的每个属性 A 表示一个潜在的异常属性。对于每个项集 I,存储每个属性 A 不在 I 中的频率直方图,用于计算 A 在数据库中取得的每个值的偏差,从而将属性 A 的偏差大于定义阈值的对象标记为离群点。HOT 方法有两个优点:①缓解了面对海量数据时 k 近邻算法可能因维数诅咒遭遇过拟合的问题;②算法能够利用点的连通性来有效地处理缺失值。另外,对于类别型的数据,一些研究人员提出了其他基于距离的离群点挖掘方法,用于检测类别数据和数值数据中可能出现在"正常"数据点内而不是远离"正常"点的"离群点"。如利用点之间的相似性由相似图来衡量,相似图是一种加权连通无向图,一对点的权重指定了它们之间的相似性,若一个点与相邻点的相似度低于相邻点与相邻点之间的相似度,则该点被认为是离群点。这种相似性图的使用不需要假设离群点远离数据空间中的"正常"点,从而更加适用于类别数据。

基于距离的离群点挖掘方法不需要数据分布的先验知识,并与概率方法共享一部分共同的假设。然而,基于 KNN 的方法依赖于合适的距离计算公式来建立两个数据点之间的相似性,即使对于高维数据中也是如此。此外,大多数算法只能全局识别离群数据点,不能灵活地检测具有不同密度和任意形状的数据集中的局部离群点。另外,在高维数据集中,计算数据点之间的距离的复杂度是非常高的,因此这些技术缺乏可扩展性。

7.3.2　基于聚类的离群点挖掘方法

基于距离的离群点挖掘方法包括 K-means 聚类方法等。在这种一般类型的方法中,"正常"数据点的特征是数据空间中的少量初始点。离群程度通常用一个测试点到最近的初始点的最小距离来衡量。不同的聚类方法使用不同的方式来获取初始点位置。K-means 聚类算法则可能是其中最流行的聚类结构化数据方法,既然在前章中曾介绍过 K-means 算法,这里回顾并简要说明下其在离群点挖掘工作时的原理:

K-means 聚类方法即随机选择 k 个初始聚类中心,计算这些聚类中心与训练集中每个点之间的距离,然后识别离每个聚类中心最近的点。将相应的聚类中心移到最近点的质心上,并重复此过程。在集群中心不再变化后,算法收敛。在进行离群点挖掘时,K-means 算法与 KNN 算法相同,都需要设置离群阈值,从而将与聚类中心的距离超过阈值的数据点标记为离群点。K-means 算法可以在初始点的聚类方法上做许多修改,流行的模糊聚类算法是 K-means 算法的模糊版本,它以概率和可能性描述隶属度:分别是模糊 c-means 和概率 c-means。在概率 c-means 的一种扩展中,算法使用正半定核通过概率聚类建模的方法将隐式输入数据映射到高维空间,并在高维空间中对数据进行离群性分析。此外还有混合方法,混合方法结合了两种基于核的聚类方法(使用模糊和概率 c-means 的概念),用于离群点监测识别。小波变换也能够被应用到离群点挖掘中,在对数据进行小波变换后,在变换后的小波空间对数据簇进行聚类分析,即可以检测不同密度数据在小波域的离群点情况。其他一些研究人员提出了一种对仿真网格数据进行分布式离群点挖掘的方法,大规模仿真数据通常分布式地存储在多台计算机上,由于通信开销和内存限制等问题,无法将数据合并。为了解决这种分布式数据的离群点问题,该方法步骤如下:①利用基于聚类的方法建立来自所有分布式数据源的局部模型,并基于测试点到最近的聚类中心的距离计算点的离群值;②从分布式存储设备中收集所有局部离群值,并与其余每个设备共享,重构局部模型;③利用前一步局部模型结果的集合计算局部离群值。该方法既考虑了作用于局部点的离群模型的质量标准,又考虑了作用于所有局部离群点的多样性标准,从而从全局的角度完成了分布式数据的离群点挖掘。

基于聚类的离群点挖掘方法可以用于增量模型,即新的数据点可以直接输入系统并测试其是否是离群的。在此基础上开发的一些新算法优化了离群点挖掘过程,主要是减少数据集大小对算法时间复杂度的影响。但是,这些算法必须选择合适的集群阈值,而且更易受到数据维度的影响。

基于聚类的离群点挖掘方法可以用于增量模型,即新的数据点可以直接输入系统并测试其是否是离群的。在此基础上开发的一些新算法优化了离群点挖掘过程,主要是减少数据集大小对算法时间复杂度的影响。但是,这些算法的缺点是必须选择合适的集群阈值且更易受到数据维度的影响。形如 $K-means$ 的基于聚类的方法需要计算数据点之间的距离,在应用于离群点挖掘时,需要假设距离(相似度)测量可以区分离群数据点和正常数据点。

7.4 基于密度的离群值检测方法

基于统计学和基于距离的离群点挖掘方法都依赖于给定数据的"全局"分布。然而,数据通常都不服从均匀分布,对于密度相差很大的数据集,传统的基于统计的和基于距离的离群点挖掘方法遇到很多不可预估的困难。从离群点挖掘自身的角度来讲,离群点可以分为全局离群点和局部离群点。全局离群点是从整个数据集的角度而言表现异常的点,这类离群点较易检测、较易挖掘,局部离群点顾名思义是在数据集的局部表现奇异的点,这类离群点不易检测出来。直到提出基于密度的离群检测算法并提出了局部离群因子这一概念时,局部离群点才引起研究者真正重视,并逐渐成为离群检测中的热门研究课题。

关于局部离群点的概念,在本书中使用的定义为:一个数据对象,如果相对于它自身的局部邻域是远离的,特别是邻域的密度较小,那么就称该对象为局部离群点(Local Outlier)。局部离群点的关键是不认为离群点是一种二元性质,而是评估某个数据点离群的程度,这种离群程度被称为局部离群因子(Local Outlier Factor,LOF)。称其为局部的,是因为离群程度依赖于邻域,且相对于其邻域的其他点是孤立的。在此情况下,基于密度离群点挖掘方法既可以检测出全局离群点,同时也可以检测出局部离群点。

局部离群因子(LOF)算法如图 7-5 所示:对于 C_1 集合中的点,整体间距、密度和分散情况较为均匀一致,可以认为这些点属于同一个簇;对于 C_2 集合中的点,同样可以认为是一簇。o_1、o_2 点相对孤立,可以认为是离群点或异常点。局部离群要解决的问题是，如何实现通用算法，识别密度分散情况不同的 C_1 分布与 C_2 分布的离群点。

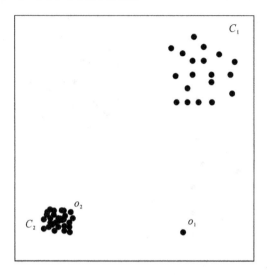

图 7-5　密度不同的离群点

对于 LOF 算法，必须先了解与此算法相关的五个概念：k 距离、k 距离邻域、可达距离、局部可达密度、局部离群因子 LOF。

（1）k 距离：对于数据集中的任意点 q，与 q 点最近的第 k 个距离被称为点 q 的 k 距离，记作 $k\text{-distance}(q)$，这里指的距离为欧式距离。

（2）k 距离邻域：对于数据集中的任意点 q，把所有距离不大于 q 的 k 距离的数据对象点所形成的邻域称之为 k 距离邻域。

（3）可达距离：设 p、q 为数据集中的任意两个数据点，那么数据点 q 到数据点 p 之间的可达距离定义为

$$\text{reach-dist}_k(q,p) = \max\{d(q,p), k\text{-distance}(p)\} \qquad (7-1)$$

数据点 p、q 之间的可达距离记作 $\text{reach-dist}_k(q,p)$，其中 $d(q,p)$ 表示点 p、q 之间的欧氏距离，而 $k\text{-distance}(q)$ 表示数据点 p 的 k 距离。

如图 7-6 所示，当 $k=4$ 时，可达距离的概念可以理解为如果对象 p 远离 o（如图 7-6 中的点对 o_1 和 p），那么两者之间的可达距离仅是它们的实际距离。然而，如果它们"足够"地靠近（如图 7-6 中的点对 o_2 和 p），那么实际距离被 o 的 k 距离替代。这样做的原因是，所有的 $d(p,o)$ 的统计波动可

以显著减小。这个平滑效果可以通过参数 k 来控制。k 的值越大,在同一邻域内对象的可达距离越相似。

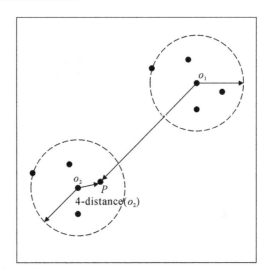

图 7 - 6 $k=4$ 时可达距离示意图

（4）局部可达密度:数据点 q 的局部可达密度是指 q 点到其邻域内的最大的前 k 个距离平均值的倒数,这是对 q 点局部密度的度量,因此用“密度”表示。通常局部可达密度记为 lrd,即

$$\text{lrd}_k(q) = \frac{|N_k(q)|}{\sum_{p \in N_k(q)} \text{reach} - \text{dist}(q, p)} \qquad (7-2)$$

式中:$N_k(q)$ 表示的是距离数据点 q 最近的 k 个点的集合,$|N_k(q)| = k$。式 (7-2) 定义的局部可达密度 $\text{lrd}_k(q)$ 衡量了数据点 q 在其前 k 个最近点集合内的稀疏程度,若 $\text{lrd}_k(q)$ 值较大,则表明 q 点在 k 个点中的分布较稠密,因此为正常点。反之,当 $\text{lrd}_k(q)$ 值较小时,表明数据点 q 在 k 个点中的分布较稀疏,则数据点 q 为离群点。

（5）局部离群因子 LOF:局部离群点因子表征了数据点的离群程度,也是衡量一个数据点离群的可能性大小的指标,其定义为

$$\text{LOF}_k(q) = \frac{\sum_{p \in N_k(q)} \dfrac{\text{lrd}_k(p)}{\text{lrd}_k(q)}}{|N_k(q)|} \qquad (7-3)$$

对象 p 的局部异常因子表示 p 的离群程度。如果这个比值越接近 1,说

明 p 与邻域点的密度相差不多,即 p 和邻域同属一簇;如果这个比值越小于 1,说明 p 的密度高于邻域点密度,p 为密集点;如果这个比值越大于 1,说明 p 的密度小于邻域点密度,即 p 是离群点,因此 LOF 指标量化了该点相对于其邻域密度的孤立程度。LOF 算法适用于不同密度的数据,并且可以得出每个对象的 LOF 值,来判断其是否为一个离群点。但此方法计算较为复杂,也具有一定的局限性。因此,在经典 LOF 算法的基础上,学者进一步研究,提出了局部相失积分(Local Gorrelation Integral,LOCI)的类似方法。LOCI 通过使用数据驱动的方法解决了在 LOF 技术中选择邻域数量值的困难。局部邻域被定义为使得每个点具有相同的邻域半径,而不再是固定数量的邻点。LOCI 使用多粒度偏差因子的概念来测量点的局部邻域密度与其邻域中的平均局部邻域密度的相对偏差。然后,通过将点的多粒度偏差因子与数据导出的阈值进行比较,超出阈值的点即会被标记为离群点,可以看出该算法中为局部邻域选择合适的半径对于高维数据集变得至关重要。在其他的 LOF 改进算法中,GridLOF 使用简单的基于网格的技术来删除一些非离群点,然后只计算剩余数据的 LOF 值,避免对所有点的 LOF 的计算,进而降低了时间复杂度。另一个改进 LOF 算法考虑了点在其邻域中的密度和该点与其他点的连接程度,使用基于连通性的离群值因子来计算离群值,即从测试点到其 k 个最近邻点的平均距离与从其 k 个最近邻点到其自身 k 个最近邻点的平均距离之比。同样将连通性离群因子最大的点标记为离群点。这种方法在针对稀疏数据集时,能够更有效地检测另一种局部密度测量使用基于相对密度因子(RDF)的高效密度离群点挖掘方法。该方法通过对比一个点与其相邻点之间的密度来确定离群程度。在计算过程中,先使用 FP-Trees 方法有效地先去除一些非离群点减小计算量,然后用剩余的数据子集计算 RDF,并将 RDF 大于预设阈值的点标记为离群点。

与基于距离的方法相同,基于密度的离群点挖掘方法必然具备 $O(m^2)$ 的时间复杂度,计算复杂度较高,对于大型数据集来说,实用性较低。同时其参数选择比较困难。虽然 LOF 算法可以通过观察不一样的 k 值,取得最大离群点评价值来处理该问题,但仍然要设置 k 和评价值的上下界,而通常这些上下界的设置方法上没有较好的统一标准。不过由于 LOF 方法能够检测局部离群点,因此 LOF 算法和基于该算法改进算法广泛用来处理多种数据类型,如应用于检测气候数据、蛋白质序列、网络入侵和视频传感器数据中的空间离群点等。

7.5 基于重构的离群点挖掘方法

基于重构的离群点挖掘方法属于非常灵活的方法类别,这些方法经过训练,可以对基础数据分布进行建模,而无须对数据的属性进行先验假设。在对数据进行自主建模的基础上,模型可以通过训练神经网络和子空间等方法建立。

7.5.1 基于神经网络的离群值检测方法

目前,专家们已经提出了多种用于离群值检测的神经网络模型,如后向传播神经网络体系结构[多层感知器(Multilayer Perceptron,MLP)]具有检测离群点的能力。该网络的其中一种检测方法是使用最高输出值进行检测,若该值保持在阈值以下,则将点标记为离群点。另一种方法计算输出和所有目标点之间的距离,并将最小距离超过预定义阈值的点标记为离群点。在该网络的基础上,人们还探索了概率神经网络的适用性,概率神经网络包含与训练集中的点一样多的节点,其中与这些节点的连接和训练数据的特征值一起加权。属于同一类别的点可以首先聚类,然后将群集中心用作初始连接权重。当测试数据时,每个输出单元可以包含与该类别相关的先验概率和错误分类的成本,计算属于该类别的数据的准概率。如果准概率最高输出值位于预定义的阈值以下,那么可以假定模式属于网络未表示的离群类。该方法作为总体分类器能够识别出全局离群点。在无监督离群点挖掘方面,提出过的模型有长短期记忆网络、生成对抗网络、自动编码器、降噪自动编码器、空间变换网络、递归神经网络等,因无须对模型提前训练的特点,无监督方法属于高性价比的方法,但是对于复杂高、维度高的数据,该类网络也很难捕捉到数据的内在属性。此外,还有基于单分类神经网络的离群点挖掘方法,这种方法利用深度神经网络的优势逐步确定单分类的边界,凭借单分类边界孤立出离群点,整个算法的计算复杂度只与选择的深度网络类型有关,并且无须存储数据用于预测,因此对主存要求较低。

7.5.2　基于子空间的离群点挖掘方法

基于子空间建模的离群点挖掘方法使用属性的组合来描述训练数据中的可变性。这些方法假设可以将数据投射或嵌入到较低维的子空间中,在该子空间中,可以更好地将"正常"数据与"异常"数据区分开。主成分分析(Principal Component Analysis,PCA)是一种将数据使用正交基础转换为较低维的子空间的方法。作为一种降维方法,PCA 可以将数据进行线性变换,并找出数据中信息含量最大的主要成分,常用来去除数据中信息含量较低的成分,减少冗余,降低噪声。

通常在离群点挖掘问题中,噪声(Noise)、离群点(Outlier)和异常值(Anomaly)是对同一件事情的不同表述。PCA 虽然是一种降维方法,但是因为它可以识别噪声,所以也被广泛地应用于异常检测问题中。

PCA 应用在离群点挖掘方面,主要有如下两种思路。

(1)将数据映射到低维特征空间,然后在特征空间的不同维度上查看每个数据跟其他数据的偏差。

PCA 在特征值分解之后得到的特征向量反映了原始数据方差变化程度的不同方向,特征值为数据在对应方向上的方差大小。因此,最大特征值对应的特征向量为数据方差最大的方向,最小特征值对应的特征向量为数据方差最小的方向。

原始数据在不同方向上的方差变化反映了其内在特点。如果单个数据样本与整体数据样本表现出的特点不太一致,比如在某些方向上单个数据样本与其他数据样本偏离较大,这表示该数据样本是一个离群点。

对于某个特征向量 e_j,数据样本在该方向上的偏离程度 d_{ij} 为

$$d_{ij} = \frac{(x_i^{\mathrm{T}} \cdot e_j)^2}{\lambda_j} \tag{7-4}$$

式中:λ_j 表示对应特征向量 e_j 的特征值,它起到了归一化的作用,使得不同方向上的偏离程度具有可比性。

在计算出数据样本在所有方向上的偏离程度之后,为了给出一个综合的异常得分,最常见的做法是将样本在所有方向上的偏离程度加起来,即

$$\mathrm{Score}(x_i) = \sum_{j=1}^{n} d_{ij} = \sum_{j=1}^{n} \frac{(x_i^{\mathrm{T}} \cdot e_j)^2}{\lambda_j} \tag{7-5}$$

$Score(x_i)$ 是计算离群值的一种方式,不同的算法有不同的评价方式。

(2)将数据映射到低维特征空间,然后由低维特征空间重新映射到原空间,并尝试用低维特征重构原始数据,比较重构误差的大小。

PCA 提取数据的主要特征,如果一个数据样本不容易被重构出来,表示这个数据样本的特征跟整体数据样本的特征不一致,那么它更有可能是一个异常的样本。

如果假设样本 x_i 基于 k 个特征向量重构得到的样本为 x_{ik},那么只需定义这种"重构误差",就能进行异常检测。公式如下:

$$\left.\begin{aligned} Score(x_i) &= \sum_{k=1}^{n}(\,|\,x_i - x_{ik}\,|\,)\times ev(k) \\ ev(k) &= \frac{\sum_{j=1}^{k}\lambda_j}{\sum_{j=1}^{n}\lambda_j} \end{aligned}\right\} \qquad (7-6)$$

式(7-6)考虑了重构使用的特征向量个数 k 的影响,将 k 的所有可能做了一个加权求和,得出一个综合的异常得分。显然,基于重构误差来计算异常得分的公式也不是唯一的。

基于子空间的离群点挖掘方法以 PCA 为代表,后续又产生了如用于离群点挖掘的核 PCA 方法。核 PCA 方法在进行 PCA 之前,通过核函数将点映射到高维特征空间,将标准 PCA 扩展到非线性数据分布,该方法已应用于空间恒星群的天文数据预测。另一种基于 L1 范数的核 PCA 方法在离群点挖掘中对"正常"点的训练效果表现出了比使用 L2 范数的核 PCA 更加鲁棒的特点。此外,非线性曲线分析,即一种用非线性变换进行降维的自适应算法,也被用来尝试进行离群点挖掘,它可以根据输入和输出空间中的点距离求得最小损失函数,并将原始数据映射到投影子空间中,从而在尽可能地保留原始空间中点的结构信息的前提下对数据进行降维,尽量避免 PCA 导致的原数据距离信息的损失。在对比非线性曲线分量分析、主成分分析、最近邻方法和随机投影方法后,可以发现非线性曲线分量分析由于其更强大的非线性性质,能够更好地发现更高维度数据中的离群点,但在使用最近邻分类器的情况下,PCA 对低维数据的离群点挖掘效果更好。

在面对高维数据时,由于检测性能对网络结构和参数比较敏感,如何设计高性能的网络是一个大的难题。对于基于子空间的离群点挖掘方法,同样必须选择适当的参数值来控制到低维空间的映射,在此过程中很难确定哪些是关键属性,同时准确估计正常点的相关矩阵运算时间复杂度也比较高。

7.6 基于域的离群点挖掘方法

基于域的离群点挖掘方法需要根据训练数据集的结构来创建一个边界。这些方法通常对目标类的具体采样和密度不敏感,因为它们描述的是目标分类的边界,或者说是域,而不是类的密度,而后根据边界和域判断未知数据是否属于离群点,如下述将介绍的支持向量数据描述的离群点挖掘方法和一分类 SVM(One-Class SVM)。其中一分类 SVM 与常用的二分类 SVM 一样,也只使用那些最接近边界的数据(在转换后空间中),即支持向量,来确定离群点边界的位置。在设置离群点边界时,训练集中的所有其他数据(那些不属于支持向量的数据)不被考虑,因此,训练集中的数据分布不会被考虑进离群点的检测中。以一分类 SVM 为代表的一类离群点挖掘算法,其中心思想是不符合正常数据特征的点都是离群点。

7.6.1 基于支持向量数据描述的离群点挖掘方法

支持向量数据描述(Support Vector Data Description,SVDD)是一种适用于离群点挖掘的分类方法。SVDD 的基本思想是建立一个最小的超球体,利用这个超球体去尽可能地包含所有的数据,当要测试一个新的数据时,只需要判断数据是在超球体内还是超球体外就可以实现分类,如图 7-7 所示。

为了建立超球,首先需要以尽可能小的一个超球体去包含尽可能多的数据,即在建立超球体的过程中需要对超球体的半径做约束,其次需要这个超球体有一定的容错的能力,即允许一些点落在超球体外部,基于此,可以建立如下的约束优化问题:

$$\left.\begin{array}{l} \min_{R,c,\xi} R^2 + C\sum_i \xi_i \\[2mm] \text{s.t. } \|\phi_k(x_i) - c\|^2 \leqslant R^2 + \xi_i, \xi_i \geqslant 0, \forall i \end{array}\right\} \qquad (7-7)$$

式中:$\varphi_k(x_i)$ 可看作一个映射函数,它可以将原始数据映射至一个特征空间中,如支持向量机中的核函数或者神经网络等;c 是超球体中心;R 为超球体半径;ξ 为松弛因子。

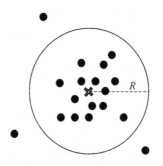

图 7 - 7　SVDD 中的超球

使用拉格朗日乘子法求解上述约束优化问题,可得

$$
\left.
\begin{array}{l}
c = \sum_{i=1}^{n} \alpha_i \Phi(x_i) \\[2mm]
R = \sqrt{K(x_k,x_k) - 2\sum_{i}\alpha_i(x_i \cdot x_k) + \sum_{i,j}\alpha_i\alpha_j(x_i \cdot x_j)}, \ x_k \in \mathrm{SV}
\end{array}
\right\}
$$

$$(7-8)$$

式中:α_i 是样本 x_i 的拉格朗日系数;SV 为样本集合;$K(x,x)$ 为核函数。由于 $\sum_{i}\alpha_i = 1$,求解出来的 α_i 大多都为 0,只有少部分大于 0,这部分大于 0 的系数所对应的样本便称为支持向量。

对于任意的数据点,如果 $\| z-c \|^2 > R^2$,即点在超球外部,则判断其为离群值,如果 $\| z-c \|^2 \leqslant R^2$,即点在超球内部,则判断其为正常值。在 SVDD 的基础上,该方法还有一定的扩展,以提高超球状离群性边界的边缘。如"小球体和大边际"方法,用一个超球体包围正常数据,使得从任何离群点到超球体的边际达到最大。在此基础上还有进一步的改进,改进方法旨在得到最大化的超球表面与异常数据之间的边际以及该表面与正常数据之间的边际,同时使超球的体积最小。另一种 SVDD 改进算法使用多个超球来生成域和边界,其中考虑了一组具有不同中心和半径的超球。这种方法的优化问题是通过引入松弛变量和应用迭代算法来解决的,该算法包括两个备选步骤:一个是计算半径、超球中心和松弛变量,另一个是确定每个数据点所属的

超球数量。多个数据集的实验结果表明,多超球 SVDD 在所有情况下都比原始 SVDD 表现更好。为了提高算法速度,还有另一种高效的 SVDD,首先利用基于核函数的模糊 c 均值聚类技术找到临界点,然后利用这些点的图像重新计算 SVDD 的中心。最终的决策函数在集群数量上是线性的,与一分类 SVM、SVDD 等在预测性能和学习时间方面的比较表明,这种高效 SVDD 具有更快的计算速度。

7.6.2　基于一分类 SVM 的离群点挖掘方法

一分类 SVM 主要针对那些异常样本比较有限,又或者是从未碰到过的情况,在这种情况下,依赖异常样本进行训练的离群点挖掘算法性能会比较差,因此一分类 SVM 反过来通过描述正常样本来区分离群点。

一分类(One-Class)问题是为了找到一个超平面而提出的,这个超平面能够将所需的一部分训练模式从特征空间的源 F 中分离出来。这个超平面不能在原始特征空间中被找到,因此,需要一个映射函数:$\Phi: F \rightarrow F'$,将 F 映射到核空间 F'。当使用高斯核函数时,可以证明总能够找到这种超平面。

高斯核函数可以表示为

$$K(x, y) = \Phi(x) \cdot \Phi(y) = \exp(-\gamma \parallel x - y \parallel^2) \tag{7-9}$$

问题可以形式化地表示为

$$\min_{\boldsymbol{w}, \boldsymbol{\xi}, \boldsymbol{\rho}} \left(\frac{1}{2} \parallel \boldsymbol{w} \parallel^2 - \rho = \frac{1}{mC} \sum_i \xi_i \right) \tag{7-10}$$

满足条件:

$$\boldsymbol{w} \cdot g\Phi(x_i) \geqslant \boldsymbol{\rho} - \xi_i, \quad \xi_i \geqslant 0 (i = 1, \cdots, n) \tag{7-11}$$

式中:w 是超平面的正交向量;C 是允许被拒绝的训练模式的比例(也就是说这部分训练模式没能被超平面分离);x_i 是第 i 个训练模式;m 是训练模式的总数,$\boldsymbol{\xi} = |\xi_i, \cdots, \xi_m|$ 是一组松弛向量;ρ 是间隔,也就是超平面和源的距离。

上述问题的解就对应着一个决策函数,对于一个测试模式 z,可以定义为

$$f_{\mathrm{svc}}(z) = I \Big[\sum_i \alpha_i K(x_i, z) \geqslant \rho \Big] \tag{7-12}$$

式中：$\sum\limits_{i=1}^{m}\alpha_i = 1$；$I$ 是示性函数，如果 x 为真，那么 $I(x) = 1$，否则为 0。

可以看出：一个模式 z 要么被拒绝，判定为 0；要么被接受，判定为 1。

因为训练样本只有一类，所以函数的目标不再是找到正负样本的最大间隔，而是寻找与源距离最大的间隔 ρ，从而刻画出训练数据的轮廓。如果一个测试样本被接受，那么视为正常；如果被拒绝，那么视为离群点。

通过对短时间、基于能量的统计数据进行分类，将颅内脑电图时间序列映射为相应的离群性分数序列，一分类支持向量机被应用到癫痫发作检测中。该模型使用正常的脑电图来训练，包含发作活动的时期在特征空间的分布上表现出变化，这增加了某些离群点的比例，算法在该种情况下有理想的表现。也可以将一分类 SVM 方法扩展到时间序列离群点挖掘中，利用延时嵌入过程将时间序列展开到相空间中，并将相空间中的所有向量投影到子空间中，从而避免了极大值或极小值造成的偏差，然后将一分类支持向量机应用于子空间中的投影数据，并最终标记出离群点。基于支持向量回归（SVR）的在线时间序列离群点挖掘方法，在基于核函数生成的高维特征空间中构造线性回归函数。虽然 SVR 训练算法具有良好的泛化特性，可以有效地处理高维数据，但每当观察到新的正常样本时，SVR 训练算法都需要进行再训练，这对于在线算法来说是低效的。因此又有研究提出了一种增量式支持向量机训练算法，在训练集中增加或删除样本时对模型进行有效的更新。为了进行离群点挖掘，该算法定义了一个匹配函数来确定测试序列与正常模型的匹配程度。另一种一分类核 Fisher 判别分类器，可以避免预先指定离群值的期望分数。该方法将基于核函数的一分类器与诱导特征空间中的正态密度估计相结合，继承了利用正则化技术获得的低复杂性控制机制，与正态密度估计的关系使得能通过量化与正态模型的偏差来确定离群对象。

基于一分类 SVM 的离群点挖掘方法只使用那些最接近新奇边界的数据来确定新奇边界的位置，而不依赖于训练集中数据分布的属性。这些方法的优点是不需要离群样本的信息，缺点是算法的复杂度与核函数的计算有关，尽管已经提出了一些扩展来克服这个问题。此外，选择控制边界区域大小的参数值也并不容易。

7.7　离群点挖掘算法在装备试验领域的应用

在某型号装备的试验过程中,其某测量参数的直方图(见图7-8)统计分析如下。

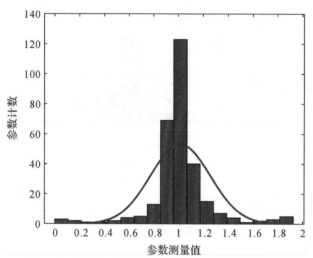

图7-8　某装备测量参数统计直方图

可以看到在统计直方图的正态分布曲线拖尾处有一定的偏离值数据,继续使用箱型图对其数据分布进行统计可以得到图7-9。

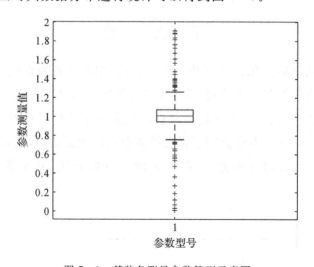

图7-9　某装备测量参数箱型示意图

在箱型图的统计中可以直观地看出,在数据上下限(这里取默认值内四分位范围的 1.5 倍)外的数据都被标记为离群点。将两张图放在一起对比,如图 7-10 所示,可以发现箱型图可以较好地将大部分正常点与离群点分开,达到了离群点挖掘和数据预处理的目的。

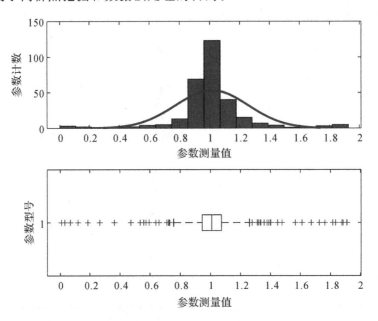

图 7-10 某装备测量参数直方图与箱型图对比

7.8 总 结

离群点或离群对象就是那些与众不同的、偏离常规数据的数据,这些数据的表现不同于那些常规数据,以至于被怀疑是由另外一种完全不同的机制产生。简而言之,离群点挖掘就是分析出数据集中那些存在着潜在危险的、少部分异常的数据。本章介绍了常见的离群点挖掘算法,包括基于统计分析的方法、基于距离的分析方法、基于密度的分析方法、基于重构的分析方法等。

第 8 章 装备试验中的时间序列数据分析挖掘方法概述及应用

时间序列数据广泛存在于在工业、医药、金融、科学、物联网、电力、天文、音乐等领域之中,从电子健康记录、人类活动识别,到声学场景分类和网络安全等方面。近几十年来,计算机领域取得了巨大的进步,计算机硬件向着更小、更强大、更高效、更廉价发展,从带有附加传感器的微型便携式计算机到以数据的形式为现代互联网提供动力的大型数据中心,更多的硬件资源带来了更多的时间序列数据,可穿戴设备、机器学习技术和图形处理器(Graphics Processing Unit, GPU)的进步也彻底改变了可供挖掘的时间序列数据的数量和质量。各行业对时间序列数据重要性的认识不断加深,逐渐形成了对时间序列数据采集、数据存储、数据挖掘等一系列的时间序列数据相关应用和研究,而随着计算和数据资源的增加,时间序列分析有望继续快速发展。在装备试验领域,时间序列数据在航迹预测、信号识别分选等方面都有着广泛的应用和研究价值。本章主要介绍时间序列数据常用的分析挖掘方法以及在装备试验数据分析领域的应用。

8.1 时间序列数据分类算法

时间序列分类任务主要是给定时间序列的集合,每个集合有一个标签,任务在于训练一个分类器,并标记新的时间序列。如使用基于动态时间规整(Dynamic Time Warping, DTW)决策树对时间序列进行分类。或使用 DTW 将时间序列嵌入低维的距离,然后使用拉普拉斯特征图的空间,此算法中这个嵌入旨在提高准确性和性能。又如使用 DTW 的 1NN 分类算法,与前几种算法相比,尽管计算速度受到重复 DTW 计算的影响,但算法仍在准确性上有显著优势。

时间序列数据分类是序列数据挖掘研究中的重点问题,与典型的分类方法不同,时间序列分类不仅需要考虑不同维度数据之间的相关性,更要考虑时间序列数据中的时序问题,因此,与传统分类方法相比,难度更大。时间序列分类方法有很多种,本章将时间序列分类方法分为 4 类,分别为基于模型的分类方法、基于全局特征的分类方法、基于局部特征的分类方法和基于组合的分类方法。

8.1.1　基于模型的分类方法

基于模型的分类方法使用的模型主要为拟合回归模型、隐马尔可夫模型以及核函数模型等。对多组时间序列数据进行分类,首先需要选择一个特定模型,再根据数据特点,对模型进行优化,而后用模型对每组时序数据进行表示,最后根据生成模型的相似性来实现时间序列分类。通常情况下,基于模型的分类方法不具有泛化性,一般都是针对具体的数据集进行相应的优化设计。对于绝大部分数据集,单独使用基于模型的分类方法,分类效果并不理想,因此,它们通常作为最终分类策略的一个子策略使用。

8.1.2　基于全局特征的分类方法

基于全局特征的分类方法。将时间序列数据作为对象来提取特征,利用相似性度量函数计算时间序列数据之间的相似性进行分类。通常情况下,基于全局特征的时间序列分类方法利用最近邻分类器(1 Nearest Neighbor Classifier,1NN)并根据不同序列之间的相似性计算结果进行分类。基于全局特征的分类算法又可以细分为以下两类:

(1)基于时间域距离的分类方法。该类方法主要通过计算不同序列之间时间域距离的远近来反映时间序列之间的相似性,距离越近相似性越高,反之距离越远相似性越低。在该类方法中,两个基准距离计算方法为欧拉距离(Euclidean Distance,ED)和动态时间规整(Dynamic Time Warping,DTW)。近年来,研究者还提出了最长共同子序列、编辑距离、加权动态时间规整、时间规整编辑距离、移动—分解—合并距离等距离计算方式进行时间序列分类。

(2)基于微分距离的分类方法。该方法进行相似性距离计算是将原始时序距离与微分时序距离相结合来进行的,进而实现最终的数据分类。基于微分距离的时间序列数据分类方法有微分变换距离、衍生动态时间规整以及复杂度不变距离等。

8.1.3　基于局部特征的分类方法

基于局部特征的时间序列分类方法是提取时间序列中的子序列作为特征来进行分类的。这种方法的核心在于找到适用于分类算法的局部时序特征,该方法相比于全局特征分类方法的好处在于子序列的长度要远远小于整条时间序列的长度,因此,分类器在分类效率方面会远远高于全局特征构建的分类器。目前基于局部特征的分类算法主要有以下 3 类:

(1)基于词典的分类方法。这类方法的核心是对局部时间序列进行特征表示形成字符串序列,然后根据单词的分布情况进行分类。该类方法由 Lin 等人在 2012 年提出,他们对时间序列进行符号化聚合近似,随后统计其中各个单词出现的频率并计算两个时间序列相应单词出现频率之间的欧拉距离,最后使用最近邻分类器(1NN)进行分类。另一种延伸是在单词出现的频率上利用支持向量机来进行分类,以提高分类的效率。

(2)基于间隔的分类方法。基于间隔的分类方法将时间序列划分为若干个间隔,然后分别从每个间隔中提取特征。例如,将时间序列划分为等长的间隔,随后计算每个间隔的均值和标准差,并使用支持向量机来进行分类。或者可以将时间序列间隔与机器学习相结合,首先从时间序列中随机选取一定数量的子序列,随后通过自相关的方式进行调整,进而获取间隔内部的回归模型指导时间序列的分类操作。

(3)基于 Shapelet 的时序数据分类方法。该方法需要首先从已知类标签的全体时间序列中寻找到能够反映相应分类特征的子序列集合,并利用这些子序列进行后续的时间序列分类操作,而具有明显分类特征的子序列被称为 Shapelet。基于 Shapelet 的分类方法由 Ye 和 Keogh 在 2009 年提出。与其他分类方法相比,基于 Shapelets 的时间序列分类方法具有以下优点:首先,该方法使用少数子序列(其长度一般远小于原始序列的完整长度)作为特征对时间序列分类,因此该类方法往往具有较高的分类效率。其次,该方法可以根据相应的 Shapelets(局部特征子序列)对最终的时间序列分类结果给出非常直观的分类依据,换而言之,基于 Shapelets 的分类方法具有对分类结果进行合理"解释"的能力。最后,基于 Shapelets 的时间序列分类方法准确率较高。

8.1.4 基于组合的分类方法

基于组合的分类方法从集成学习的角度进行分类。Lines 等人提出了弹性集成(Elastic Ensemble,EE)方法,EE 方法内部包含 11 种距离度量算法并结合 1NN 构建出 11 个子分类器分别进行相应分类操作,最后通过投票策略进行分类结果集成。相关实验结果表明集成后的分类模型的准确率显著高于任意一个子分类器。Bagnall 等人提出了集成 35 个分类器的基于变换的集成(Collection of Transformation Ensembles,COTE)方法,在 COTE 方法的基础上,Lines 等人又提出增加了分层投票系统的 HIVE-COTE 方法,上述方法将多个子分类器进行集成,子分类器涉及弹性距离度量、Shapelets 识别、频谱分析等各种时间序列特征表示与转换策略,实验表明组合方法的分类准确率明显高于当前绝大多数的时间序列分类算法,但是不可避免的是组合方法具有极高的时间复杂度。因此,与基于单一分类器的时间序列分类方法相比,组合方法的分类精度更高,但是由于其内部包含了多种不同的分类模型,该方法的整体分类训练时间也会相对较长。

8.2 时间序列聚类算法

时间序列挖掘的聚类任务是将时间序列数据集划分成若干相似的组或类的过程,同组内序列间的相似度较高,而不同组间的序列不相似。

在聚类和基于距离的分类的情况下,可以选择使用特征或使用原始时间序列作为输入。为了使用时间序列本身作为输入,使用 8.1 节提到的动态时间规整(DTW)的距离度量,本节将对它进行详细介绍。DTW 可以直接应用于时间序列,在时间序列数据中保留完整的时间顺序信息集,而不是将其压缩成一个集合特征。

DTW 的规则如下:

(1)一个时间序列中的每个点都必须与其他时间序列中的至少一个点相匹配。

(2)每个时间序列的第一个和最后一个索引必须与其他时间序列中的对应部分匹配。

(3)点的映射必须使时间向前而不是向后移动。

DTW 的定义公式如下：

$$D_{\text{dtw}}(X,Y) = \begin{cases} 0, & i = j = 0 \\ \infty, & i = 0 \text{ or } j = 0 \\ \text{Com\_Dist}(x_1, y_1) + \\ \quad D_{\text{dtw}}[\text{Rest}(X), \text{Rest}(Y)], \\ \min \begin{cases} D_{\text{dtw}}[\text{Rest}(X), \text{Rest}(Y)], \\ D_{\text{dtw}}[\text{Rest}(X), Y], \qquad \text{otherwise} \\ D_{\text{dtw}}[X, \text{Rest}(Y)], \end{cases} \end{cases} \qquad (8-1)$$

式中：$\text{Rest}(X)$ 表示序列 X 除去第一个点之后的剩余序列。

当序列 X 与 Y 等长时，可直接采用欧氏距离计算二者的距离；当 X 和 Y 长度不同时，采用 DTW 方法寻找两个时间序列中的最佳规整路径，并计算相应的距离。如用 DTW 计算序列 $X = \langle 1,1,1,10,2,3 \rangle$ 与 $Y = \langle 1,1,1,2,10,3 \rangle$ 的距离为 $D_{\text{dtw}}(X,Y) = 18$。可见，相比于欧氏距离度量，DTW 的度量结果能更准确地反映两个序列之间的相似程度。

DTW 允许时间序列中的点经过自我复制之后再进行等长匹配，克服了欧氏距离由于时间序列发生扭曲变形而无法匹配的问题，支持时间序列平移，可灵活地处理多相位时间序列。但 DTW 对噪声非常敏感，若不对匹配过程进行优化，则计算复杂度可能会达到 $O(n^2 \times L)$，其中，L 为序列长度。

为了提高聚类效率，改善聚类性能，演化出许多改善 DTW 距离度量方法：如使用 K-means 与 DTW 距离相结合的时间序列数据聚类方法；采用基于重心法的平均 DTW 方法，该方法计算样本间的距离，进而得到不同的聚类簇；又如动态时间规整距离测量的时间序列形状平均聚类，利用重采样 DTW 和混合 DTW 提供更好的精度，相比原始的 DTW，性能更高。

一般而言，基于 DTW 的聚类比基于特征的聚类效果要好，但 DTW 的计算时间要更长，目前大部分基于 DTW 距离的分类或聚类的算法都是从时间复杂度方向入手进一步优化。下面主要介绍几种常见算法。

8.2.1 基于 K-means 的时间序列数据聚类

利用 K-means 算法进行时间序列数据聚类，需要考虑 K-means 算法的相似度度量函数。一般来说，K-means 算法采用欧几里的距离函数，并对其进行了一定优化。而欧几里的距离函数针对时间序列数据的定义方式和多维数据类似。因此，在使用 K-means 算法进行时间序列数据聚类分析时，主要应用于时间序列长度相等，且时间存在一一对应关系的序列数据。

8.2.2　基于 K-medoids 的时间序列数据聚类

针对 K-means 算法不能对任意的相似度函数进行结合的问题，学者提出了利用 K-medoids 算法进行时间序列数据聚类，6.1.2 节对此算法进行了详细描述。而与前面章节所不同的是，在利用 K-medoids 算法进行时间序列数据聚类时，相似度函数的选择应考虑时间序列数据特点。

8.2.3　基于层次的时间序列数据聚类

因为对于不同数据对象之间的成对距离同样有效，所以基于层次的聚类算法也可以推广到时间序列数据。在利用基于层次的聚类算法进行时间序列数据聚类时，其难点主要是时序数据中的时间戳之间的距离计算。使用该类算法的主要缺点是时序距离以及相似度函数的计算复杂度高。因此，此种方法适用于时间序列数据体量较小的情况。

8.2.4　基于图的时间序列数据聚类

将图数据挖掘用于时间序列数据挖掘的核心思想是将时间序列数据变换成图数据，前提条件是找到一个合适的距离函数。只要定义好相似度函数，那么任何数据类型（包括时间序列数据）都可以转换为一个相似图。将时间序列数据中的每一个数据对象对应于相似图中的每个节点，节点与他的近邻连接，节点之间的边的权重对应两个数据对象之间的相似度，从而实现时间序列数据与图数据之间的相互映射。

8.3　时间序列预测

预测是时间序列分析中最常见的应用之一。对未来趋势的预测被应用于零售销售、经济指标、天气预报、股票市场和许多其他应用场景中。在这种情形下，通常有一个或多个时间数值序列，需要根据历史数值来预测序列的未来值。

　　时间序列可以是平稳的或非平稳的。一个平稳随机过程的参数(如均值和方差)不会随时间而变化。非平稳过程是一个参数随时间变化的过程。一些时间序列(如白噪声)是平稳的。事实上,在实际应用中大多数时间序列都是非平稳的。平稳序列通常会被定性为噪声序列,它的不同序列值之间存在水平或静止趋势,其方差为常数,协方差为零。例如,在图 8-1 中,两个序列都是非平稳的,因为它们的平均值随时间而增加。而在图 8-2 中,虚线是平稳的,因为它的趋势没有随时间显著改变。图中的虚线可以称为严格平稳时间序列,即任取时间偏移值 h,任意时间间隔 $[a, b]$ 中值的概率分布和它的平移区间 $[a+h, b+h]$ 中值的概率分布是相同的。

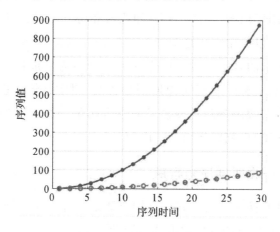

图 8-1　时间序列数据 1

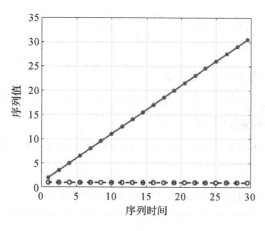

图 8-2　时间序列数据 2

因此,基于滑动窗口估计一个平稳时间序列中的统计参数很有意义,因为在不同的时间窗中参数不会发生改变。在这种情况下,估计出的统计参数可以更好地预测数据的未来行为。而对于非平稳序列,在基于回归的预测模型中,当前的均值、方差和统计相关性未必能够很好地预测未来行为。因此,在预测分析之前将非平稳序列转换为平稳序列通常是非常必要的。在变换成平稳序列进行预测之后,可以使用逆变换将预测值转换回原始值表示。

获取或转换表现出弱平稳性的序列是非常容易的。这种时间序列和平稳白噪声序列不同,随着时间的推移,弱平稳性的序列平均值和近似相邻的时间序列值之间的协方差可能是非零的,但是是常量。这种弱平稳性的评估相对容易,亦适用于依赖于特定参数(如均值和协方差)的预测模型。在其他非平稳序列中,可以使用一条趋势线来描述该序列的平均值,这条线不一定如平稳序列所要求的是水平的。该序列可能会因为生成过程中的一些变化而周期性地偏离趋势线,然后再返回到趋势线,叫作趋势平稳序列。这种弱平稳性对于创建有效的预测模型也是非常有用的。通常在处理非平稳序列时,会将非平稳时间序列转换为平稳序列。

8.3.1 非平稳时间序列转换

将时间序列转换成平稳形式的常用方法是差分。在差分法中,时间序列值 y_i,由它和上一个值的差值所取代。因此,新值 y_i' 为

$$y_i' = y_i - y_{i-1} \tag{8-2}$$

如果差分后序列是平稳的,那么该数据的一种合适模型为

$$y_{i+1} = y_i - e_{i+1} \tag{8-3}$$

式中:e_{i+1} 对应于均值为零的白噪声。

对于长度为 t 的序列,差分后的时间序列将有 $t-1$ 个值,因为第一个值不可能反映在转换后的序列中。

高阶差分可以用来实现二阶变化的平稳性。高阶差分值 y_i'' 定义为

$$y_i'' = y_i' - y_{i-1}' = y_i - 2gy_{i-1} + y_{i-2} \tag{8-4}$$

该模型允许序列随时间偏移,因为噪声的均值非零。对应模型为

$$y_{i+1} = y_i + c + e_{i+1} \tag{8-5}$$

式中:c 是一个代表偏移的非零常量。一般来说,很少使用超过二阶的差分。

接下来,将对一些时间序列预测模型进行讨论。其中,有些模型需要假设一个平稳时间序列。

8.3.2　自回归模型

对于一元时间序列可以使用自相关性对其进行预测。自相关性主要揭示序列中相邻变量时序之间的相关性。一般来说,相邻变量时序上的变量属性值呈正相关。一个时间序列的自相关性由一个特殊的延迟值 L 所定义。因此,对于一个时间序列 $z_1, z_2, \cdots, z_n$,定义延迟为 L 的自相关性为 z_i 和 z_{i+L} 之间的皮尔森相关系数。

自相关性总是在 $[-1, 1]$ 的范围内,当延迟 L 的取值较小时,自相关值几乎都是正的,并随着延迟 L 的增加而逐渐下降。正相关是由于大多数时间序列的相邻值都很接近,但是随着距离的增加相似度会逐渐下降。对于自相关性高的序列,可以根据序列中已知的数据预测之后的数据。由于自相关性的这些特征,可以使用自回归模型进行预测与分析。

在自回归模型中,定义时间 t 处的值 z_i,为前面紧邻的长度为 p 的窗口中的值的线性组合:

$$z_t = \sum_{i=1}^{p} a_i g z_{t-i} + c + e_t \tag{8-6}$$

使用前面的长度为 p 的窗口的模型称为 AR(p)模型。回归系数 $a_1, a_2, \cdots,$ a_p, c 的值需要从训练数据中学习。p 值越大,并入自相关性的延迟越大。p 的选择应根据皮尔森相关系数确定。

8.3.3　自回归移动平均模型

虽然自相关性是一个有用的预测时间序列的属性,但它并不能解释所有的变化。事实上,一些意料之外的变化(振荡)足以影响时间序列的未来值。可以借助于移动平均(Moving Average, MA)模型来捕获这些分量。因此,将自回归模型和移动平均模型相结合会使得鲁棒性更强。在讨论自回归移动平均(Auto-Regrossive Moving Average, ARMA)模型之前,先介绍移动平均(MA)模型。

移动平均模型根据过去的历史预测偏差对后续序列值进行预测。可以将预测偏差视为白噪声或振荡。该模型的最佳使用场景是,时间戳上的行为属性值依赖于时间序列的历史振荡,而不是实际的序列值。移动平均模型的定义为

$$y_t = \sum_{i=1}^{p} b_{ig} e_{t-i} + c + e_t \qquad (8-7)$$

上述模型也称为 MA(q)。参数 c 是时间序列的均值。b_1,b_2,$\cdots$,b_p 的值是需要从数据中学习的系数。移动平均模型和自回归模型有很大不同,因为它将当前值和序列均值与过去的历史预测偏差相联系,而不是与实际值相联系。这里,假定 e_t 的值是彼此互不相关的白噪声误差项。这里存在一个问题,误差项 e_t 不是观测数据的一部分,但也需要从预测模型中获取。这种循环意味着,当仅仅用系数和观测值 y_t 表示时,方程组本质上是非线性的。在通常情况下,为了确定移动平均模型的解决方案,使用迭代非线性拟合程序代替线性最小二乘法。对序列值进行预测时,仅使用历史振荡而不使用自相关性是很少见的。由于时序数据固有的时间连续性,自相关性在时间序列分析中极为重要。同时,历史震荡确实影响了序列的未来值。因此,无论是自回归,还是移动平均模型,都不能单独地捕捉到预测所需的所有相关性。

将自回归模型和移动平均模型相结合,可以得到一个更通用的模型。其基本思想为,在预测时间序列值时,适当地学习自相关性和历史震荡的影响。使用自回归项 p 和移动平均项 q 将两者结合起来。这种模型称为 ARMA 模型。在这种情况下,不同项之间关系的表示为

$$y_t = \sum_{i=1}^{p} a_{ig} y_{t-i} + \sum_{j=1}^{q} b_{jg} e_{t-j} + c + e_t \qquad (8-8)$$

上述模型是 ARMA(p,q)模型。这里,一个关键问题是模型中参数 p 和 q 的选择。如果 p 和 q 的值设置得太小,那么该模型将不能很好地拟合数据。而如果 p 和 q 的值设置得太大,那么模型有可能过度拟合数据。一般来说,建议选择尽可能小的 p 和 q 值,以使该模型更好地拟合数据。按照以往的情况,自回归移动平均模型最好使用平稳数据。

在许多情况下,通过将差分与自回归移动平均模型相结合,即可对非平稳数据进行处理。这便产生了自回归集成移动平均(Auto-Regressive Integrated Moving Average,ARIMA)模型。原则上,可以使用任何阶数的

差分,但是最常用的是一阶和二阶差分。考虑使用一阶差分值 y'_t 的情况。那么,ARIMA 模型表示为

$$y'_t = \sum_{i=1}^{p} a_i g y'_{t-i} + \sum_{j=1}^{q} b_j g e_{t-j} + \mathrm{c} + e_t \tag{8-9}$$

该模型与 ARMA(p,q)模型相比,增加了差分,如果差分的阶数为 d,则模型可表示为 ARIMA(p,d,q)。

8.3.4　卡尔曼滤波器

卡尔曼滤波器是一种成熟并且应用广泛的方法,用于合并来自时间序列的新信息,并以智能方式将其与先前已知的信息合并用来估计潜在状态。卡尔曼滤波器的优点是计算相对容易,不需要存储过去的数据来进行当前估计或未来预测,并且巧妙地融合数据与估计数据,将误差限定在一定范围。

一般的线性离散卡尔曼滤波系统模型可表示为:

状态方程:$x_t = Fx_{t-1} + Bu_{t-1} + w_{t-1}$

观测方程:$z_t = Hx_t + v_t$

式中:x_t 为 n 维状态向量;F 为状态转移矩阵;B 为控制矩阵;u_{t-1} 为确定性输入变量;w_{t-1} 为 ρ 维系统噪声向量;z_t 为 m 维观测向量;H 为预测输出转移矩阵;v_t 为 m 维测量噪声向量。

其状态和预测方程的推导过程如下。

设某一时刻的初始状态为 $x_t = \begin{bmatrix} p_t \\ v_t \end{bmatrix}$。

$$p_t = p_{t-1} + v_{t-1} \times \Delta t + u_t \times \frac{\Delta t^2}{2} \tag{8-10}$$

可以将 p_t 视为当前位置,v_t 为变动速度,u_t 为加速度,Δt 为两个时刻的

时间间隔,则 $v_t = v_{t-1} + u_t \times \Delta t$,$x\begin{bmatrix} p_t \\ v_t \end{bmatrix} = \begin{bmatrix} 1 & \Delta t \\ 0 & 1 \end{bmatrix} \begin{bmatrix} p_{t-1} \\ v_{t-1} \end{bmatrix} + \begin{bmatrix} \dfrac{\Delta t^2}{2} \\ \Delta t \end{bmatrix} u_t$,令 $F_t =$

$\begin{bmatrix} 1 & \Delta t \\ 0 & 1 \end{bmatrix}$,$B = \begin{bmatrix} \dfrac{\Delta t^2}{2} \\ \Delta t \end{bmatrix}$,有

$$\hat{x}_t^- = F_t \hat{x}_{t-1} + B_t u_t \tag{8-11}$$

$\hat{x}_t^-$ 表示该估计值由上一时刻状态推测而来的。每一时刻状态的不确定性由协方差矩阵 $\boldsymbol{P}$ 来表示,$\boldsymbol{Q}$ 为预测模型本身带来的噪声,则有

$$\boldsymbol{P}_t^- = \boldsymbol{FP}_{t-1}\boldsymbol{F} + \boldsymbol{Q} \tag{8-12}$$

设 $\boldsymbol{H}=\begin{bmatrix} 1 & 0 & 0 \end{bmatrix}$,$\boldsymbol{R}$ 为观测噪声的协方差矩阵,从而得到状态更新为

$$\hat{\boldsymbol{x}}_t = \hat{\boldsymbol{x}}_t^- + \boldsymbol{K}_t(z_t - \boldsymbol{H}\hat{\boldsymbol{x}}_t^-) \tag{8-13}$$

$$\boldsymbol{K}_t = \boldsymbol{P}_t^-\boldsymbol{H}^{\mathrm{T}}(\boldsymbol{HP}_t^-\boldsymbol{H}^{\mathrm{T}} + \boldsymbol{R})^{-1} \tag{8-14}$$

式中:$\boldsymbol{K}_t$ 为卡尔曼系数。

更新最佳估计值的噪声分布为

$$\boldsymbol{P}_t = (1 - \boldsymbol{K}_t\boldsymbol{H})\boldsymbol{P}_t^- \tag{8-15}$$

根据以上方程,有许多方法可以导出卡尔曼滤波器方程,包括将其作为概率期望问题、最小二乘求解最小化问题,或最大似然估计问题等。

卡尔曼滤波器开始工作前,首先要确定两个零时刻的初始值 $X(0|0)$ 和 $P(0|0)$。一般情况下,实际应用中很难准确掌握初始状态 $X(0|0)$ 和 $P(0|0)$,但是卡尔曼滤波的预测功能会在递推过程中不断用新的信息对状态进行修正。当预测时间足够长时,X、P 会逐渐收敛,也就是说初始值 $X(0|0)$、$P(0|0)$ 对预测的影响将衰减为零。一般来说,P 不要取 0,因为这样可能会令卡尔曼方程系统认为给定的 $X(0|0)$ 是系统最优的,从而使算法不能收敛。

卡尔曼滤波器相对于时间序列长度的复杂度为 $O(T)$,而相对于状态空间维度 d 的复杂度为 $O(d^2)$。正是这种与时间序列长度相关的复杂度使得卡尔曼滤波在实际生产场景中应用广泛,有时比为时间序列的状态空间建模而开发的其他滤波器更受欢迎。

8.3.5 隐马尔可夫模型

隐马尔可夫模型(Hidden Markov Model,HMM)是一种常用的时间序列建模方法,在 HMM 的假定下,观察者不需要知道时间序列的来源,因此,它是时间序列分析中比较少见的无监督学习实例,这意味着没有带标记的数据可供训练。HMM 的动机类似于前面所提到的卡尔曼滤波器,即能够观察到的变量可能不是系统中所描述的最好的变量。与应用于线性高斯模型的卡尔曼滤波器一样,假设过程中系统具有不同的状态,并且人们的观察提供了有关该状态的信息。同样,人们需要对状态变量如何影响人们可以观察到

的内容有一些假设。在 HMM 的情况下,假设该过程是非线性过程,其特征是在离散的状态之间进行转换的。

HMM 可以用五个参数来描述,包括 2 个状态集合和 3 个概率矩阵。

(1)隐含状态 S。隐含状态 $S=\{s_1,s_2,\cdots,s_n\}$,$q_t\in S=\{s_1,s_2,\cdots,s_n\}$,其中 N 为隐含状态的数量,隐含状态之间满足马尔可夫性质且通常无法通过直接观测得到。

(2)可观测状态 O。可观测状态 $O=\{O_1,O_2,\cdots,O_M\}$,$o_t\in O=\{O_1,O_2,\cdots,O_M\}$,其中 M 表示可观测状态数量,可观测状态 O 在模型中与隐含状态 S 相关联,并且可以通过直接观测得到。

(3)初始状态概率矩阵 π。初始状态概率矩阵是表示隐含状态 S 在初始时刻 $t=1$ 时的概率矩阵,初始状态概率矩阵记为 $\pi=\{\pi_1,\pi_2,\cdots\pi_N\}$,其中 $\pi_i=P(q_1=S_i)$,$1\leqslant i\leqslant N$。

(4)状态转移概率矩阵 A。状态转移概率矩阵是描述 HMM 模型中各个状态之间的转移概率的矩阵 $A=\{a_{ij}\}_{N\times N}$,其中 $a_{ij}=P(S_j\mid S_i)$,$1\leqslant i,j\leqslant N$ 表示在 t 时刻、状态为 S_i 条件下,在 $t+1$ 时刻状态成为 S_j 的概率。

(5)观察值概率矩阵 B。描述 HMM 模型观察值的概率矩阵 $B=\{b_{jk}\}_{N\times M}$,其中 $b_{jk}=P(O_k\mid S_j$,$1\leqslant k\leqslant M$,$1\leqslant j\leqslant N)$ 表示在 t 时刻、隐含状态 S_j 条件下,观察状态为 O_k 的概率。

HMM 模型的参数可以用公式 $\lambda=(\pi,A,B)$ 表示。当 HMM 的所有状态参数都确定时,它就能用于预测时间序列数据,这正是生成模型的优点,但一方面,从信号源获取时间序列的代价非常高,另一方面用来计算所需的资源也很昂贵。

8.4 基于序列数据的关联规则

8.4.1 GSP 算法

给定一个事务数据库,GSP 算法需要对事务数据库进行多遍扫描。第一遍扫描确定该数据库中每一项的支持度,即确定该事务数据库中包含每一项的数据序列的数目。在第一遍扫描结束后,该算法知道哪些项是频繁的,即产生了频繁 1 项集,而每个频繁 1 项集即形成了频繁 1 序列。由频繁 k 序

列集合 L_k 可产生候选 $(k+1)$ 序列集合 C_k+1，候选 $(k+1)$ 序列集合中的每条候选序列均包含相同个数的项，且其项的个数均比其对应的种子频繁序列集合 L_k 中项的个数大 1。在产生每一条候选 $(k+1)$ 序列的同时对其计数，在所有的候选 $(k+1)$ 序列均已产生后，算法根据每条候选 $(k+1)$ 序列的计数确定哪些候选 $(k+1)$ 序列形成频繁 $(k+1)$ 序列，并作为下一步的种子集合。当由某个种子集合 L_k 产生的候选序列集合为空时，算法结束。

GSP 算法在原有 Aporiori 算法的基础上，引入 3 个新的概念来定义频繁模式子序列：

(1)加入时间约束，指定模式中相邻元素之间的最小和最大时间间隔，使得原有的 Apriori 算法关注的连续序列变成了只要满足 min_gap 和 max_gap 约束的序列，都算是连续的。

(2)加入 time_window_size，放宽了序列模式元素中项必须来自同一个事务的限制，而是允许项的存在事务时间是在用户指定的时间窗内的一组事务中，使得 transaction 有新的定义，只要在 window_size 内的 item，都可以认为是在同一个 itemset。

(3)GSP 利用哈希树来存储候选序列，减少了需要扫描的序列数量，同时对数据序列的表示方法进行转换，这样就可以有效地发现一个候选项是否是数据序列的子序列。

(4)加入分类标准。

GSP 算法是一个典型的序列模式挖掘算法，它采用基于优先级原则的算法来产生并检测候选序列。

8.4.2 PrefixSpan 算法

前缀投影的模式挖掘(Miming Sequential Patterns by Prefix-Projected Growth)算法简称 Prefix Span 算法。在 PrefixSpan 算法中的前缀 prefix 通俗意义讲就是序列数据前面部分的子序列。比如对于序列数据 $B=<a(abc)(ac)d(cf)>$，而 $A=<a(abc)a>$，则 A 是 B 的前缀。当然 B 的前缀不止一个，$<a>$，$<aa>$，$<a(ab)>$ 也都是 B 的前缀。

前缀投影在这里指的就是序列的后缀，有前缀就有后缀。前缀加上后缀就可以构成一个序列。对于某一个前缀，序列里前缀后面剩下的子序列即为序列的后缀。如果前缀最后的项是项集的一部分,则用一个"_"来占位表示。在 PrefixSpan 算法中,相同前缀对应的所有后缀的结合称为前缀对应的投影数据库。

PrefixSpan 算法的目标是挖掘出满足最小支持度的频繁序列。Apriori 算法是从频繁 1 项集出发,一步步地挖掘 2 项集,直到最大的 K 项集。PrefixSpan 算法也类似,它从长度为 1 的前缀开始挖掘序列模式,搜索对应的投影数据库得到长度为 1 的前缀对应的频繁序列,然后递归的挖掘长度为 2 的前缀所对应的频繁序列。以此类推,一直递归到不能挖掘到更长的前缀为止。

PrefixSpan 算法的流程如下:

输入:序列数据集 S 和支持度阈值 α。

输出:所有满足支持度要求的频繁序列集。

(1)找出所有长度为 1 的前缀和对应的投影数据库。

(2)对长度为 1 的前缀进行计数,将支持度低于阈值 α 的前缀对应的项从数据集 S 删除,同时得到所有的频繁 1 项序列,$i=1$。

(3)对于每个长度为 i 满足支持度要求的前缀进行递归挖掘:

1)找出前缀所对应的投影数据库。若投影数据库为空,则递归返回。

2)统计对应投影数据库中各项的支持度计数。若所有项的支持度计数都低于阈值 α,则递归返回。

3)将满足支持度计数的各个单项和当前的前缀进行合并,得到若干新的前缀。

4)令 $i=i+1$,前缀为合并单项后的各个前缀,分别递归执行第 3)步。

PrefixSpan 算法由于不用产生候选序列,且投影数据库缩小得很快,内存消耗比较稳定,作频繁序列模式挖掘的时候效果很高。比起其他的序列挖掘算法比如 GSP 算法,Frefix Span 有较大优势,因此是在生产环境常用的算法。

PrefixSpan 运行时最大的消耗在递归的构造投影数据库。当序列数据集较大,项数种类较多时,算法运行速度会有明显下降。因此,PrefixSpan 的改进版算法都是在优化构造投影数据库,比如使用伪投影计数。

需要指出的是,使用大数据平台的分布式计算能力也可以加快 PrefixSpan 运行速度。

8.5 时间序列数据的深度学习挖掘方法

目前,在时间序列数据方面,深度学习的主要应用领域包括特征表示、时间序列预测、时间序列分类和异常检测等。

在特征表示方面,深度学习能够用于建立无监督特征学习的模型和时间关系的模型,从而利用丰富的未标记数据,并学习到新的特征,减少在此方面对数据专业知识的要求,如用于建模顺序数据的模型递归神经网络,用丁从视频中对无变化的时空特征进行无监督学习的时空深度信念网络(Spatio temporal Deep Belife Networks,ST-DBN),用于序列预测问题的无监督时间序列特征表示学习的生成随机网络(Generative Stochastic Networks,GSN)等。

在通过深度学习进行 end-to-end 的时间序列预测方面,有例如对海洋垃圾时间序列进行预测,就是将三层的前馈神经网络用于五大类海洋垃圾数量的监测。也有研究人员用由多层受限玻尔兹曼机(Restricted Boltzmann Machine,RBM)组成的概率生成神经网络——深度信念网络(Deep Belife Networks,DBN),来捕获时间序列数据的输入空间特征,或采用自动编码器构建的深层架构来预测交通流量等。

在时间序列分类方面,最早在时间序列分类任务中引入深度学习的是一种 end-to-end 的神经网络模型——多尺度卷积神经网络(Multi-Column Convolutional Neural Network,MCNN),将提取特征和分类结合在一个框架中。还可以在深度学习的时间序列分类方法中引入注意力机制,通过深度学习编码器来自动地学习时间序列的特征从而进行分类。

在时间序列离群点挖掘方面,目前主要遇到的问题是难以收集大型标记数据集,因此对离群点的监督学习没有足够的样本进行。在这种情况下,一般都将时间序列的离群点挖掘转化为分类任务,如使用一种基于 Stacked-LSTM 网络用于时间序列离群点挖掘方法,就是按照对正常数据进行训练,并以预测值和真实值的差异来确定异常的置信度。此外,还有研究采用迁移学习的方法来避免样本数量较少的问题,如尝试将标记的样例从源域转移到没有标签可用的目标域。该方法利用了离群点很少且通常比较异常的前提来决定是否将标记实例从源域转移到目标域。转移完成后,算法在目标域中构建最近邻分类器,以 DTW 作为相似性进行度量。该方法整体也比较有前景。

8.6　时间序列数据预测算法在装备试验领域的应用

在装备飞行试验中,飞行航迹数据属于典型的时间序列数据,试验中需要对飞行目标航迹进行处理与实时显示,其特点是需要保证目标的飞行航迹连续平滑,同时在数据短暂丢失情况下对航迹进行预测。无论是 GPS 数据还是雷达数据,都会存在数据丢失、出现异常点等现象,不能保证航迹的平滑。另外,GPS 的传输速率为 1/30 帧/s,在三维视景中会造成飞行目标跳动,而不是连续、平稳飞行的情况。因此,为了有效满足视景仿真飞行航迹实时显示的需求,需要根据接收的实时飞行数据,利用滤波算法对飞行目标的航迹进行平滑滤波以及预测,保证数据在出现异常点及丢失的情况下仍然保持平滑的航迹,且针对传输速率不高的问题,需要对实时数据进行插值处理,保证飞行目标不会出现跳动现象。

滤波算法的质量决定着三维视景中目标飞行航线的平滑性以及航迹预测的精确性。当前主要的滤波算法主要有 $\alpha - \beta$ 滤波算法和 Kalman 算法以及基于他们的各种变种算法。此外,近年来基于人工智能算法的航迹平滑预测算法大量出现,例如基于粒子群的航迹预测算法。因此,本节提出了一种基于卡尔曼滤波的航迹平滑预测算法。

8.6.1　算法设计

在三维视景仿真中,需要保证航迹的平滑连续不间断,以达到可视的效果。针对这些特点,本节算法首先利用 $\alpha - \beta$ 滤波算法对接收到的航迹数据进行滤波,保证航迹的平滑,然后通过插值法在相邻的两个航迹点之间进行插值处理,保证目标在飞行时不出现跳动现象。具体流程如图 8-3 所示。

算法流程如下:

(1)利用数据接收模块接收雷达或 GPS 数据。

(2)若成功接收到数据,则对航迹点使用卡尔曼滤波算法进行平滑滤波;若数据丢失,则利用已接收到的数据进行航迹预测。

(3)飞行目标的当前位置为起点,以第(2)步中滤波后的航迹位置为终点。两点之间进行插值处理。形成连续密集的航迹点，使得目标在视景仿真中不出现跳动。

(4)将插值之后形成的航迹点按照时间信息在视景仿真软件中显示。

其中，卡尔曼滤波方法参考 8.3.4 节，对于滤波和预测步骤，设置时间戳，根据数据异常或丢失情况，利用卡尔曼滤波算法通过上一时间状态数据预测下一时间状态数据。对于插值步骤，由于人的视觉暂留时间在 0.1～0.4 s 之间，所以若要满足目标飞行呈现视觉上的连续性，则需满足目标更新时间间隔在 0.1 s 以下，目标运动才会呈现平稳、连续的现象。因此，在进行插值处理时，时间戳不能超过 0.1 s，根据预先设定好的时间戳，进行插值处理。

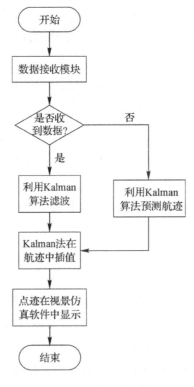

图 8-3　算法流程图

8.6.2　仿真分析

选取真实的飞行目标航迹数据，进行仿真研究，将航迹数据由大地直角坐标转换成某点的站心坐标，进行仿真实验，并将仿真结果与原始测量航迹相比较,进行分析,结果如图 8-4 所示。

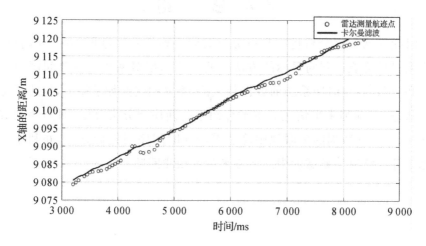

图 8-4　航迹平滑

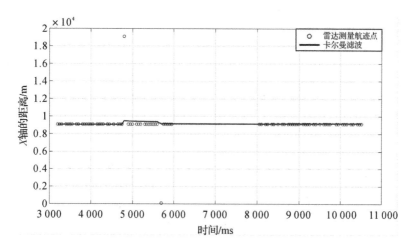

图 8-5　离群点剔除

由图 8-4 和图 8-5 所示可看出,圆圈点代表雷达测量航迹,实线航迹线代表卡尔曼滤波算法,在航迹数据没有出现异常情况时,卡尔曼滤波算法能够对雷达测量航迹进行平滑及预测,在数据出现跳变和断层时,针对时间序列数据特点,卡尔曼滤波算法并没有受到异常数据点的影响,没有出现明显的跳变。

8.7 总　结

时间序列数据分析挖掘是以分析时间序列的发展过程、方向和趋势,预测将来时域可能达到的目标的方法。此方法运用概率统计中时间序列分析原理和技术,利用时序系统的数据相关性,建立相应的数学模型,描述系统的时序状态,以预测未来情况。本章介绍了时间序列分类算法、时间序列聚类算法、基于序列数据的关联规则算法等经典时间序列挖掘方法,并利用卡尔曼滤波算法解决装备试验中的航迹平滑及预测问题。

第9章 装备试验中的文本数据挖掘方法概述及应用

文本挖掘定义为从文本数据中提取隐含知识的过程。通常,从给定存储中检索信息这个步骤并不存在任何隐性的知识作为输出,所以该过程不属于文本挖掘。另外,文本范围仅限于以自然语言编写的、由段落组成的文章,假设一个段落是由有组织的句子组成的,而文本是一组有序的段落。通常用人工语言(例如源代码或数学方程式)写的单词不属于文本。与其他数据挖掘形式相比,文本数据挖掘主要是对非结构化的自然语言文本内容的分析理解,其所面对的挖掘对象几乎都是非结构化的。另外,挖掘对象都是自然语言描述的文本而非数据。这使得文本数据挖掘与自然语言处理、机器学习、深度学习等技术密切相关。通常文本数据挖掘旨在解决类似于自然语言处理、文献分类、情感分类、自动摘要等问题,并将这些序列模型作为各种系统的重要部分,例如问答系统等。

到目前为止,文本挖掘领域各类任务中涉及的核心技术基本上是在传统机器学习数据挖掘算法基础上进行的改进。文本挖掘主要研究内容集中在信息抽取、文本分类/聚类、主题模型建模与分析等。文本挖掘是一个涉及面广的跨学科研究领域,需要人工智能、机器学习、信息检索和数据库管理等领域引入新的算法模型。本章主要介绍文本挖掘的一般过程、常用技术和在装备试验中的实践应用。

9.1 文本挖掘的一般过程

文本挖掘的过程一般从收集文档开始,然后依次为分词、特征提取和文本表示、文本特征选择、知识挖掘、结果评价、知识输出,如图 9-1 所示。

(1)文档集。这个阶段进行数据采集,主要是收集和挖掘与任务有关的文本数据。

图 9-1 文本挖掘的一般过程

（2）分词。获得文本数据后不能直接对其应用，还需进行适当的处理，原因在于文本挖掘所处理的是非结构化的文本，它经常使用的方法来自自然语言理解领域，计算机很难处理其语义，现有的数据挖掘技术无法直接对其应用。这就要求对文本进行处理，抽取代表其特征的元数据，这些文本特征可以用结构化的形式保存，作为文档的中间表示形式，形成文本特征库。而对于中文文档，由于中文词与词之间没有固定的间隔符，需要进行分词处理。目前主要存在两种分词技术：基于同库的分词技术和无词典分词技术。对于这两种技术，已有多种成熟的分词算法。

（3）特征提取和文本表示。文本数据集经过分词后由大量文本特征组成，并不是每个文本特征对文本挖掘任务都有益，因此，必须选择那些能够对文本进行充分表示的文本特征。在具体应用中，选择何种文本特征又取决于综合处理速度、精度要求、存储空间等具体要求。

目前存在多种文本表示模型，其中最经典的就是向量空间模型（Vector Space Model，VSM），该模型认为文本特征之间是相互独立的，因而忽略其依赖性，从而以易理解的方式对文本进行简化表示：$D=(\omega_1, \omega_2, \cdots, \omega_n)$，其中 $\omega_k (k=1, 2, \cdots, n)$ 是文档 D 的第 k 个文本特征词，两个文档 D_i 和 D_j 之间内容的相似度 $\mathrm{Sim}(D_i, D_j)$ 可以通过计算文档向量之间的相似性获得，一般用余弦距离作为相似性的度量方式。

（4）文本特征选择。文本特征提取后形成的文本特征库通常包含数量巨大且冗余度较高的词，如果在这样的文本特征库中进行文本挖掘，效率无疑是低下的。为此，需要在文本特征提取的基础上进行文本特征选择，以便选择出冗余度低又具代表性的文本特征集。常用的文本特征选择方法有文档频率（Document Frequency，DF）、互信息（Mutual Information，MI）、信息增益（Information Gain，IG）等，其中应用较多、效果最好的是信息增益法。

（5）知识挖掘。经过文本特征选择之后，就可根据具体的挖掘任务进行知识的挖掘。常见的文本挖掘任务有文本结构分析、文本摘要、文本分类、文本聚类、文本关联分析、分布分析和趋势预测等。

（6）结果评价。为了客观地评价所获得的知识，需要对它们进行评价。现在有很多评价方法，比较常用的有准确率（Precision）和召回率（Recall）。

准确率是在全部参与分类的文本中，与人工分类结果吻合的文本所占的比率，其计算式为

$$准确率 = \frac{被正确分类的文本数}{实际参与分类的文本数} \tag{9-1}$$

召回率是在人工分类结果应有的文本中，与分类系统吻合的文本所占的比率，其计算式为

$$召回率 = \frac{被正确分类的文本数}{分类的文本总数} \tag{9-2}$$

在某些情况下，人们也许需要以牺牲另一个指标为代价来最大化准确率或召回率。例如，在对患者进行随访检查的初步疾病筛查中，人们想找到所有实际患病的患者，即希望得到接近于 1 的召回率。如果随访检查的代价不是很高，那么可以接受较低的准确率。然而，如果想要找到准确率和召回率的最佳组合，那么可以使用 F_1 值对两者进行结合。F_1 值是对准确率和召回率的调和平均，计算式为

$$F_1 = 2 \times \frac{准确率 \times 召回率}{准确率 + 召回率} \tag{9-3}$$

对所获取的知识评价，若评价结果满足一定的要求，则保存该知识评价，否则，返回至以前的某个环节进行分析改进后进行新一轮的挖掘工作。

（7）知识输出。这个阶段主要是输出与具体挖掘任务有关的最终结果。

9.2　文本预处理和文本表示

9.2.1　文本预处理

为了防止文本的不规范性、口语化、碎片化等情况，需要对数据进行预处理，以满足后续需要。预处理是许多文本挖掘算法的关键组成部分之一。例如，传统的文本分类框架包括预处理、特征提取、特征选择和分类步骤。虽然特征提取、特征选择和分类算法对分类过程有显著影响，但预处理阶段也对文本挖掘的成功率有显著影响。有效的文本挖掘操作依赖于先进的数据预

处理方法。事实上，为了从原始非结构化数据源给出或抽取结构化表示，文本挖掘非常依赖于各种预处理技术，甚至在某种程度上，文本挖掘可由这些预处理技术定义。当然，对于文本挖掘，为了处理原始的非结构化数据，需要不同的预处理技术。

文本挖掘预处理技术的类别繁多。所有方法都以某种方式试图使文本结构化，从而使文本集结构化。所以，同时使用不同的预处理技术从原始文本数据中产生结构化的文本表示是很常见的。

Uysal 等人研究了文本分类领域中预处理任务的影响。文本数据预处理主要是利用分词、去停用词、特征提取等手段去除文本中的噪声。一般而言，中文文本预处理过程如图 9-2 所示。

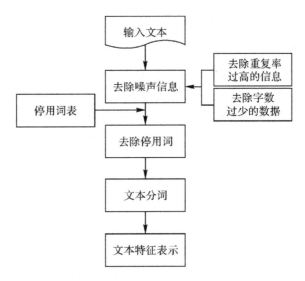

图 9-2 中文文本预处理过程

对噪声数据进行筛选、清洗能够提高数据的处理效率；在处理噪声数据和后续的预处理过程中，与英文文本不同，中文是以词为最小语义单元。所以，需要对中文文本进行分词，在分词前一般首先去除停用词部分，减少文本特征向量维度。

9.2.2 文本表示方法

文本是由文字和标点组成的字符串。字或字符组成词、词组和短语，进而形成句子、段落和篇章。要使计算机能够处理真实文本，就必须找到一种理想形式化表示方法,这种表示方法一方面要能够真实反映文档内容,包括文档的主题、领域、结构和语义等,另一方面又要对不同文档有较好的区分能力。

字符串是无结构化的数据,但是字符串具有语法,通过语法组织起来的字符串背后隐藏着丰富的含义,这些含义无法被统计机器学习模型直接使用,因此首先需要将真实的文本转化为机器学习算法易于处理的表示形式。统计学习方法首先将输入的文本进行形式化,将其表示为向量或其他形式,并给予形式化表示进行机器学习的训练和决策。这种将文本进行形式化的过程称为文本表示。

下面简要介绍一种称为向量空间模型的文本表示方法。

向量空间模型(Vector Space Model,VSM)是一种最简单的文本表示方法,由 G. Salton 等人于 20 世纪 60 年代末期在信息检索领域中提出,最早用于 SMART 信息检索系统中,而后逐渐成为文本挖掘中最常用的一种文本表示模型,被广泛应用于各种文本挖掘算法和脉冲反应(Impulse Response,IR)系统,可以对大量文档进行有效分析。

在介绍 VSM 之前,首先给出 VSM 涉及的几个概念,这些概念将在本章中频繁使用:给定文档集合 $D = \{d_1, d_2, \cdots, d_D\}$,则 $V = \{w_1, w_2, \cdots, w_v\}$ 是集合中的不同词/特征项组成的集合,V 被称为词汇表。文件 $d \in D$ 中的特征项 $w \in V$ 的频率用 $f_d(w)$ 表示,具有单词 w 的文档的数量则用 $f_D(w)$ 表示。文档 d 的特征向量由 $t_d = [f_d(w_1), f_d(w_2), \cdots, f_d(w_v)]$ 表示。

在 VSM 中,每个单词都由一个变量表示,通常该变量具有一个数值,表示文档中单词或特征项的权重。有两种主要的特征项权重模型:①布尔模型。在该模型中,权重 $w_{ij} > 0$ 分配给每个项 $w_i \in d_j$。对于 d_j 中未出现的特征项,$w_{ij} = 0$。②词频-逆文档频率(TF-IDF)。这是目前流行的特征项加权方案,将权重定义为 TF 和 IDF 的乘积。设 q 为该项加权方案,则每个词 $w \in d$ 的权重计算如下:

$$q(w) = f_d(w) \cdot \log \frac{|D|}{f_D(w)} \tag{9-4}$$

式中:$|D|$ 是文档集合 D 中的文档数量;$f_d(w)$ 表示文档 $d \in D$ 中单词 w 出现的次数;$f_D(w)$ 表示文档集合 D 中包含单词 w 的文档数。

在 TF-IDF 中,特征项频率由逆文档频率 IDF 归一化表示。这种归一化减少了文档集合中出现频率更高的特征项的权重,确保文档的匹配更易受集合中出现频率相对较低的独特特征的影响。基于 TF-IDF 特征项加权方案,每个文档由特征项权重向量 $w(d) = [w(d, w_1), w(d, w_2), \cdots, w(d, w_v)]$ 表示,从而可以计算两个文档 d_1 和 d_2 之间的相似度。最广泛使用的相似性度量之一是余弦相似性,其计算式为

$$S(d_1, d_2) = \cos(\theta) = \frac{d_1 \cdot d_2}{\sqrt{\sum_{i=1}^{v} w_{1i}^2} \cdot \sqrt{\sum_{i=1}^{v} w_{2i}^2}} \qquad (9-5)$$

9.3 文本的分类

文本分类是按照一定的分类体系对文本类别进行自动标注的过程。其目标是在给定的分类体系下,将文本集中的每个文本划分到某个或者某几个类别中。目前,文本分类已在图像处理、医疗诊断、文档或组织等不同领域的大量应用中使用。其定义为:在文本训练集 $D = \{d_1, d_2, \cdots, d_n\}$ 中,每个文本 d_i 对应于标签集 $L = \{l_1, l_2, \cdots, l_k\}$ 中的标签 l_i,寻找分类模型 f 使得

$$f: D \to L, \quad f(d) = l \qquad (9-6)$$

成立,从而将正确的类标签分配给新文档 d(即测试样本)。如果将标签明确分配给测试样本,则该分类方法被称为硬分类;如果只分配标签的概率值给测试样本,则被称为软分类。还有其他类型的分类允许向测试实例分配多个标签。

9.3.1 文本分类的特征选择方法

传统的向量空间模型表示基于高维稀疏的向量表示文本,因此在进行分类算法之前通常需要对高维的特征空间进行降维。降维方法主要分为两大类:特征提取和特征选择。

特征提取的目的是将原始的高维稀疏特征空间映射为低维稠密的特征空间。在模式识别中经典的特征提取方法包括主成分分析(PCA)和独立成分分析(ICA)等,但在文本分类中通常不使用这些方法。

在文本分类中曾有学者基于潜在语义索引(Latent Semantic Indexing,LSI)进行文本降维,该方法使用文本的主题特征代替传统特征,降维作用显著,但在单独使用主题特征时往往效果一般。在自然语言处理领域,LSI 和

PCA属于同源方法,本质都是进行奇异值分解。此外,概率潜在语义分析(Probabilistic Latent Analysis,PLSA)和潜在狄利克雷分布(Latent Dirichlet Allocation,LDA)模型也曾被应用于文本分类特征降维,但是因效率和效果欠佳都未获得大规模的应用。

特征选择是从特征空间中选出一部分特征子集的过程。与特征提取相比,特征选择在文本数据中得到了更广泛的应用。文本分类的特征选择方法通常包括无监督特征选择和有监督特征选择两种。无监督方法可以应用于没有类别标注的语料库(如文本聚类),但效果通常比较有限。代表性的方法包括词频(TF)和文档频率(DF)特征选择方法等;有监督方法依赖于类别标注信息,可以更有效地为文本分类选择特征子集。常用的有监督方法包括互信息(MI)、信息增益(IG)和卡方统计(χ^2)方法等。Yang与Pedersen(1997)和Forman(2003)系统总结了文本分类中使用的特征选择方法,并指出良好的特征选择算法可以有效对特征空间进行降维,去除冗余特征和噪声特征,提高分类器的效率与文本分类的准确率。

9.3.2 文本的分类方法

在文本表示和特征选择之后,下一步是使用分类算法来预测文档的分类标签。早期的文本分类算法包括K近邻分类器和决策树等。其后,得到广泛应用的文本分类算法有朴素贝叶斯算法、最大熵(ME)算法和支持向量机(SVM)算法等。

9.3.2.1 朴素贝叶斯分类器

概率分类器在文本分类中得到了广泛的应用,并表现出非常好的性能。概率分类方法对数据(文档中的单词)的生成方法做出假设,并基于这些假设提出概率模型。然后使用一组训练样本来估计模型的参数。贝叶斯规则用于对新样本进行分类,并从中选择最有可能产生这种样本的分类。

朴素贝叶斯分类器可能是最简单和使用最广泛的分类器。它使用概率模型对每个分类中文档的分布进行建模,假设不同词语的分布相互独立。朴素贝叶斯分类通常使用两种主要模型,这两种模型的目的都是找到文档中词语分布的后验概率,不同在于是否考虑词频。

(1)多变量伯努利模型:在该模型中,文档由表示文档中是否存在单词的二进制特征向量表示。因此,该模型只关心特征项是否出现而忽略文档的词频。

（2）多项式模型：多项式模型通过将文档表示为单词包来捕获文档中单词（词语）的频率。多项式模型具有许多变体。McCallum 等人对伯努利模型和多项式模型进行了广泛的比较后得出以下结论：

1）如果词汇表比较小，则伯努利模型可能优于多项式模型。

2）对于较大的词汇表，多项式模型则优于伯努利模型，如果为两种模型都选择了最佳词汇表大小，则多项式基本总是优于伯努利模型。

这两种模型都假设文档是由参数 θ 的混合模型生成的。在 McCallum el-at 框架中对模型定义如下：混合模型包括混合分量 $c_j \in C = \{c_1, c_2, \cdots, c_k\}$，每个文档 $d_i = \{w_1, w_2, \cdots, w_{n_i}\}$ 都是先根据先验概率 $P(c_j - \theta)$ 来选择分量，而后依照参数 $P(d_i | c_j; \theta)$ 使用分量来生成的。因此，可以使用混合分量的概率之和来计算每个文档的可能性：

$$P(d_i | \theta) = \sum_{j=1}^{k} P(c_j | \theta) P(d_i | c_j; \theta) \tag{9-7}$$

假设每个类之间存在一一对应的关系 $L = \{l_1, l_2, \cdots, l_k\}$，同时 c_j 表示第 j 个混合分量和第 j 个类，则给定一组标记的训练样本 $D = \{d_1, d_2, \cdots, d_{|D|}\}$，首先学习（估计）概率分类模型的参数 $\dot{\theta}$，然后使用这些估计的参数，通过计算给定测试文档的每个类 c_j 的后验概率来预测测试文档的分类，并选择最可能的类（具有最高概率的类）：

$$P(c_j | d_i; \dot{\theta}) = \frac{P(c_j | \dot{\theta}) P(d_i | c_j; \dot{\theta}_j)}{P(d_i | \dot{\theta})} = \\ \frac{P(c_j | \dot{\theta}) P(w_1, w_2, \cdots, w_{n_i} | c_j; \dot{\theta}_j)}{\sum_{c \in C} P(w_1, w_2, \cdots, w_{n_i} | c; \dot{\theta}_c) P(c | \dot{\theta})} \tag{9-8}$$

根据朴素贝叶斯的假设，即文档中的词是相互独立的，则可得

$$P(w_1, w_2, \cdots, w_{n_i} | c_j; \dot{\theta}_j) = \prod_{i=1}^{n_i} P(w_i | c_j; \dot{\theta}_j) \tag{9-9}$$

9.3.2.2　最近邻分类器

最近邻分类器是基于邻近度的分类器，使用基于相邻距离的计算来进行分类。主要思想是根据相似性计算（如余弦），属于同一类的文档更可能"相似"或"接近"。测试文档的分类是从训练集中类似文档的类标签推断出来的。如果考虑训练数据集中的 K 近邻，则该方法称为 K 近邻分类，这些 K

近邻中最常见的类被称作类标签。

9.3.2.3　决策树分类器

对于文本数据,决策树节点上的条件通常根据文本文档中的特征项定义。例如,根据文档中是否存在特定特征项,可以将节点细分为子节点。

决策树可以与强化学习技术结合使用。有多篇相关研究论文讨论了提高决策树分类准确性的强化学习技术。

9.3.2.4　支持向量机

支持向量机(SVM)是线性分类器的一种形式,广泛应用于文本分类问题。线性分类器是基于文档的上下文中特征的线性组合值做出分类决策的模型。因此,线性预测器的输出定义为 $y=\vec{a}\cdot\vec{x}+b$,其中 $\vec{x}=(x_1,x_2,\cdots,x_n)$ 是规范化文档词频向量,$\vec{a}=(a_1,a_2,\cdots,a_n)$ 是系数的向量,b 是标量。通常将分类类别标签中的预测变量 $y=\vec{a}\cdot\vec{x}+b$ 解释为不同类别之间的分割超平面。在文档分类的 SVM 中,与超平面的距离最近的文档所在的位置被称为支持向量。如果两个分类不是线性可分的,超平面会使得位于错误的一侧文档向量数量尽可能地少。

由于文本具有稀疏的高维特性,几乎没有无关特征,因此文本数据非常适合使用 SVM 进行分类。

9.3.2.5　文本分类的深度学习方法

传统的文本表示和分类算法依赖于人工设计的特征,存在高维数据问题、数据稀疏问题、表示学习能力差等缺点。近年来,以深度神经网络为代表的深度学习技术在文本挖掘方面取得了重大突破,由于其强大的表示学习能力和端到端的学习框架,已广泛应用于包括文本分类在内的许多文本挖掘任务,并取得了巨大进展。

下面,我们将介绍代表性的文本分类卷积神经网络方法。

CNN 的主要步骤主要分为 Word Embedding、卷积网络、池化、Softmax 分类,如图 9-3 所示。

(1)Word Embedding。在 CNN 中,首先将输入通过 Embedding 映射为词向量,这步主要是为了将自然语言数值化,从而方便后续的处理。构建完词向量后,将所有的词向量拼接成一个二维矩阵,将其作为最初的输入。

(2)卷积网络。这一步骤是将输入词向量矩阵与卷积核进行卷积运算操作,将 Embedding 构建的矩阵与卷积核分别对应相乘再相加,得到 Feature Map。

(3)池化。在得到 Feature Map 后,从中选取最大值作为输出,便是 Max-pooling。如果选择平均池化(Mean-pooling)就是求平均值作为输出。最大池化在保持主要特征的情况下,极大地减少了参数的数目,加速了运算,并降低了 Feature Map 的维度,同时,也降低了过拟合的风险。

(4)Softmax 分类。将 Max-pooling 的结果合并到一起,再送入 Softmax 中,可以得到各个类别标签。

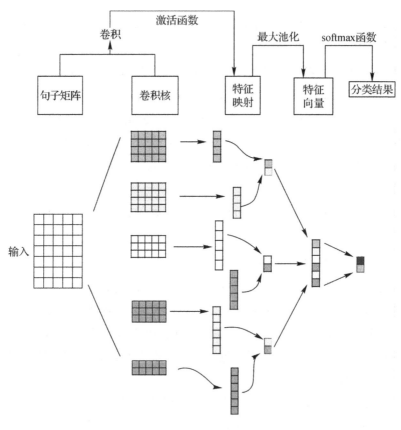

图 9 - 3　CNN 结构图

9.3.2.6　文本的分类评估方法

在使用训练集训练分类器之后,可以对测试集进行分类,并将预测的标签与实际标签进行对比,评估分类器性能,如正确分类的文档占文档总数的比率被称为准确率。文本分类的常用评估指标是精确率、召回率和 F_1 分数。Charu 等人定义指标如下："精确率是预测的正实例中正确实例的比率。召回率是所有正实例中正确实例的百分比。F_1 分数是精确率和召回率的几何平均值。"即

$$F_1 = 2 \times \frac{精确率 \times 召回率}{精确率 + 召回率} \tag{9-10}$$

9.4　文本的聚类

聚类算法在文本上下文挖掘中得到了广泛的研究。文本聚类的目的是通过相似度函数来计算相似度,从而在文档集合中查找相似文档分组。文本聚类可以具有不同的粒度,可以是文档、段落、句子或特征项。聚类是用于组织文档以增强检索和支持浏览的主要技术之一,可以使用聚类来生成大量文档的目录,也可以利用聚类构建基于上下文的检索系统。此外有各种软件工具,如 Lemur5 和词袋(Bag of Words,BOW),能够实现通用的聚类算法。

许多聚类算法都可用于文本数据的上下文中。通过考虑文档中是否存在某些单词,文本文档可以表示为二进制向量,或者使用更精细的表示,如加权方法、TF-IDF 算法等。

然而,这种简单的方法通常不能很好地用于文本聚类,因为文本数据具有许多独有的特征,通常需要为任务设计特定于文本的算法。文本表示的一些独特特征包括:

(1)文本表示具有非常大的维度,但底层数据稀疏。换句话说,从中提取文档的词汇表的大小是巨大的,能够达到 10^5 数量级,但是给定文档可能只有几百个单词。当人们处理短数据(如博客或短报文)时,这个问题显得尤为严重。

(2)给定文档集合的词汇表中的单词通常相互关联。例如,数据中的概念数量比特征空间小得多。因此,需要在聚类任务中考虑设计单词相关性的算法。

(3)由于不同文档包含的字数彼此不同,在聚类过程中规范文档的表达是非常重要的。

这些文本特征表明,必须设计用于表示文本的专用算法。文本聚类算法分为许多不同类型,如层次聚类算法、划分算法和概率聚类算法。聚类算法在有效性和效率方面具有不同的权衡。下面,介绍描述一些最常见的文本聚类算法。

9.4.1 层次聚类算法

层次聚类算法之所以得名,是因为它们构建了一组可以描述为集群层次结构的集群。层次结构可以以自上而下(称为分裂)或自下而上(称为凝聚)的方式构建。层次聚类算法是一种基于距离的聚类算法,即使用相似性函数来度量文本文档之间的相似度。

在自下而上的聚合方法中,初始时将每个数据都视为单独的一类,然后每次合并所有类别中最为相似的两个类别,直至所有的样本都合并为一个类别或满足终止条件。聚合算法有三种不同的合并方法:①单连锁聚类。在该技术中,两组文档之间的相似度是来自这些组的任何一对文档之间的最高相似度。②组平均连锁聚类。在该方法中,两个聚类之间的相似度是这些组中文档对之间的平均相似度。③完整的链接聚类。在该方法中,两个聚类之间的相似度是这些组中任何一对文档之间的最差相似度。聚合式层次聚类算法的描述如下:

输入:数据集 $D=\{x_1, x_2, \cdots, x_N\}$,聚类簇数为 K;

输出:聚类划分 $C=\{C_1, C_2, \cdots, C_K\}$。

1. for $i=1, 2, \cdots, N$

2. $C_i=\{x_i\}$

3. For $i=1, 2, \cdots, N$

4.   For $j=1, 2, \cdots, N$

5. 计算两簇之间的相似性 $d(C_i, C_j)$;

6. While size $(C) > K$

7. 查找距离最近的两个族 C_{i*} 和 C_{j*};

8.   For $h=1, 2, \cdots, \text{size}(\{C_k\})$

9.   If $h \neq i^*$ and $h \neq j^*$

10. 更新簇间相似度 $d(C_h, C_{i*} \bigcup C_{j*})$;

11. 簇集合 C 中删除 C_{i*} 和 C_{j*};

12. 簇集合 C 中添加 $C_{i*} \bigcup C_{j*}$;

13. 更新簇集合 C 中各簇标号,记录各簇包含样本标号。

在自上而下的分列式层次聚类方法中,过程正好相反,从一个包含所有文档样本的集群开始,逐次递归地将该集群划分为子集群,直到所有样本都自成一类。

9.4.2　群集分析算法

k 均值算法是一种广泛使用的基于集群分析的聚类算法。k 均值聚类将文本数据上下文中的 n 个文档划分为 k 个聚类。集群围绕其构建的代表性数据。k 均值算法的基本形式是:

> 输入:数据集 $D = \{x_1, x_2, \cdots, x_N\}$,聚类数 K;
>
> 输出:聚类划分 $\{C_1, C_2, \cdots, C_K\}$。
>
> 1. 随机选择 D 中 K 个样本作为初始向量 $\{m_1, m_2, \cdots, m_K\}$;
> 2. While 未满足算法收敛条件;
> 3. For $i = 1, 2, \cdots, K$
> 4. 　　For $k = 1, 2, \cdots, K$
> 5. 计算样本 x_j 到 m_k 的距离 $d(x_j, m_k) = \| x_i - m_k \|^2$;
> 6. 将样本 x_i 划分到距离最近的均值向量所在的簇 $\arg\min_k \{d(x_i, m_k)\}$;
> 7. For $i = 1, 2, \cdots, K$
> 8. 更新各簇均值向量: $m_k^{\text{new}} = \dfrac{1}{|C_k|} \sum_{x_i \in C_k} x_i$。

寻找 k 均值聚类的最优解在计算上是非常困难的,但为了快速收敛到局部最优,可以采用有效的启发式方法。k 均值聚类的主要缺点是对 k 的初始选择非常敏感,因此,也存在一些用于确定 k 初始值的方法,例如可以使用另一种轻量聚类算法——凝聚算法,先行确定 k 值等。

9.4.3　单遍聚类算法

与 k 均值聚类算法相比,单遍聚类是一种更简单、更高效的聚类算法,只需要遍历一次文档集合即可完成聚类。在初始阶段,该算法从数据集中读取一个文档,并用该文档构建一个簇。然后,它迭代处理一个新文档,逐个读入文档并计算新文档与每个现有簇之间的相似度。若相似度低于预定义阈值,则将生成新的簇；否则，将其合并到与其相似度最高的簇。重复此过程，直到处理完毕数据集中的所有文档。

单遍聚类涉及文档样本和聚类簇之间的相似度计算，常见的相似性计算方法包括：用簇均值向量代表簇，计算两个样本之间的相似度；将单个样本视为一个簇，利用常见的簇间相似性方法代替样本和簇之间的相似度。

单遍聚类算法简单高效，普遍适用于大规模数据、流式数据和实时性要求较高的数据聚类场合，因此在话题检测跟踪、在线事件检测等领域得到了广泛应用。但该方法也存在依赖数据读入顺序、阈值不易确定、单独使用效果差等缺点。

9.4.4　概率聚类与主题模型

主题建模是最流行的概率聚类方法之一，也是近来越来越受到关注的算法，主题模型的核心思想通过将高维单词空间映射到低维目标主题空间，有效地发现文档潜在的结构和隐藏的语义信息，最终实现对目标文档的降维处理、信息总结和摘要。其中，文本的降维表示能够使人们更好地理解文本的主要信息，使读者能够快速、准确地理解文本集所讨论的主题内容。

主题建模的思想源于信息检索领域。Susan Dumais 等人提出了潜在语义索引（LSI），使用奇异值分解（SVD）技术将文档向量从高维词空间映射到低维语义空间（即主题空间）。该方法可以在不依赖任何先验知识的情况下发现文本中隐含的主题信息，如多义和同义的语言现象，并最终提供不仅在词汇层面而且在语义层面匹配用户查询的搜索结果。

LSI 模型基于代数框架，而 Thomas Hofmann 提出的概率潜在语义索引（PLSI）模型通过概率生成模型模拟文档中生成单词的过程，并将 LSI 模型扩展到概率框架。LSI 和 PLSI 分别被称为潜在语义分析（LSA）和概率潜在语义分析，并已广泛应用于信息检索、自然语言处理和文本数据挖掘。

PLSA 模型只能根据训练数据集拟合有限的文档集合，同时 PLSA 的参数空间随着训练集中包含的文档数量线性增加，这使得其易于过拟合，而且 PLSA 只对已有的文档建模，即生成模型只是适合于这些用以训练 PLSA 算法的文档，在对潜在文档的推断上能力欠佳。为了解决这些问题，David Blei 等人提出了潜在 Dirichlet 分配（LDA）模型，该模型在 PLSA 的基础上引入了参数的先验分布，并将 PLSA 中使用的最大似然估计替换为贝叶斯估计，是一种先进的无监督技术,用于提取文档集合的主题信息(主题)。基本思想是将文档表示为潜在主题的随机混合,其中每个主题都是单词的概率分布。LDA 不仅可以用作文本表示方法,还可以用于降维,并已成功应用于许多下游文本数据挖掘任务。其图形表示如图 9-4 所示。

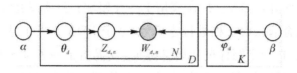

图 9-4　LDA 框图

假设 $D = \{d_1, d_2, \cdots, d_n\}$ 是文档语料库,$V = \{w_1, w_2, \cdots, w_n\}$ 是语料库包含的词汇合集,主题 $z_j, 1 \leqslant j \leqslant K$ 表示词 $|V|$ 的多项式概率分布,$p(w_i | z_j)$,$\sum_i^{|V|} p(w_i | z_j) = 1$。LDA 生成单词的过程分为两个阶段:文档生成主题,主题生成单词。或者规范地说,给定文档的单词分布计算如下:

$$p(w_i | d) = \sum_{j=1}^{K} p(w_i | z_j) p(z_j | d) \qquad (9-11)$$

LDA 算法假设语料库 D 是从如下流程生成的:

(1)对于每个主题 $k \in \{1, 2, \cdots, K\}$,对单词分布进行采样的结果为 $\varphi_k \sim \text{Dir}(\beta)$;

(2)对于每个文档 $d \in \{1, 2, \cdots, D\}$:

1)样本 a 的主题分布为 $\theta_d \sim \text{Dir}(\alpha)$;

2)对于文档 d 中的每个单词 w_n,其中 $n \in \{1, 2, \cdots, N\}$,则有:

a. 主题样本 $z_i \sim \text{Mult}(\theta_d)$;

b. 单词样本 $w_n \sim \text{Mult}(\varphi_{z_i})$。

模型的联合分布为

$$P(\varphi_{1:K}, \theta_{1:D}, z_{1:D}, w_{1:D}) = \prod_{j=1}^{K} P(\varphi_j | B) \prod_{d=1}^{D} P(\theta_d | \alpha) \times$$
$$\left[\prod_{n=1}^{N} P(z_{d,n} | \theta_d) P(w_{d,n} | \varphi_{1:K}, z_{d,n}) \right] \qquad (9-12)$$

为了计算隐藏变量的后验分布,对于给定的文档,其后验概率为

$$P(\varphi_{1:K}, \theta_{1:D}, z_{1:D} | w_{1:D}) = \frac{P(\varphi_{1:K}, \theta_{1:D}, z_{1:D}, w_{1:D})}{P(w_{1:D})} \qquad (9-13)$$

由于 $P(w_{1:D})$ 表示在任何主题模型下看到可观测语料库的概率,该值计算比较困难,因此整个分布很难精确计算。但可以使用多种近似推理技术,包括变分推理和 Gibbs 采样等。

LDA 可以很方便地用作更复杂模型中的模块,以实现对更复杂对象的聚类工作等。此外,LDA 已广泛应用于各种领域。一些研究者将 LDA 与概念层次结构结合起来对文档进行建模,如基于 LDA 开发了基于本体的主题模型,分别用于自动主题标记和语义标记,或提出了一种基于知识的主题模型,用于上下文感知推荐。此外,还有为实体消歧定义的基于 LDA 的主题模型,以及用于发现连贯主题和实体链接的实体主题模型。其他研究者还提出了 LDA 的许多变体,例如监督 LDA(sLDA)、分层 LDA(hLDA)和分层弹珠机分布模型(HPAM)等。

9.4.5 聚类评估方法

聚类的评估也称为聚类有效性分析。常用的评估聚类的方法主要有两类:一种是根据外部标准,通过测量聚类结果与参考标准的一致性评价聚类结果的好坏;另一种是根据内部标准,仅从聚类本身的分布评估聚类结果的优劣。

1. 外部标准

基于外部标准的评估方法是指在参考标准已知的前提下,将聚类结果与参考标准进行比对,从而对聚类结果进行评价。参考标准通常由专家或人工标注得到。

对于数据集 $D=\{d_1,d_2,\cdots,d_n\}$,假设聚类标准为 $P=\{P_1,P_2,\cdots,P_m\}$,其中 P_i 表示一个聚类簇。当前的聚类结果是 $C=\{C_1,C_2,\cdots,C_k\}$,其中 C_i 是一个簇。对于聚类结果进行微观评估,通常针对聚类标准中的每一个簇 P_j 和聚类结果中的每一个簇 C_i,定义以下微观指标。

(1)精确率:

$$P(P_j,C_i) = \frac{|P_j \bigcap C_i|}{|C_i|} \tag{9-14}$$

(2)召回率:

$$R(P_j,C_j) = \frac{|P_j \bigcap C_i|}{|P_j|} \tag{9-15}$$

（3）F_1 值：

$$F(P_j, C_j) = 2 \times \frac{\text{精确率} \times \text{召回率}}{\text{精确率} + \text{召回率}} = \frac{2 \cdot P(P_j, C_i) \cdot R(P_j, C_i)}{P(P_j, C_i) + R(P_j, C_i)} \quad (9-16)$$

对于聚类参考标准中的每个簇 P_j，定义 $F_1(P_j) = \max_i \{F_1(F_j, C_i)\}$，并基于此，推导出反映聚类整体性能的宏观 F_1 指标：

$$F_1 = \frac{\sum_j |P_j| \cdot F_1(P_j)}{\sum_j |P_j|} \quad (9-17)$$

F_1 值和宏观 F_1 指标丰富地刻画了各簇聚类结果和聚类参考标准之间的吻合度，是基于外部标准评估文本聚类性能时使用较多的方法。

2. 内部标准

基于内部标准的聚类性能评价方法不依赖于外部标准，而仅依靠考察聚类本身的分布结构评估聚类性能。其主要思路是：簇间越分离（相似度越低）越好，簇内越凝聚（相似度越高）越好。

常用的内部评价指标有：轮廓系数（Silhouette Coeffcient）、I 指数、Davies-Bouldin 指数、Dunn 指数、Calinski-Harabasz 指数、Hubert's Γ 统计量和 Cophenetic 相关系数等。这些指标大多同时包含凝聚度和分离度两种因素。以下仅以轮廓系数为例进行介绍。

轮廓系数由 Peter J. Rousseeuw 于 1986 年首次提出，是一种常用的聚类评估内部标准。对于数据集中的样本 d，假设 d 所在的簇为 C_m，计算 d 与 C_m 中其他样本之间的平均距离：

$$a(d) = \frac{\sum_{d \in C_m, d' \neq d} \text{dist}(d, d')}{|C_m| - 1} \quad (9-18)$$

再计算 d 与其他簇中样本的最小平均距离：

$$b(d) = \min_{C_j, 1 \leqslant j \leqslant k, j \neq m} \left\{ \frac{\sum_{d \in C_j} \text{dist}(d, d')}{|C_j|} \right\} \quad (9-19)$$

式中：$a(d)$ 反映的是 d 所属簇的凝聚度，其值越小表示 d 与其所在的簇越凝聚；$b(d)$ 反映的是样本 d 与其他簇的分离度，其值越大表示 d 与其他簇越分离。

在此基础上定义样本 d 的轮廓系数为

$$SC(d) = \frac{b(d) - a(d)}{\max\{a(d), b(d)\}} \qquad (9-20)$$

对所有样本的轮廓系数求平均值,即为聚类总的轮廓系数:

$$SC = \frac{1}{N}\sum_{i=1}^{N}SC(d_i) \qquad (9-21)$$

轮廓系数的取值范围为$[-1, 1]$,轮廓系数越高,则说明聚类性能越好。

9.5 基于文本挖掘的试验文档分类系统实现案例

试验文档数据归档是试验过程的重要组成部分,文档类型主要为试验时形成的各类技术文档,包括技术报告、试验计划、总结报告等。

一般在试验时所涉及的信息内容为试验名称、时间、地点等关键信息要素,并且各要素间没有兼并。同一个试验的不同阶段会产生多个文档,文档之间的要素标题和要素内容有重复甚至修改,但都隶属于同一个试验项目。

试验文档分类系统的开发目的在于提高试验文档归档的速度和准确度,减少人力资源的浪费,减轻人为因素对试验文档归档整编工作的影响。其主要通过对试验文档内容要素进行结构化抽取、分类,把相关试验组织在一起,从而帮助试验组织实施人员、数据采集人员和数据分析挖掘人员更方便地筹划、了解、分析试验和试验装备等信息,为首长决策和判断提供依据。

在试验文档分类子系统中,试验文档主要存储在服务器上,这些文档大部分是在归档时与其他数据一并提交的。数据分析人员通过调用各功能模块对文档进行分类整编,模块主要包括结构化抽取、关键词与格式编辑、分类训练、分类算法等。

结构化抽取模块主要是从关键词与格式编辑模块中调用相应的抽取格式和关键词信息,形成字典,并按照字典对试验文档进行结构化抽取转换,抽取步骤主要是依照字典查找关键词并提取有关键词的段落,转换步骤主要是对文档中存在的图片、表格、文本框等内容进行处理,如将表格和文本框转换为文字方便对其进行结构化转换等。

关键词与格式编辑模块主要是对关键词与格式字典进行编辑,用户可以根据需要查看、修改、新建或删除所需关键词与格式。

分类训练模块主要是根据已知类别标签对试验文档进行分类训练,用户可以根据实际需要,设置输入类别标签,创建分类规则,测试评估后形成规则模型,对试验文档进行分类,也可以根据自身需要进行分类等。

分类算法模块主要是根据预先设置的算法和分类训练模块中形成的分类模型,对未知标签的试验文档进行分类操作。

可以看出,试验文档整理系统的核心功能是对试验文档的自动分类操作,为后续的试验知识图谱构建等操作提供数据,并帮助试验分析挖掘人员更好地对文档进行管理,一般而言,试验文档的整理流程如下:

(1)试验文档的结构化抽取:首先系统会从选定的目录下提取全部的文档文件,用户输入试验项目所对应的标签集。通过文档结构化抽取模块对文档进行切分、抽取、转换工作,形成试验文档要素数据集,再通过分词程序将每条要素进行分词,形成试验文档特征集,由于特征信息可能存在冗余,需要对文本特征再进一步处理提取,形成试验文档特征标识集。

(2)构造分类器:分析输入的试验文档特征标识集,采用不同分类算法进行学习,生成分类器模型并保存。

(3)训练优化分类器:使用试验文档标签集评估分类器模型的准确率,对于每个文档标签集中的标识,将已知的分类标签与分类器预测结果进行比较,并综合评价不同模型,根据需要选择合适的分类器或对已有的分类器模型进行修改。

(4)使用分类器进行分类:在系统接收新的试验数据的时候,通过结构化抽取模块形成新的文档特征标识,选择合适的分类器对文档进行分类预测。

在文本分类挖掘技术的支持下,试验文档分类系统可以较好地实现对分类试验文档训练集、测试集的添加与维护,并对未知试验文档进行自动分类,从而为试验数据采集整编提供有意义的决策信息。

9.6　总　　结

文本挖掘是一个涉及面较广的跨学科研究领域,需要人工智能、机器学习、信息检错和数据库管理等领域引入新的算法模型。本章对文本挖掘进行了全面的梳理,主要的研究内容集中在文本预处理、文本分类/聚类、主题模型建模与分析等方面,并结合文本挖掘构建了试验文档分类系统。

第 10 章　装备试验中的多媒体数据挖掘方法概述及应用

多媒体数据一般包括图像、文本、视频、音频等内容，与常规的结构化数据相比，多媒体数据具有更强的交互性、多样性等特点。目前在多媒体数据挖掘领域，图像处理技术、可视化技术、计算机视觉、数据压缩技术、自然语言处理等多种学科融合交织，为该领域做出重要贡献。

本章将着重介绍除文本数据以外的图像数据、视频数据和音频数据的分析挖掘方法。随着采集手段的不断增多，在装备试验中图像数据、视频数据和音频数据的资源数量正在急剧增长，要从众多信息资源中快速有效地得到所需的知识内容变得愈发困难。因此，将这些无结构的、缺乏语义的图像和视频数据经过结构化处理和分析，并进一步挖掘形成有用的知识就显得尤为关键。

图像数据、视频数据和音频数据的挖掘技术通常用来实现两项任务：①描述性地挖掘媒体数据的一般特征；②对多媒体数据进行推理挖掘，以进行预测性分析。本章将分别从分类、聚类和关联挖掘方向来对不同类型的多媒体数据进行介绍。

10.1　图像数据挖掘

与初级计算机视觉和图像处理技术不同，图像挖掘的重点是从大量图像中进行模式提取，而计算机视觉和图像处理技术的重点是理解或从单个图像中提取特定特征。另外，虽然图像挖掘和基于内容的检索之间似乎存在一些重叠（因为两者都处理大量图像），但在图像挖掘中，目标是发现在给定图像集合和相关结构化数据中的图像模式。

10.1.1　图像特征提取

通常图像的颜色、边缘、形状和纹理是用于提取特征的常见属性，可以在全局或局部上对所挖掘的图像进行基于这些属性的特征提取。

例如，可以在全局上获得图像的颜色直方图，或者可以使用几个局部直方图作为表征图像中颜色空间分布的特征。在这里，可以选择 RGB 或 HSV 或其他任何合适的颜色空间进行特征提取。除了颜色空间的选择之外，直方图还对面元的数量和面元边界的位置敏感，同时也不包括颜色的任何空间信息。Swain 和 Ballar 提出了用于匹配的颜色直方图交集。后续有人提出了颜色矩阵作为更紧凑的表示。Smith 和 Chang 提出的作为颜色直方图近似值的颜色集也是对全局直方图的改进，因为它提供了区域的颜色信息。分割区域的形状可以表示为傅里叶描述符的特征向量以捕获分割区域的全局形状属性，或者可以根据显著点或片段来描述形状以提供局部特征描述。

全局和局部特征之间存在明显的权衡。全局特征通常易于计算，提供紧凑的表示，并且不易出现分段错误。然而，这些描述特征可能无法揭示细微的模式或形状变化，因为全局特征倾向于整合底层信息。另外，局部特征倾向于生成更精细的表示，即使缺少部分基础属性（例如，部分区域的形状被遮挡），也可以产生有用的结果。

10.1.2　图像分类

按内容对图像进行智能分类是从大型图像集合中挖掘有价值信息的重要方法。有两种主要类型的分类器：带参数分类器和无参数分类器。马尔可夫模型（Markow Model，MM）分类器是多媒体数据挖掘算法中嵌入的分类模块，基于所提供的一些类别标签对包括图像在内的多媒体数据进行分类。Wang 和 Li 提出了基于图像的不良网站分类，以根据图像内容对网站进行是否是不良网站的分类。Vailaya 等人使用二进制贝叶斯分类器将度假图像分级分类为室内和室外类别，提出了一种用于最大似然（Maximum Likelihood，ML）分类器的无监督训练技术，允许在缺少相应训练集的新图像时更新现有统计参数。高斯混合模型（Gaussian Mixture Model，GMM）方法使用 GMM 来近似图像数据的类分布。基于 GMM 的方法的主要优点是可以结合先验知识来学习更可靠的概念模型。由于图像内容的多样性和丰富性，GMM 模型可能在高维特征空间中包含数百个参数，因此需要大量带标记图像来实现可靠的概念学习。基于支持向量机（SVM）的方法使用 SVM 最大化正图像和负面图像之间的边缘。基于 SVM 的方法在高维特征空间中具有较小的泛化错误率。然而，搜索最优模型参数（如 SVM 参数）在计算上复杂度较高，并且其性能对核函数的适当选择非常敏感。Fan 等人利用显著对象和概念本体挖掘多级图像语义，用于图像的多层分类。在关于分级图像分类的工作中，Media Net 已开发用于表示图像/视频概念之间的关系，并实现分级概念组织。

对于 Web 图像挖掘，图像分类问题被表述为训练流形（从训练图像学习）和测试流形（通过测试图像学习）之间的距离度量的计算。由于复杂场景的可变性、模糊性以及可能有的明暗差距较大的光照条件，因此，图像进行分类仍然是一项具有挑战性的任务。这种图像分类方法被扩展用于图像注释，目的是获得对图像的更大语义理解。自动图像注释系统一般使用多模态数据挖掘技术进行注释图像，这部分将在多模态数据挖掘部分进行介绍。

10.1.3 图像数据聚类

在无监督分类（或图像聚类）中，所需解决的问题是在没有先验知识的情况下，根据图像内容将给定的未标记图像集合分组为有意义的集合。Chang 等人使用聚类技术试图检测 Web 上未标注过的图像。Jain 等人在预处理阶段使用聚类来识别用于后续监督分类的模式分类。他们还提出了一种基于分区的聚类算法，以识别在五个不同通道（五维特征向量）的图像以获得人脸分类。

在部分方法中，将图像分割视为图的分割问题，并使用基于最小生成树的聚类算法解决该问题。另外，研究人员还对不同类型的图像应用适当聚类和分类，并对进行自动处理的问题进行了一定讨论。

10.1.4 小结

图像挖掘应用一开始主要是使用初级图像特征进行数据挖掘。后来，人们意识到这种方法的局限性。首先，这些方法通常只用于对少量图像进行分类或聚类(室内与室外、纹理与非纹理、城市与景观等)。其次,通常很难将这些方法推广到训练集之外的图像数据中。最后,这种方法缺乏对图像的语义描述,而语义描述在确定图像类型时非常有价值。

因此,研究人员提出了通过中间语义表示的图像建模,以减少初级和高级别图像处理之间的差距。一种方法是使用对象分类器检测图像中的对象,然后通过这些语义对象的出现情况来表示图像。另一种方法是通过视觉词分布来表示图像的语义,从而从局部特征中提取中间属性。

中间语义建模提供了潜在的大量信息,可以利用这些信息来实现更高层次的图像挖掘性能。然而,它需要解决图像局部处理和对象识别中涉及的不确定性/不精确问题。早期的图像挖掘局限于特定的图像集,如个人相册或电子计算机断层(Computed Tomography, CT)扫描图像作为数据集,而后期的方法是将网络中大规模的图像作为数据集。

10.2　视频数据挖掘

视频数据挖掘不仅可以自动提取视频的内容和结构、移动对象的特征、空间或时间相关性,还可以从大量视频数据中发现视频结构、对象活动、视频事件等的模式信息,而无须对其内容进行预先假设。通过使用视频挖掘技术,可以实现视频摘要、分类、检索、异常事件报警等应用。视频数据挖掘不仅是一个基于内容的过程,还旨在获取语义信息。当模式识别专注于使用现有模型对样本进行分类时,视频挖掘尝试在有或没有图像处理的情况下发现样本的规则和模式。

10.2.1　视频数据预处理与特征提取

要将现有的数据挖掘技术应用于视频数据,最重要的步骤之一是将视频从非关系数据转换为关系数据。视频作为一个整体对研究人员来说是非常大的数据集合。因此,通常需要进行一些预处理,以获得适合挖掘的数据形式。视频数据由空间、时间和可选的音频特征组成。所有这些特征都可以根据应用需求进行挖掘。通常,视频由帧(关键帧)、镜头(片段)、场景、剪辑和全长度视频组成。每个层次单元都有自己的特征,这些特征对于模式挖掘非常有用。例如,从帧中,人们可以获得对象和对象的空间位置等特征,而从镜头中,人们可能获得对象轨迹及其运动情况等特征。某些层次单元中的特征也可用于挖掘。现在,根据视频应用和结构的要求,人们可以决定预处理步骤,从视频中提取帧、镜头、场景或剪辑。例如,时空分割可能涉及将视频分解为可作为单个单元进行特征提取处理的帧的相干集合。这通常通过帧检测算法完成,可以通过比较连续视频帧以确定视频时间轴的不连续性。

视频的结构(如编辑视频序列和原始视频序列)影响特征提取过程。对于类似原始视频序列的监控视频,第一步是将输入帧分组到一组基本单元调用段。而对于体育视频,如编辑视频序列,镜头识别是其第一步。Hwan 等人提出了原始视频序列的多媒体数据挖掘框架,使用运动特征的分层聚类对视频进行分割。常见的预处理步骤是提取背景帧、量化颜色空间以减少噪声、计算背景帧和新帧之间的差、基于使用一些阈值获得的差值对帧进行分类以确定每个类别。这些常见步骤可以根据需求进行配置,例如,可以使用一些其他功能或特征,而不是颜色,或者可能决定考虑两个连续帧之间的差异,而不是背景帧等。对帧进行分类后,则可以使用这些类别标签。

在特征提取方面,与图像数据类似,视频的颜色、边缘、形状和纹理是低级属性,用于从每个帧或镜头或片段中提取视频挖掘的更高级特征,如运动、对象等。除了这些特征,由对象和摄像机运动产生的属性也可用于视频挖掘。如有研究人员提出定性摄像机运动提取方法,使用来自 p 帧(预测帧)的运动向量来表征摄像机运动。其中将视频分为三种不同的类型:①原始视频序列,例如监控视频,它们既不受规则的约束,也不受脚本的约束;②编辑过的视频,例如戏剧、新闻等,结构良好,但在不同国家或不同内容创作者之间的制作风格中存在流派内差异;③其他视频如体育视频,没有脚本,但受规则约束。

10.2.2 视频数据分类

根据镜头直方图、运动对象的运动特征或其他语义描述,视频分类挖掘方法将视频对象分类为预定义的类别。因此,可以使用每个类别的语义描述或特征来挖掘该类别中视频对象之间的隐含模式。

在手势(或人体运动)识别中,包含手势或头部动作的视频序列根据它们所表示的动作或它们试图传达的信息进行分类。手势或身体动作可以表示,例如在一组固定的信息中的一个手势或身体动作,可以表示挥手问候、再见等,或者在网球视频中可以表示不同的动作,或者在其他情况下,它们可以属于某些手语等。研究发现,可以使用先前迭代中学习的分类器来学习复杂的复合概念,从而迭代扩展学习概念的词汇表。这种方法的语义描述能力不受单个设计师的直觉限制,而是受数亿为视频添加标签并上传视频的网络用户的集体、多语言词汇的限制。其他一些文献中的关联分类方法通过使用多对应分析(Multiple Correspondence Analysis,MCA)基于不同特征值对和概念类之间的相关性生成分类规则。或使用基于粗糙集理论的方法来提取事件的多个定义以进行学习。该方法克服了选择交互事件中错误数据作为训练的负面示例的问题,并可以在高维特征空间中准确测量相似性。

10.2.3　视频数据聚类

视频聚类方法根据相似视频对象的特征将其组织成簇,每个聚类的特征可用于评估包含这些视频对象的视频镜头,这些簇可以被标记或可视化。聚类在预处理阶段对于去除噪声和进行变换也非常重要,如可以使用聚类来分割原始视频序列。视频聚类中的开创性应用是镜头聚类,静态图像(关键帧)聚类,然后将其用于高效索引、搜索和查看。

10.2.4　视频数据关联分析

提取视频对象特征数据可以构造为存储在数据库中的结构化数据,从而使用传统的关联规则挖掘算法以挖掘关联关系。例如发现总是同时发生的两个视频对象,或者获取重要新闻的关联信息,这些信息在几乎全世界都很常见。如通过施加时间约束和使用修改的基于先验的关联规则,从可能的序列模式的极大搜索空间中提取有意义的信息。该方法的优势在于没有引入任何基于领域知识的规则,但缺点是需要用户给定语义事件边界和时间距离阈值参数,或使用关联规则挖掘(Association Rule Mining,ARM)来自动检测视频数据中的高级特征(概念),尝试解决诸如弥合高级概念和初级特征之间的语义差距等。

10.2.5　小结

传统的视频挖掘方法使用标签词汇表来学习和搜索能够最佳区分这些

标签的特征和分类器。这种方法受到手动选择标签集的限制。根据定义,分类器只能学习标签词汇表中的概念。它不能很好地扩展到网络上大规模的、多样的多媒体数据集。因此,未来的研究将更多地集中于此类大规模多媒体数据寻找自动注释技术。当然,对于具体应用,可行的视频挖掘算法不限于上述类型。一方面,不可能为特殊类型的视频找到通用算法,用于挖掘的特征取决于视频内容,而用于挖掘的挖掘算法类型取决于应用的需求。另一方面,可以有几种方法来满足相同应用的需求。因此,能够处理这些差异的视频挖掘框架至关重要。

本节涵盖了视频挖掘的许多不同应用。但是,仍可以看出其具有极大的局限性,即数据集的大小限制了对其进行挖掘的可行性。由于视频数据本身非常庞大,因此没有考虑大量大型视频的作品。视频数据挖掘使用音频和字幕的特征文本还需要发现更高语义层次的知识。大多数视频挖掘文献使用所有模式,这部分将在多模态数据挖掘部分对其进行了介绍。

10.3 音频数据挖掘

过去,公司必须创建和手动分析音频内容的字幕文档,因为使用计算机识别、解释和分析数字化语音很困难。音频数据挖掘可用于分析客户服务对话、分析截获的电话对话、分析新闻广播以发现客户的覆盖范围或快速从旧数据中检索信息。如美国监狱正在使用 ScanSoft 的音频挖掘产品分析囚犯电话录音,以识别非法活动。音频数据通常是音乐、语音、静音和噪声的混合。音乐和语音的某些挖掘步骤可能会有所不同。在以下内容中,将尝试介绍音频挖掘的一般步骤。

解决音频数据的自动内容分析和发现感兴趣的知识是非常重要的。音频挖掘旨在从大型音频数据集中检测重要事件,以发现其中隐藏信息。

10.3.1 音频数据特征提取

在音频数据中,一般采用时域和频谱域特征。使用的一些特征的示例包括短时能量、暂停速率、过零率、正则化调谐度、基本频率、频谱、带宽、中心频率、截止频率和频带能量比等。许多研究人员发现,基于倒谱的特征、中频倒谱系数和线性预测系数非常有用,尤其是在涉及语音识别的挖掘任务中。就特征提取而言,主要的研究领域不能很容易地划分为完全不同的类别,因为算法交叉融合思想引发了很多将不同领域的思想结合起来的方法。

滤波器组分析是许多鲁棒特征提取技术的组成部分,它的灵感来自听觉系统对单独频带中语音的处理。听觉处理已经发展成为一个独立的研究领域,并且是与生理和感知启发特征相关的重要思想的起源。Mel 频率倒谱系数(MFCC)是自动语音识别技术(Automatic Speech Recognition,ASR)应用中最常用的特征集,它们是 Davis 和 Mermelstein 在 20 世纪 80 年代引入的,由于算法的低复杂性及其在 ASR 任务中的高效率,MFCC 得到了广泛使用。Paliwal 等人引入了子频谱中心频率特征,它们可以被视为分布在非线性窗中的频谱能量的直方图。

同样重要的是基于语音共振(短期)调制相关概念的研究领域。物理观察和理论进展都证明语音产生过程中调制的存在,频率调制百分比是这些信号的二阶与一阶矩之比,这些矩作为各种 ASR 任务的输入特征集进行了测试。动态倒谱系数法试图结合长期时间信息,在相对频谱处理中,不属于1~12 Hz 范围的调制频率成分被过滤掉。因此,该方法抑制缓慢变化的卷积失真,并减少了比典型的语音变化率变化更快的频谱分量的占比。此外还有时间模式(Temporal Pattern,TRAP)方法,TRAP 特征描述了给定时刻的子词类的可能性,该可能性是从给定时刻周围的带限频谱密度的时间轨迹得出的。

人类听觉系统是一种性能优异的生物器官,尤其是在噪声环境中。采用基于生理学的方法进行频谱分析就是这样一种方法。集成区间直方图模型由一组耳蜗滤波器和一组水平交叉检测器构成,这些检测器能模拟听觉到神经的转换。联合同步/平均速率模型捕捉耳蜗响应声压波提取的基本特征。感知线性预测是线性预测编码的一种结合了听觉知识的改进算法。

语音分析的最新方法之一是非线性/分形方法。为了探索语音产生系统的非线性特性,这些方法与标准线性源滤波器方法不同。差分方程、振荡器和预测非线性模型是该领域的早期研究,后续还产生了受分形启发的其他语音处理技术。

10.3.2　音频数据分类

音频隐含信息,无论是单独的还是与从其他模态中提取的信息相结合,都可能对数据的整体语义解释有重要意义。音频流中的事件检测是上述分析的一个方面。音频流中的事件检测旨在将音频描述为一系列内容近似的部分，每个部分被标识为预定义音频类的组成部分。确定此类音频类别（例如，语音、音乐、静默、笑声、嘈杂语音等）是设计事件检测算法的第一步。而后根据求得的特征，决定该部分的内容。Sohn 等人在此基础上发展了一个重要的统计理论框架。

HMM 保留关于帧特征概率分布的时间信息。特征的概率分布函数通常建模为混合高斯分布。该决策可以基于简单贝叶斯规则、基于人类耳蜗特性的频谱变换、光谱的非线性变换或基于规则的方法遵循分层启发式方案来实现分类。基于特征空间中各种音频类的属性，设计简单规则并形成决策树，旨在对音频段进行适当分类。这些方法通常缺乏鲁棒性，因为它们依赖于阈值，但不需要训练阶段，并且可以实时工作。

在大多数基于模型的方法中，分割和分类是同时进行的。为每个音频类训练高斯混合模型和隐马尔可夫模型等模型，并通过滑动窗口上的最大似然或最大后验选择实现分类。这些方法可能产生相当好的结果，但不容易推广，而且一般不能实时工作，因为它们通常涉及多次迭代，并且需要数据进行训练。经典模式分析技术将分类问题作为模式识别的一种情况来处理。因此，应用了该领域的各种众所周知的方法，如神经网络和最近邻（NN）方法等。如 Maleh 等人应用二次高斯分类器或神经网络分类器，Shao 等人通过多层感知器结合遗传算法实现 16 类分类，Foote 将树状量化器用于语音/音乐分类。其他更现代的方法也经过了测试，如最近特征线方法，其性能优于简单的神经网络方法和支持向量机。

Briggs 等人提出了基于统计流形的分类方法用于识别音频记录中存在的鸟类物种。Fersini 等人将聚类的帧特征编码取代平均帧特征编码应用于最近邻分类算法，在司法领域提出了一种用于情感识别的多层支持向量机方法，克服了推理模型受语言、性别和类似情绪状态影响的局限性。此外，SVM 也被用于区分未受干扰的载波信号和隐藏信息。Gao 等人开发了一个 WAPS（网络音频节目监控），用于从网络音频节目中发现中文关键词并构建监控系统。WAPS 在处理能力、音频数据的实时特性、音频数据异质性和识别精度方面具有较好的性能，对数字图像的隐藏信息识别进行了很好的探索。

10.3.3　音频数据聚类

语音聚类的目标是识别并将同一发言者发出的所有语音段分组在一起。如 Meinedo 等人提出的概率方法,将相似的音频片段聚集在一起,从而能够将具有不同性别分类的语音段单独聚类。另外,Lilt 提出了一种在线分层的人类发言聚类算法,将片段按照发言者进行聚类,使得每个片段只有一个发言者。

10.3.4　小结

在早期的研究发展中,音频数据分析分析仅基于当前知识框架。后来,决策算法发展了一种模式存储器,将当前帧的预测与先前帧相关联,从而将音频数据挖掘变得更加自动化。其中一些技术更新了阈值,或连续调整隐马尔可夫模型(HMM)中的参数。此外,近期的音频挖掘技术考虑了群集帧级别的特征编码,其特征来自多个帧,例如帧包(Bag of Frames,BOF)。虽然在音频数据挖掘中没有对关联规则进行太多探索,但有一项工作使用关联规则对多类音频数据进行分类。为了克服从大型数据集中发现规则的组合搜索问题,该工作考虑了封闭项集挖掘来提取非冗余和压缩模式,使得分类规则的搜索空间显著减少。在下一步探索中可以研究用于音频数据挖掘的关联规则。

10.4　多模态数据挖掘

图像挖掘、视频挖掘和音频挖掘算法都存在语义定义不通的问题。多模态数据挖掘方法可以减少这一瓶颈。多模态数据挖掘方法是基于在许多应用中,图像数据可以与诸如文本的信息的其他模态数据共存。类似地,视频可以与音频或文本等共存。因此,可以利用不同模态数据之间的协同来捕获高级概念关系。为了利用多模态数据之间的协同作用,需要了解这些不同模态之间的关系。例如,人们需要学习注释图像数据库中的图像和文本之间的关系,或视频数据库中的视频和音频之间的关系等。然后,可以将学习到的它们之间的关系进一步用于多模态数据挖掘。这是分别关注多模式数据挖掘的主要动机。将多模态数据挖掘视为多媒体数据挖掘的一个单独部分,其挖掘是通过跨模态(如文本和图像一起或视频和音频一起)或这些不同模态的组合来完成的。多模态挖掘在许多方面与单模态挖掘的不同之处在于组合不同特征的方式或生成更具语义意义的特征。

10.4.1 多模态数据特征提取

除了图像、音频或视频数据的传统单模态特征外,可以很容易地看出多模态数据挖掘的特殊特征。图像标注可以被视为文本和图像跨模式挖掘的一个非常有用的特征。从视频中提取的字幕或电影脚本、字符识别(OCR)文本标签对于视频和文本的跨模式挖掘非常有用,从音频中提取语音则在语义上非常丰富。

从多模态数据中提取的特征的一个重要问题是如何整合特征以进行挖掘。大多数多模态分析通常对每个模态单独进行,并在稍后阶段将结果融合,以得出关于输入数据的最终决定。这种方法称为后期融合或决策级融合。虽然这是一种更简单的方法,但丢失了关于数据中存在的多媒体事件或对象的有价值信息,因为通过单独处理,会丢失不同模态之间的固有关联。用于组合特征的另一种方法是将来自所有模态的特征一起表示为高维向量的分量以供进一步处理。这种方法被称为先期融合。通过这种方法进行的数据挖掘被称为跨模态分析挖掘,因为这种方法能够发现不同模态数据之间的语义关联。

发现这种交叉模态相关所涉及的问题定义为"给定 n 个多媒体对象,每个对象由 m 个属性(传统数字属性,或文本、视频、音频、时间序列等多媒体属性)组成,从中查找跨媒体的相关性(例如,与图像斑点/区域相关的关键词;与音频特征相关的视频运动)"。该研究的主要动机是提出一种通用的基于图形的方法,来为多媒体数据库找到模式和交叉媒体相关性。这是该领域的第一种方法,称为混合媒体图。它构建了用于将图像的视觉特征与其代表关键字相关联的图,然后找到映射的稳态概率。如果提供了良好的相似性函数,该方法是非常快速且可扩展的。不同模态之间的相关性因内容和上下文而异,因此,难以获得跨模态相关性发现的通用方法。

10.4.2 多模态数据分类

多模态分类主要用于事件/概念检测。使用多种模式,如足球视频中的进球检测、电视节目中的商业广告监测或新闻故事分割等,会比单独使用单一模式更成功地分类。想要应用多模式分类,还需要考虑下列常见的分类问题:

(1)类的不平衡性(包括罕见事件/概念检测):感兴趣的事件/概念通常比较少见。

(2)领域知识依赖性:为了弥补初级视频特征和高级语义概念之间的语义鸿沟,当前大多数事件/概念提取的研究工作严重依赖于人工知识,如领域知识和先验模型,这在很大程度上限制了它们在处理其他应用领域和/或视频源时的可扩展性。

(3)缩放比例:一些好的分类器,如 SVM 算法等,随着训练数据大小的增加,不具备良好的泛化能力。

下面将介绍一些事件检测的多模态分类问题的研究工作。如 Chen 使用多模态分析和决策树逻辑进行足球目标检测。由于发现传统的 HMM 无法识别目标事件,并且在处理长视频序列时存在问题,而采用了基于决策树的方法。该方法遵循三步架构:视频解析、数据预过滤和数据挖掘。从视频解析中发现重要特征,并基于领域知识推导出三条数据预过滤规则,以去除噪声数据。从类不平衡问题解决的角度来看,这是一个新颖的想法。该研究能够证明,应用这些规则可以减少 81% 的所需镜头。然后,基于 C4.5 算法的决策树算法与信息增益标准一起使用,以迭代确定最合适的属性,并对数据集进行分区,直到分配了标签。Chen 等人通过使用带有轻量化 SVM 的预过滤步骤,他们在分类草地和非草地场景方面清理了数据集,并仅在草地场景中应用决策树,因为它们的目标事件率(数据的 5%)高于原始数据。除了原始视频和音频特征之外,他们还导出了新的中级时间特征。该工作的显著特点是考虑因果关系,假设目标事件可能由两个过去的事件引起,并可能影响两个未来的事件。这个假设被用来捕捉五次射门的时间窗口内感兴趣的进球事件。Shyu 等人则提出了一种方法,将基于距离和基于规则的数据挖掘技术进行智能集成,以处理语义差距和类不平衡问题,而不使用领域知识或依赖人工知识。比较不同分类方法性能的良好实验表明,基于子空间的模型优于其他分类方法。下面将介绍多模态数据挖掘的一些非常具体的分类问题:

(1)多模式分类器融合问题:对于多模态数据,分类器可以在多模态中串联的单个特征向量上运行,也可以单独在单个模态上运行,然后融合结果。虽然维度爆炸问题不允许第一种方法选择,但第二种方法选择需要应用一些精心设计的多模式分类器融合技术才能成功。

(2)多模式分类器同步问题:例如,发言者识别需要比人脸识别更长的时间才能做出可靠的判断,因为后者可以在获取单个图像后立即做出判断。而来自多模态分类器的分类判断将异步地输入总分类器,并且需要一种适当的方法同步它们。

当分类规则不是随机分选且分类器彼此互补时,组合多个分类器可以提高分类精度。连接多维特征并不能按比例提高准确率。另一种方法是不组合特征,而是在每个模态上独立地构建一个分类器,然后将它们的结果组合起来作为最终的结果。Lin 等人探讨了使用多模态分类器的集成,这证明了组合三个多模态分类器的有效性。他们开发了一个称为"元分类"的框架,将组合分类器的问题建模为分类问题本身。将元分类的问题表述为分类器做出的判断的重新分类。该算法看起来是一种处理多模态分类器融合问题的有前途的方法。结果表明,它优于传统方法,如投票、线性插值和基于概率的框架。分类器投票和线性插值方法忽略了分类器之间的相对质量和专业知识。在元分类中,他们将多媒体分类器的异步判断合成一个新的特征向量,然后将其输入元分类器。尽管由于维度灾难,生成长的单一特征向量不是一个好的选择,但对于许多应用来说仍然可用。为元分类器生成特征空间的合成特征向量没有很好地解释如何为当前的任务带来每种模态的可靠性。虽然同步问题在某种程度上得到了解决,但缺乏同步的负面影响仍尚未给出解释。

Lin 的另一项工作也是基于 SVM 元分类器,并给出了良好的结果。此外,Yan 等人发现,学习一组独立于查询的权重来组合特征有时比单独使用文本的系统表现更差,这显示了多模态组合挖掘的难度。由于不同的查询具有不同的特征,他们探索了与查询有关的检索模型。他们借鉴了基于文本的问答研究的思想,一个可行的思路是将查询分类为预定义的类,并利用每个查询类的先验知识和特征开发融合模型。Ramachandran 等人提出了 Video Mule 算法,这是一种共识学习方法,用于解决与视频有关的生成多标签分类问题。他们在文本元数据、音频和视频上训练分类和聚类算法,生成的类和聚类用于构建多标签树,然后映射到具有概率分布的高维置信图。概率值从树中的标记节点传播到未标记节点,直到图变得稳定,然后表示为多标签类。

10.4.3　多模态数据聚类

多模态数据聚类可以作为一种无监督的方法学习来自不同模态的连续型属性之间的关联。Furui 尝试为每个集群的每个特征搜索最优集群原型和最优相关权重。在该算法中不学习每个特征的权重,而是将特征集划分为逻辑子集,并学习每个特征子集的权重。他们的方法声称在字幕准确性方面达到先进水平。

在感知模式和语义概念都没有简单结构的领域,无监督的发现过程可能更有用。Xie 等人使用了分层隐马尔可夫模型(Hierarchical Hidden Morkov Model,HHMM)。在该算法中,定义视听概念空间为基本概念的集合,例如人、建筑和独白,每个概念都是在单独的监督训练过程中从初级特征中学习的。他们认为,这种中级概念为揭示模式中的语义提供了一个有希望的方向,因为信号层以外的分组和后续处理被认为是理解感觉输入的重要部分,多模态感知的复杂性不亚于个体感官的感知。他们通过计算状态标签和单词在所有视频剪辑中出现在同一时间段中的次数,获得了 HHMM 标签和标记单词的共现统计量 C。他们工作中未考虑的几个问题是:①使用文本处理技术来利用原始单词标记中固有的相关性;②时间模型和语义关联的联合学习,以获得更有意义的标签。

Barnard 等人提出了 Hofmann 层次聚类/方面模型的多模态和对应扩展,用于学习图像区域和语义相关(词)之间的关系。每个簇与从叶到根的路径相关联。靠近根的节点由多个集群共享,而靠近叶的节点由少数集群共享。层次聚类模型没有明确地对特定图像区域和单词之间的关系进行建模。但是,它们在某种程度上通过共现对这种对应进行编码,因为在节点上收集"主题"是有优势的。Goh 等人提出了另一种多模式聚类方法将每个视频划分为 Ws-minute 块,并从这些块中提取音频和视觉特征。接下来,他们应用 k 均值聚类来为每个块分配一个商业广告/节目标签。他们打算使用内容自适应和计算成本低廉的无监督学习方法。偏离平稳性的概念是测量序列中通常特征的数量。它们形成了一个全局窗口和一个局部窗口,全局窗口由更长分钟的视频块组成,而本地窗口只有一个较短的视频块。根据直方图计算基于 Kullback-Liebler 距离度量相异值。基于全局窗口和局部窗口的相异性是一个好主意,但找到它们的大小以进行有效计算则比较麻烦。为了标记为节目或商业广告,他们需要基于规则的启发式方法,这些方法可能不是通用的和可扩展的。

Frigui 等人的方法是提取对应于常见同类型区域的代表性视觉轮廓,并将其与关键字关联,使用一种同时执行聚类和特征加权的新算法来学习关联。无监督聚类用于识别对应于同类型区域的代表性轮廓。来自每个集群的代表及其相关的视觉和文本特征用于构建词库。该算法的假设是,如果单词 w 描述给定区域 Ri,那么它的视觉特征的一个子集将出现在图像数据库中的许多实例中,从而可以挖掘它们之间的关联规则。他们声称,由于图像/区域表示重复词、不正确分割、不相关特征等的不确定性,标准关联规则提取算法可能无法提供较好的结果。Wei 等人提出了交叉参考重排序(CR 重排序)策略,用于视频搜索引擎初始搜索结果的细化。CR 重新排序方法包括三个主要阶段:分别对不同模态的初始搜索结果进行聚类,根据与查询的相关性对聚类进行排序,并使用交叉引用策略对所有排序的聚类进行分层融合。CR 重排的基本思想是,不同模态的视频内容的语义理解是一致的。由于集群排名的限制,所提出的重新排名方法对集群的数量很敏感。虽然现有的聚类方法通常输出没有内在结构的项目组,但 Messina 等人的工作使用跨模态聚类发现了分组项目之间更深层次的关系,如等价或包含关系等。该工作指出,现有的聚类方法大多是对称的链接信息项,但两个相关项应分配不同的强度以相互链接。

Zhang 等人提出的通过两级聚类算法揭示了垃圾邮件图像的常见来源。该算法首先以成对的方式计算图像相对于视觉特征的相似度,将相似度足够高的图像归为一组,在第二级聚类中还考虑了文本线索,采用字符串匹配方法对两幅图像中文本进行比较,并将其作为一级聚类结果的细化标准。虽然他们没有使用两种模式之间的协同作用,但通过某种关联规则挖掘算法可以利用该算法以提高结果的有效性。

10.4.4　多模态数据关联挖掘

由于视频和音频是连续媒体,其主要形式是顺序模式(顺序关联相邻镜头的模式）。为了从可能的序列模式的极大搜索空间中提取有意义的模式，有时需要施加各种约束以消除可能性较低的搜索区域。该想法主要用于多模态事件检测，从而反过来用于索引和检索。由于视频序列中的时间信息对于传输视频内容至关重要，Chen 等人提出了基于对传统关联规则挖掘（ARM）改进的分层时态关联挖掘方法。这种方法的优点是提供了时间阈值、支持度和置信度阈值的自动选择。基于模式组合爆炸问题，研究人员还提出了一些非传统的 ARM 神经网络，Jiang 等人将其命名为自适应共振理论。

对于事件检测或分类，需要事先了解事件模型，但关联挖掘可以发现模式，然后将其用于视频分类/标记。因此，它是比隐藏马尔可夫模型、分类规则或特殊模式检测更好的方法。Zhu 等人的工作尝试进行序列关联挖掘，并将类别标签分配给发现的关联以用于视频索引。他们首先探索可以帮助弥合初级特征和视频内容之间的语义鸿沟的视觉和音频信息，并讨论对视频关联进行分类以构建视频索引的算法来进行视频关联挖掘。一旦从不同的模式得到生成的符号流，后续需要组合或分开处理这些流。而为了找到出现在多个流中的模式的共同现象，需要符号生成同步来组合成单个流并检测周期性模式。Zhu 等人提出的关联挖掘很好地处理了这个问题，但产生了新的问题，即多媒体数据流在相同的时间内会生成不等量的符号。视频镜头中的符号和音频剪辑中的文字需要以某种方式同步，以创建用于挖掘目的的关系数据库。如果将它们视为一个流，可能会丢失一些信息，尽管它们使用了视觉、文本、音频和元数据特征，但并没有显示出任何多模态融合在增强知识发现过程中的任何特殊用途。尽管已经提出了具有良好的初级和中级特征的算法，但算法的挖掘结果中没有显示有意义的发现模式。

类似地，在一系列研究中，其目的是展示时间约束作为时间距离和时间关系的重要性。对提取的原始元数据应用时间距离阈值（Temporal Distance Threshold，TDT）和语义事件边界（Semantic Event Boundary，SEB）约束有助于有效提取电影规则和频繁语义事件。例如，频繁模式表示中，SM1-SM1 表示"两个连续的有人声镜头"，SM1-MV0 表示"一个有人声且无移动方向的镜头"，MV0-MV0 表示"两次连续的无移动方向镜头"。这些模式的相当高的召回值表明角色相互交谈并且在这部电影的大部分谈话事件中几乎没有移动。他们没有使用基于领域知识的任何规则（例如，新闻视频的采访事件有一个镜头，采访者和被采访者重复出现）。因此，它是一种从规则无关视频中提取语义模式的方法。

这些方法使用 MP 和 OpenCV 从音频和视频快照关键帧中提取原始级别特征。然后，它们对原始特征进行聚类，并基于聚类分配标签，以更有效地区分帧。使用语义级元数据背后的直觉是，从中可以获得一些语义级知识。例如，通过考虑颜色直方图级别的数据，很难解释更高级别语义的获取知识，但通过聚类该直方图并将其标记为类别（如水、雪、火等），就可以在语义层面解释挖掘结果。该方法使用的一个创新点是"在同一时间点出现的两个符号所表示的语义内容与在不同时间点出现两个符号的语义内容完全不同。"区分时间关系是并行的还是顺序的是一个好主意。在对挖掘进行了并行处理后，对于多媒体数据挖掘算法来说效果很好，因为通常多媒体数据的挖掘计算成本较高，而并行处理大大节约了时间成本。

Shirahama 等人指出 SEB 和视频镜头边界关系是不稳定的。考虑到语义事件中有许多镜头是僵化的，尽管镜头在给定的语义事件边界内，但它可能无法传达感兴趣的语义事件。因为可能存在镜头包含许多语义边界的情况（例如，监控视频只是一个镜头，但包含许多语义事件；而在电影中，战斗场景则由许多小镜头组成），语义事件边界很难自动找到，并且手动操作也很费力。TDT 也是用户期望的，并且在没有良好领域知识的情况下难以判断。同时该方法没有尝试降低生成的多维分类流的维数来提高序列模式挖掘任务的速度。

Lin 等人延续了 Shyu 等人的工作，认为可以通过学习更多的正面实例来解决阶级失衡问题。研究者使用关联规则挖掘来了解更多关于正面和负面实例的信息，然后使用这些知识进行分类。他们应用一些启发式方法来根据他们想要学习的概念进行更好的分类。例如，天气相关概念具有大量的负面实例，则它们在天气分类器中包含更多负面规则。这些规则是从关联挖掘中学习的，因此在检测规则时不会产生领域知识依赖。同样的，这种启发式方法也不能保证给出好的结果。但其好处是可以从数据集中的可用统计信息中自动学习这种启发式方法。

Montagnuolo 等人提出的 HMNews 具有分层架构。在最底层,它具有特征提取、镜头/说话人检测/聚类和自然语言标记等功能。在聚合层,关联挖掘工具用于生成多模式聚合。最顶层则提供搜索和检索服务。Mase 等人提出了多模态主题挖掘方法来模拟医生和患者之间的对话交互方法。他们利用 Jensen-Shannon 散度度量来解决组合非常大的模式生成问题,并提取重要的模式和主题。He 等人提出了多模态语义关联规则(Multi-Modal Semantic Association Rule,MMSAR),来自动融合关键词和视觉特征用于 Web 图像检索。这些技术将单个关键字与反转文件格式的多个视觉特征簇相关联。在检索过程中,基于提取的倒排文件中的 MMSAR,自动融合查询关键字和视觉特征。

10.4.5　小结

目前的多模态数据挖掘研究工作没有一个集中于获取用于挖掘的真实特征表示目的。例如,一种技术是提取原始级特征,然后对它们进行聚类或分类,并分配标签以生成分类数据集。由于得出的分类标签是近似的,因此这些标签应该有一些与它们相关联的概率来表示近似因子,从而使其成为更现实的数据表示。虽然已经努力发现不同模式数据之间的相关性和协同作用,但在多模态数据挖掘工作中,没有太多利用这些相关知识进行挖掘的重要方法的例子,大多数工作只处理了来自每个单独模态的初级原始数据。因此,也没有太多的研究表明,如果有上下文、内容和语义标签之间关系的先验知识,可以用来减少假设空间,以搜索正确的模型。

10.5　装备试验中的雷达干扰图像标注方法

在电子对抗中,雷达干扰是常用的对抗手段,对雷达受干扰情况进行判断具有重要意义。雷达干扰识别的研究主要有两种思路:一种是基于特征识别,一种是基于图像识别。基于特征识别方法是针对不同机理的雷达干扰信号在时域、频域、时频域、小波域、极化域等不同特征域的差异来对雷达干扰信号进行分析,通过提取差异较大的特征参数构建雷达干扰特征集,利用设计的分类器(支持向量机、决策树等)对雷达干扰信号进行识别。其不足之处是该方法对专业领域知识要求较高、干扰特征提取困难。基于图像识别方法仅从图像自身特征的出发,不考虑专业领域差异,采用卷积神经网络模拟大脑的视觉处理机制对图像层次化抽象,自动筛选特征,从而实现对图像个性化的分类任务。该方法又分为有监督和无监督两种,有监督的方法需要大量的标注信息,而无监督的方法不需要标注信息但计算量较大。

本节参考 VGGNet 网络结构,提出了一种无监督的图像分类网络算法对雷达干扰图像进行分类标注。

10.5.1 雷达干扰分类及图像特征

雷达干扰有多种分类方式,一般可分为有意干扰和无意干扰,每一种干扰方式下又可细分出若干子干扰方式。一种典型的雷达干扰分类如图 10-1 所示。

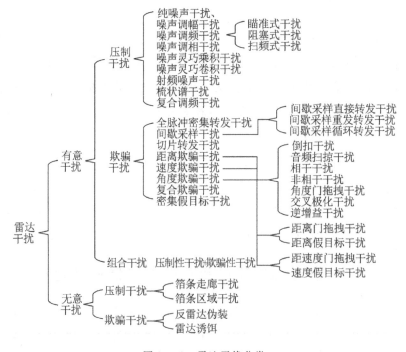

图 10-1 雷达干扰分类

干扰对雷达的影响效果一般与干扰方法、雷达体制、雷达工作状态参数等有关,一般而言,雷达在实施一种或多种组合干扰时,对雷达的干扰效果不同,这些干扰效果在时域、频域、时频域等上有些特征区别于正常工作模式,

图 10-2 为几种典型干扰的仿真画面。

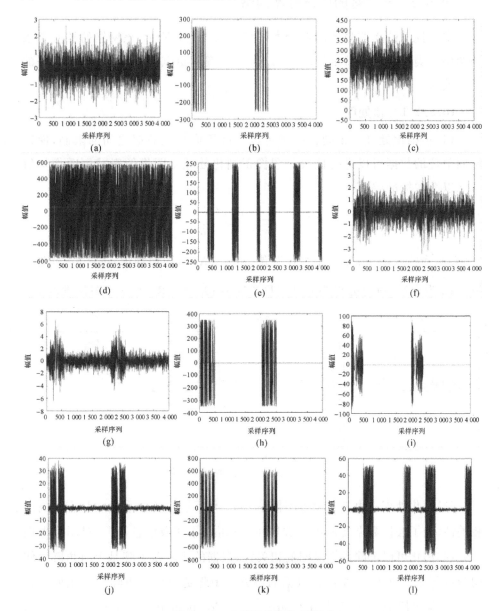

图 10-2　典型干扰的仿真画面

（a）纯噪声；（b）间歇采样转发干扰；（c）瞄准式干扰；（d）阻塞式干扰；（e）扫频式干扰；

（f）距离欺骗式干扰；（g）密集假目标干扰；（h）灵巧噪声干扰；（i）箔条干扰；

（j）箔条+间歇采样干扰；（k）密集假目标+灵巧噪声干扰；（l）距离欺骗+扫频干扰

10.5.2 无监督的图像分类网络

本节提出的无监督的图像分类网络如图 10-3 所示,该网络的核心是采用两层聚类卷积进行特征提取,可以识别出图像更细微的特征,达到较好的分类效果。

10.5.2.1 预处理

(1)正则化处理。正则化处理可以去除不同单位数据之间的限制,使得不同单位的数据可以进行比较。图像正则化处理是图像像素减去图像均值并除以图像标准差,即

$$\hat{X} = \frac{X - \text{mean}(X)}{\sqrt{\text{var}(X) + \boldsymbol{\delta}}} \tag{10-1}$$

式中:X 为输入图像;$\hat{X}$ 为正则化图像;$\text{mean}(X)$ 为图像均值;$\text{var}(X)$ 为图像方差;$\boldsymbol{\delta}$ 为常量,避免分母为 0 和对图像去噪;$\hat{X},X \in \mathbf{R}^{n \times n}$,$n$ 为图像维度。

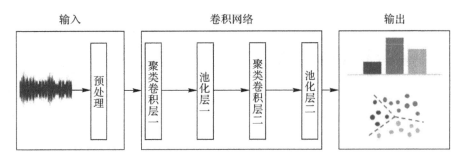

图 10-3 无监督的图像分类网络

(2)白化处理。由于在原始图像输入中,相互连接的像素之间具有较高的相关性,为了去掉数据之间的相关联度,进而去除冗余信息,需要对图像做白化处理,白化可以消除数据之间的相关性(数据的协方差矩阵是个对角阵),使得数据每个维度方差都是 1(数据的协方差矩阵是个单位矩阵),白化处理方法包括零相位成分分析白化(Zero-phase Component Analysis Whitening, ZCA 白化)和主成分分析白化(Principal Component Analysis Whitening, PCA 白化)。本节采用 PCA 白化处理,白化处理需要在正则化的基础上进行。

(1)计算协方差矩阵 $\hat{X}$ 的特征值 A 和特征向量 U：

$$[A,U] = \text{Eig}[\text{cov}(\hat{X})] \qquad (10-2)$$

(2)白化矩阵为

$$X_{\text{PCAWhite}} = A^{-\frac{1}{2}} U^{\mathrm{T}} \hat{X} \qquad (10-3)$$

其中：

$$\text{cov}(\hat{X}) = \frac{1}{n} \hat{X} \hat{X}^{\mathrm{T}}$$

$$(10-4)$$

$$A, U, X_{\text{PCAWhite}} \in \mathbf{R}^{n \times n}$$

10.5.2.2　聚类卷积层一

(1)抽取图像块：将 X_{PCAWhite} 作为无标签的卷积网络输入图像，并从其中随机抽取 m 个尺寸为 $\omega \times \omega$ 的图像块构成无标签图像集 $Y = \{y^{(1)}, y^{(2)}, \cdots, y^{(m)}\}$，$y^{(i)} \in \mathbf{R}^{\omega \times \omega}$，$i = 1, 2, \cdots,$。按照式(10-1)、式(10-3)对每一个图像块进行正则化和白化处理。

(2)提取特征：无监督的特征提取方法有很多，包括稀疏自编码(Sparse auto-encoder)、受限玻耳兹曼机(Restricted Boltzmann Machine)、K-means 聚类、混合高斯模型(Gaussian Mixture Model)等，本节采用 K-means 聚类方法提取图像特征。

K-means 聚类算法通过迭代方式不断修改聚类中心，直至聚类中心收敛。假定最终 k 个聚类中心为 $\{\mu^{(1)}, \mu^{(2)}, \cdots, \mu^{(k)}\}$，特征提取需要构建提取函数，该函数的作用和 VGGNet 网络中的卷积操作作用类似(k 为卷积核个数，$\omega \times \omega$ 为卷积核尺寸)，但不是采用卷积核与输入图像进行卷积运算，而是针对每一个聚类中心对输入图像进行采样映射(采样步长一般为1)，这里需要定义一个映射函数：

$$f_i(x) = \max\{0, \mu(z) - z_i\}, \quad i = 1, 2, \cdots, k \qquad (10-5)$$

式中：x 为输入图像的一个局部采样图像块，尺寸为 $\omega \times \omega$；$z_i = \|x - \mu^{(i)}\| = \sum_{p=1}^{\omega} \sum_{q}^{\omega} |x_{pq} - \mu_{pq}^{(i)}|$ 为 x 到第 i 个聚类中心 $\mu^{(i)}$ 的距离；$\mu(z)$ 为所有样本到各自聚类中心距离的平均值。

经过式(10-4)的映射处理，可以将 $n \times n$ 的图像转换成 k 个 $(n - \omega + 1) \times$

$(n-\omega+1)$ 的图像特征,对每一个图像特征按照公式(10-1)和(10-3)进行正则化和白化处理,得到最终的图像特征为 $C=\{c^{(1)},c^{(2)},\cdots,c^{(k)}\}$,$c^{(i)}\in \mathbf{R}^{(n-\omega+1)\times(n-\omega+1)}$,$i=1,2,\cdots,k$。

10.5.2.3 池化层一

通过上述步骤提取的图像特征维数过高,经过池化层处理,可以降低特征向量的维数和整合图像特征。池化层采用最大池化方式,池化滤波器尺寸为 $p1\times p1$,步长为 1,经过池化处理后图像特征尺寸为 $d=(n-\omega+p1-1)/p1$。$C1=\{c1^{(1)},c1^{(2)},\cdots,c1^{(k)}\}$,$c1^{(i)}\in\mathbf{R}^{d\times d}$,$i=1,2,\cdots,k$。

10.5.2.4 聚类卷积层二

该层的输入为 $C1$,该层操作和聚类卷积层一的操作类似,所不同的是输入图片的通道数不同、随机抽取图像块数不同、聚类中心数不同。

针对通道中的第 j 张图按照聚类卷积层一的方式进行处理,随机抽取 $m1$ 张图像块尺寸为 $\omega\times\omega$,聚类中心数为 $k1$,通过聚类生成 $k1$ 张维度为 $(d-\omega+1)\times(d-\omega+1)$ 的图,记为 $C2(j)=\{c2_j^{(1)},c2_j^{(2)},\cdots,c2_j^{(k1)}\}$,$c2_j^{(i)}\in R^{(d-\omega+1)\times(d-\omega+1)}$,$i=1,2,\cdots,k1,j=1,2,\cdots,k$。

最终的卷积层输出结果为 $C3=\{c3^{(1)},c3^{(2)},\cdots,c3^{(k1)}\}$,其中 $c3^{(i)}=\sum\limits_{j=1}^{k}c2_j^{(i)}$。

10.5.2.5 池化层二

通过上述步骤提取的图像特征维数过高,经过池化层处理,可以降低特征向量的维数和整合图像特征。

将图像特征 $C3=\{c3^{(1)},c3^{(2)},\cdots,c3^{(k1)}\}$ 的每一块均分为四个小块,对每个小块的元素值取和,得到四个数据,当遍历完所有图像特征块后,得到 $4\times k1$ 个数据,将此 $4\times k1$ 个数据组合成一个向量,即得到池化结果,记为 $\boldsymbol{H}=\{h^{(1)},h^{(2)},\cdots,h^{(4\times k1)}\}$,$h^{(i)}\in R$,$i=1,2,\cdots,4\times k1$。

10.5.2.6 结果分类

综上所述,$\boldsymbol{H}$ 为原始输入图片的最终特征向量。假设分类结果包括 q 类,汇聚所有输入图片的最终特征向量,采用 K-means 进行聚类,再根据聚类结果对图片进行分类标注。

10.5.3　实验设计与分析

10.5.3.1　样本集构建

本节对雷达的受干扰的 A 显视频进行分析,以某单脉冲雷达为例,不考虑雷达的反干扰措施,通过样本集构建可避免无效干扰、加快训练速度。原始视频分辨率为 1 024×768,需要从视频中提取出图像、对图像尺寸进行裁剪(比如 256×256)、对图像进行灰度处理,最终形成需要分类标注的图像样本集,该样本集共有 1 200 张图像,其中包含 400 张无干扰的图像、500 张跟踪目标的图像、300 张受干扰图像。

10.5.3.2　参数选择

为了达到较好的处理效果,调整卷积核大小、聚类中心数量,达到较好的效果,本节采用如下训练参数:①输入图像尺寸为 256×256,即 $n=256$;②卷积核大小为 $\omega×\omega=12×12$;③卷积层一的随机抽取的图像块数 $m=20\,000$,聚类中心数 $k=2\,000$;④卷积层二的随机抽取的图像块数 $m_1=10\,000$,聚类中心数 $k1=1\,200$;⑤池化层一的滤波器尺寸为:$p1×p1=2×2$。

10.5.3.3　训练过程

训练过程主要包括以下 4 步:

(1)从样本集中取一个样本,输入训练网络;

(2)按照 10.5.2 节的处理流程计算图像的特征向量;

(3)判断是否处理完所有样本,如果否则返回步骤(1),如果是那么进入步骤(4);

(4)对所有图像的特征向量按照聚类算法分为三类,判断图像分类正确率,如果达到期望阈值那么结束训练并给图像进行分类标注,否则调整参数重新开始训练。

10.5.3.4　结果分析

经过以上设计与训练,图像分类结果的混淆矩阵见表 10 - 1,可以看出受干扰图像正确标注率为 99.3%,错误标注率为 0.3%,从大数据角度看这样的标注率可作为深度学习的输入。

表 10 - 1　分类结果的混淆矩阵

		预　测			合　计
		无干扰	跟踪目标	受干扰	
实　际	无干扰	396	4	0	400
	跟踪目标	4	495	1	500
	受干扰	1	1	298	300
合　计		401	500	299	

10.5.4　结论

通过研究对雷达干扰进行识别标注,可用于训练数据集的自动化构建,减少人工标注的工作量。相关研究成果可应用于装备研制和改进,以及数据分析挖掘产品开发等。

10.6　总　　结

在许多领域,如监控、医疗、娱乐等,都在探索多媒体数据挖掘技术。音频挖掘、视频挖掘和图像挖掘各自作为独立的研究领域确立了自己的地位。大多数研究重点都集中在检测多媒体内容中的概念或事件。在一些文献中,已经提出了新的特征提取技术和新的属性发现视角,但很少有研究考虑多模态数据挖掘算法,主要瓶颈是语义鸿沟。由于语义鸿沟,现有挖掘算法存在可扩展性的问题。现有技术也没有利用多媒体系统研究中交叉模态相关和融合的实践,多媒体数据挖掘的通用框架并不多,许多现有的框架更专注于特定的领域。

本章对多媒体数据挖掘进行了全面的梳理。在完成了对图像挖掘、视频挖掘和音频挖掘的文献进行总结后,可以看出多模态数据挖掘在处理不同模态数据的语义差距问题方面仍具有巨大的潜力。

第11章 基于知识图谱的装备试验数据知识融合与图数据挖掘

在装备试验过程中会源源不断产生数据信息,形成海量的数据资源,如电磁环境模拟与监测数据、靶目标数据、导航定位设备数据、光学测量设备数据、雷达测量设备数据等。原始数据存在试验数据来源多、数据融合难、数据类型杂、数据体量大、数据关联差、数据管控弱等问题。这些数据包括各类库表、文本、图片、音频、视频等多模态数据,既含有结构化数据,又含有非结构化数据,统一管理、挖掘数据潜在价值的难度较大。为实现对数据的混合存储和高效利用,需要将结构化和非结构化混合在一项数据应用中。现有的管理系统无法对上述数据进行统一的管理与查询,查询时效较低。因此,构建试验数据知识图谱,对数据进行管理以及后续的分析挖掘非常重要。

基于知识图谱的数据组织管理,以知识图谱中聚合概念的形式对实体以及实体间的关系进行组织管理,在构建知识图谱时,利用分类、聚类等数据挖掘方法,进行知识抽取,保证聚合概念的完整性和全面性。

11.1 知识图谱概述

11.1.1 知识图谱基本概念

知识图谱就是用图的形式将知识表示出来。图中的结点代表语义实体或概念,边代表结点间的各种语义关系。人们将一些基本信息,用计算机所能理解的语言表示出来,构建一个简单的知识图谱。这是一种常用的基于符号的知识表示方式——资源描述框架,它把知识表示为一个包含主语、谓语和宾语的三元组 $<S, P, O>$。

知识图谱是实现认知智能的核心基础技术。知识图谱以图的形式表现客观世界中的实体、概念及其之间的关系,致力于解决认知智能中的复杂推理问题。随着大数据时代的普及,以深度学习为基础的感知智能逐步触碰到天花板,理论突破也越来越难。而在认知智能的前进道路上,基于统计概率的深度学习模型仍然无法真正实现和人类相同的推理和理解能力。充分、有效地利用人类社会中海量的知识是可行的解决路径之一。而知识图谱将人类知识表示为图的形式,可以让机器更好地利用知识,实现一定程度的"智能化"。然而,虽然知识图谱被寄予厚望,可以实现人工智能从感知到认知的跨越,但通用知识图谱的建立和完善是一个漫长的过程。在现阶段,知识图谱还是大量应用在简单场景和垂直场景上,例如搜索引擎、智能问答、语义理解、决策分析、智慧物联等。构建知识图谱是一个系统工程,涉及知识的表示、获取、存储、应用以及自然语言处理等各项技术。

知识图谱的概念是和 Web、自然语言处理(Nature Larguage Processing,NLP)、知识表示(Knowledge Representation,KR)、数据库(Database,DB)、人工智能(Artificial Intelligence,AI)等密切相关的。所以我们可以从以下几个角度去了解知识图谱。

从 Web 的角度来看,像建立文本之间的超链接一样,构建知识图谱需要建立数据之间的语义链接,并支持语义搜索,这样就改变了以前的信息检索方式,可以以更适合人类理解的语言来进行检索,并以图形化的形式呈现。从 NLP 的角度来看,构建知识图谱需要了解如何从非结构化的文本中抽取语义和结构化数据。从 KR 的角度来看,构建知识图谱需要了解如何利用计算机符号来表示和处理知识。从 AI 的角度来看,构建知识图谱需要了解如何利用知识库来辅助理解人类语言,包括机器翻译问题的解决。从 DB 的角度来看,构建知识图谱需要了解使用何种方式来存储知识。

由此看来,知识图谱技术是一个系统工程,需要综合利用各方面技术。国内的一些知名学者也给出了关于知识图谱的定义。以下简单列举了几个。

电子科技大学刘娇教授给出的定义是:知识图谱是结构化的语义知识库,用于以符号形式描述物理世界中的概念及其相互关系,其基本组成单位是"实体-关系-实体"三元组,以及实体及其相关属性-值对,实体之间通过关系相互联结,构成网状的知识结构。

清华大学李涓子教授给出的定义是:知识图谱以结构化的方式描述客观世界中概念、实体及其关系,将互联网的信息表示成更接近人类认知世界的形式,提供了一种更好地组织、管理和理解互联网海量信息的能力。

浙江大学陈华钧教授对知识图谱的理解是:知识图谱旨在建模、识别、发现和推断事物、概念之间的复杂关系,是事物关系的可计算模型,已经被广泛应用于搜索引擎、智能问答、语言理解、视觉场景理解、决策分析等领域。

东南大学漆桂林教授给出的定义是:知识图谱本质上是一种叫作语义网络的知识库,即一个具有有向图结构的知识库,其中图的结点代表实体或者概念,而图的边代表实体/概念之间的各种语义关系。

当前,无论是学术界还是工业界,对知识图谱还没有一个唯一的定义,项目组的重点也不在于给出理论上的精确定义,而是从工程的角度,构建有效的知识图谱。

知识图谱构建过程中一些常见概念,这里列举如下。

实体:对应一个语义本体。

属性:描述一类实体的特性。

关系:对应语义本体之间的关系,将实体连接起来。

有些研究也将属性定义为关系,属于属性关系的一种。但将属性和关系作为两种不同的概念区别对待。

11.1.2　知识图谱的模式

在知识图谱的图结构表示中,结点代表语义实体或概念,边代表结点间的各种语义关系。那么,实体和概念又该如何区分呢?

由概念组成的体系称为本体,本体的表达能力比模式强,且包含各种规则,而模式这个词汇则来源于数据库领域,可视为一个轻量级的本体。实体和概念之间通常是"是"的关系,也就是"isA"关系。而概念和概念之间通常是子集关系,如"subClassOf"。

总体来看,本体强调了概念之间的相互关系,描述了知识图谱的模式,而知识图谱是在本体的基础上增加了更丰富的实体信息。通俗来讲,模式是骨架,而知识图谱是血肉。有了模式,人们可以更好地推理和联想。

模式规范体系 Schema.org:这个规范体系是一个消费驱动的尝试,其指导数据发布者和网站构建者在网页中嵌入并发布结构化数据,当用户使用特定关键字搜索时,可以免费为这些网页提升排名,从而起到搜索引擎优化

(SEO)的作用。Schema. org 支持各个网站采用语义标签(Semantic Markup)的方式将语义化的链接数据嵌入网页中。它的核心模式由专家自顶向下定义,截至目前,这个词汇本体已经包含 700 多个类和 1 300 多种属性,覆盖范围包括个人、组织机构、地点、时间、医疗、商品等。通过 SEO 的明确价值导向,Schema. org 得到了广泛应用,目前全互联网有超过 30% 的网页增加了基于它的数据体系的数据标注。

当然,Schema. org 也有体系覆盖度不足、局限于英文、细致化不足等缺点。尤其是在构建特定领域模式的过程中,经常需要融合多种知识体系。由于这些不同体系关于类别、属性的定义并不统一,例如:GeoNames、DBpedia Ontology、Schema. org 等都有各自独特的体系定义,因此,体系融合也是一个非常大的难题。在实践中,开发人员一般会根据一个成熟的知识体系,结合特定需求,构建适合自身需求的模式。

11.1.3　知识图谱的技术架构

构建知识图谱是一个系统性工程。图 11 - 1 给出了一个典型的知识图谱构建与计算的架构。

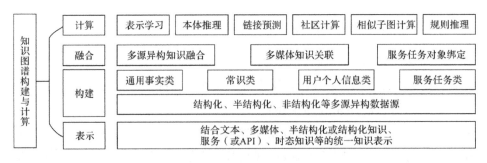

图 11 - 1　知识图谱的构建与计算

知识图谱的构建与计算,不仅需要考虑如何结合文本、多媒体、半结构化知识、结构化知识、服务或 API,以及时态知识等的统一知识表示,还需要进一步考虑如何结合结构化(如关系型数据库)、半结构化(HTML 或 XML)和非结构化(文本、图像等)多源异质数据源来分别构建通用事实类(各种领域相关实体知识)、常识类、用户个人记忆类和服务任务类知识库等。针对不同类型的数据和知识,有不同的构建技术,如针对结构化数据的知识映射、针对半结构化知识的包装器，以及针对非结构化知识的文本挖掘和自然语言处理。文本挖掘充分利用 Web 和大规模语料库的冗余信息来发现隐含的模式；而自然语言处理更多是在开放或者确定的 Schema 下做各种知识抽取。为了得到融合的图谱，我们除了需要考虑离线的多源异构的知识融合，还需要额外考虑服务任务类动态知识的对象绑定。这项工作往往是在线完成的，相当于根据不同的交互，在线动态扩充知识图谱并实例化的过程。最后还需要考虑知识图谱的存储。既然有了知识，就必须用一定的手段去存储。但这里谈到的存储，不仅仅是建立一个知识库，还包括存储之后的应用效率等。传统关系型数据库，例如 MySQL，以及一些 NoSQL 数据库，例如 MongoDB，能不能存储 KG 呢？答案是肯定的，但从直观上说，考虑到知识是互联、庞大的，且联系是数据的本质所在，而关系型数据库对于数据联系的表现比较差，所以在知识图谱的存储上，关系型数据库没有图数据库灵活。尤其是涉及多跳关联查询时，图数据库的效率会远比关系型数据库高。

11.1.4　知识图谱技术体系

知识图谱并不是单一技术，而是一整套数据加工、存储及应用流程。本书将会围绕知识图谱的整体技术体系进行分析，具体分为四个主要部分：知识表示与知识建模、知识抽取及挖掘、知识存储与知识融合、知识检索与知识推理。通过对知识图谱技术体系的分析，建立对知识图谱技术栈的整体认知。

（1）知识表示与知识建模。结合装备试验历史数据对知识表示与知识建模的概念及常用方法进行分析。

1）知识表示。通过将知识按照一定的方法进行表示和存储，才能让计算机系统更高效地处理和利用知识。实际上，知识表示是人工智能领域一个较为核心的问题。对于知识表示的准确定义目前仍旧没有一个完美的答案。Davis 等人在论文"What is knowledge representation?"中给出了知识表示的五种角色，具体如下所示。①真实世界中知识的抽象替代；②本体论的集合；③不完整的智能推理理论；④高效计算的媒介；⑤知识的中间体。

以上内容可以看作是对知识表示的定义较为全面的一种阐述，其定义如下所示。

知识表示可以看作真实世界中知识的一种抽象替代,而且这种替代是按照计算机可以理解的方法来实现的。这种解释来源于,任何希望对于所处环境有所认知的智能体都会遇到一个问题,即需要了解的知识全部属于外部知识。现在如果希望计算机能够学习到真实世界中的知识,就需要在计算机中建立抽象替代。然而,这就会引出一个问题,即对现实世界的知识进行抽象表示无法完全做到无损。

为了解决这个问题,引入了知识表示的第二个角色:一组本体论的集合。本体论将真实世界中的概念和实体抽象成类和对象,从某种程度上达到了与知识表示相同的目的。将真实世界抽象成类和对象的优势在于,使用者可以只关注自己想关注的重点并仅对其进行抽象和表示,避免了知识表示作为真实世界抽象替代无法做到无损的问题。关注事物的重点,实际上是人类(包括人工智能)在做出判断和决策时所使用的捷径,这是因为在真实世界中的事物包含的信息量过大,而系统必须关注对其有用的信息。

除此之外,知识表示还是一个不完整的智能推理理论,这也是知识表示的第三个角色。这个角色来源于,最初知识的概念和表示的产生都是由于智能体需要进行推理而驱使的。认知能力对判断一个物体是否智能起着至关重要的作用,而拥有认知能力即代表智能体可以储存知识,并使用其进行推理后得到新的知识。但仅仅存在知识的表示理论是不够的,需要配合推理方法等其他理论形成完整的推理理论,所以知识表示可以看作一个不完整的智能推理理论。

知识表示的第四个角色:一种高效计算的媒介。这是因为单纯从机器的角度看,计算机中的推理是一种计算过程。如果想要得到推理结果,必须对已有的表示进行高效的计算,而知识表示抽象整合了真实世界当中的知识,在推理时可以对知识进行直接利用,达到高效计算的目的。

与之较为类似的,知识表示同样可以看作一种知识的中间体。根据字面意思,知识表示代表了人们对真实世界的描述,人类可以将已有的知识作为中间体来传播和表达知识(像机器或人类)。这种表示可以反映在现实生活中的很多方面,最浅显的如书本就是一种对知识的表示,而书本正是人类传播和描述知识的中间体。

综合以上五种知识表示的角色,可以将知识表示理解为对真实世界的一种不完整的抽象描述,只包含人类或计算机想要关注的方面,同时也可以把它作为计算和推理的中间件。在了解了知识表示的概念后,接下来就需要了解知识是如何被表示的。在计算机系统中,知识表示的方法和形式化语言有很多种,不同的表示方法会带来不同的表示效果。这就使得人们需要一种公认的描述方法来对需要表示的知识进行描述,这种方法必须足够简洁并且具有较强的可扩展性以适应现实世界知识的多样性,即描述逻辑与描述语言。

2)知识建模。知识建模是指建立计算机可解释的知识模型的过程。这些模型可以是一些通用领域的知识模型,也可以是对于某种产品的解释或规范。知识建模的重点在于,需要建立一个计算机可存储并且可解释的知识模型。通常,这些知识模型都使用知识表示方法来存储和表示。知识建模的主要过程分析如下。

知识获取:根据知识系统的要求从多个来源使用不同方法获取知识,然后对获取到的知识进行判别并分类保存。

知识结构化:使用不同方法(比如基于本体的建模方法)对非结构化的知识进行表示和存储,以达到建模的目的。然后通过已经建立的知识库,实现知识建模后的标准化和规范化。

实际上,在任何情况下,没有一种绝对"好"的建模方案,只有相对适合的方案。所以根据不同场景进行实践得到的结论,是对知识建模最好的指南。

知识获取是通过多种数据源以及人类专家,为知识库系统获取和组织需要的知识的过程。在知识获取阶段,首先需要明确建立知识模型的目的,根据目的来确定其中的知识所覆盖的领域与范围。当发现需要建立的知识模型覆盖的领域与范围过大时,也可以先从其中一部分入手,如对某个领域的子领域进行建模,再对子领域的模型进行集成,最终达到知识模型所要完成的目标。在选择领域与覆盖范围时,尽可能地选择整体知识结构相对稳定的领域,一个不稳定的领域会造成大量数据的删减和重构,增加知识模型的维护成本,同时降低构建的效率。通常来讲,目前常用的知识来源主要包含两方面:以 Web 数据为数据源和以专家知识为数据源。根据不同的数据源,可以使用不同的方法来获取数据。

以从 Web 获取数据为例,这种方法的核心在于使用增量方法针对特定领域不断获取相关数据。在整个过程中,知识的获取是自动进行的,并且直接从整个 Web 以完全无监督和独立的方式执行。在获取阶段通常希望尽可能多地获取相关知识,而 Web 环境由于其规模和异构性成为知识获取的最佳选择。同时由于 Web 环境规模相对较大,在获取时需要轻量级的分析技术才能获得良好的可伸缩性和执行效率。在从 Web 获取知识的过程中,通常会在不同领域确定关键词,并基于这些关键词对大量网站进行分析,得到需要的知识。在网页分析的过程中,无须专家监督语言模板,也无须特定分析领域的预定义知识(例如领域本体,是知识获取的关键技术之一)。

知识同样可以通过人类专家来获取,其中主要的方式包括但不限于由知识工程师手动将知识输入计算机中,或对领域专家进行采访等。在获取了足够的知识后,需要判别有效性并尽可能地对知识进行分类保存。

值得注意的是,经过上述步骤,获取到的信息更多是非结构化或半结构化的信息,这样的信息实际上是无法被计算机直接利用的,所以在完成上述步骤后,还需要对已获取到的知识进行结构化。结构化的核心目标是将非结构化的数据结构化,并使用计算机可读的知识表示方法进行表示。该阶段的任务可以分为两部分:知识抽取和知识结构化的表示。知识抽取部分主要负责对非结构化或半结构化的知识(通常为自然语言或接近自然语言)进行抽取,并为后续的知识表示提供便利。根据人们对 RDF 与 OWL 等知识表示语言的了解,通常可以将自然语言以三元组的结构重新组织,这样既方便了人的阅读,也降低了后续将知识通过 RDF 与 OWL 表示的难度。在知识抽取得到结构化数据后,还需要将其转换成计算机可读的形式,一种常见的做法是构建本体,并将知识保存为 RDF 或 OWL 文件。本体构建的方法如下:

本体的概念最早起源于哲学领域,主要研究与哲学意义上的"存在"直接相关的概念,以及与"存在"相关的关系。而在计算机和人工智能领域,一种简短的对本体的解释是,本体是一种对于现实世界概念化的规范,即知识的一种抽象模型,抽象了不同实体的特征并将其泛化成不同类和关系。在本体的构建方面,比较经典的方法包括 METHONTOLOGY 法、七步法等,这些方法的产生通常来源于具体的本体开发项目。

下面就以 METHONTOLOGY 法为例,分析本体构建的流程。整个本体构建过程将从产生非正式的规范开始,随着本体的不断演进最终发展出可被计算机理解的本体模型。在演进过程中,本体的形式化水平逐渐提高,最终可由机器直接理解。建立本体的第一步是确定建立本体的目的,包括本体的预期用户、使用场景及本体涉及的范围等要素。这一步的重要性在于从多个维度确定了构建本体的条件与前提。在第一步完成后,通常会输出一个描述本体规范的文档。在当前阶段,这样的规范可以是任何形式,包括正式的或非正式的,并且可以使用自然语言描述。在规定了本体的目的和范围等要素后,第二步则需要进行知识获取。通常情况下,这些知识可以来源于互联网,也可以来源于专家或其他途径。在大多数情况下,知识获取可以和第一步同时进行,即在设计本体的同时根据设计方案尽可能多地获取数据,当本体规范文档输出后,再根据该文档筛选出对本体构建至关重要的数据。在METHONTOLOGY 法的第三步,需要对本体进行概念化。这一步的目的是组织和结构化外部源获取到的知识。根据第一步指定的规范,在这一步需要进一步对获取到的外部知识进行抽象和汇总,提取出概念、类、关系等抽象关系作为知识的中间表示,可以使用基于表格或图形的方法对这些中间表示进行存储和展现。这些中间表示需要同时被领域专家和开发人员理解。第四步,为了使得当前构建的本体与其他本体融合与共享,需要尽可能集成已有本体。在集成过程中,可以借鉴已有本体的某些定义,使新建立的本体与已有本体保持一致。第五步,使用形式化语言实现该本体,即使用形式化语言进行表示。举例来说,可以使用前文提到的 RDF 与 OWL 等形式化语言表示本体。在这一步中输出的本体形式化表示应当是可被计算机理解和存储的。当完成本体的形式化表示后,需要对构建好的本体进行评估,这是METHONTOLOGY 法构建本体的第六步。这一步的重要性在于识别本体中存在的冗余、不完备与不一致,以便对本体进行优化来提升本体的质量。接下来即可将上述每一步的成果整理成文档并保存,这也是 METH-ONTOLOGY 法构建本体的最后一步。通过将构建本体的过程文档化,可以对整个本体构建过程进行反思与复盘,以便在后续需要维护时快速进入本体的下一个生命周期。

(2)知识抽取及挖掘。知识抽取是指从不同来源、不同结构的数据中,利用实体抽取、关系抽取、事件抽取等抽取知识的技术。知识抽取技术是知识图谱构建的基础,也是大数据时代的自然产物。随着互联网信息爆炸式增长,人们需要这样一种从原始数据中提取高价值信息的方法,而知识抽取技术在其中发挥了重要作用。

知识挖掘是指从文本或者知识库中挖掘新的实体或实体关系,并与已有的知识相关联的过程。知识挖掘包括知识推理、知识规则挖掘两部分。

知识推理包含实体属性的推理和对实体关系的推理,实体链接是指从自然语言文本中的实体指称映射到知识库对应的实体的过程,但由于知识库中的实体繁多,容易出现同一个实体名包含多个实体或多个实体名指向同一个实体的情况,在进行知识推理前,需要对实体做消歧处理。实体消歧的基本流程分为实体指称识别、候选实体生成和候选实体排序三个步骤。

知识规则挖掘是对知识结构的挖掘,可以针对现有的知识体系,利用部分规则,挖掘出新的知识,如挖掘新的实体、关联关系等。知识规则挖掘分为基于关联规则的挖掘和基于统计关系学习的挖掘。

(3)知识存储与知识融合。知识存储是考虑业务场景及数据规模等条件,选择合适的存储方式,将结构化的知识存储在相应数据库中的过程,它能实现对数据的有效管理和计算。按照存储结构可将知识存储分为基于表结构的知识存储和基于图结构的知识存储两种类型。

知识融合,是通过高层次的知识组织,使来自不同知识源的知识在同一框架规范下进行异构数据整合、消歧、加工、推理验证、更新等步骤,达到数据、信息、方法、经验以及人的思想的融合,形成高质量的知识库。知识融合技术产生的原因:一方面是通过知识抽取与挖掘获取的结果数据中可能包含了大量冗余信息与错误信息,需要进行清理和整合;另一方面是由于知识来源的渠道众多,存在数据重复、质量参差不齐、关联不明确等问题。知识融合分为概念层知识融合和数据层知识融合,其中概念层知识融合主要研究本体匹配、跨语言融合等技术,数据层知识融合主要研究实体对齐等。概念层知识融合按照匹配粒度来划分,本体匹配可分为元素层匹配方法和结构层匹配方法;按照本体特征来划分,本体匹配可分为基于文本的方法、基于结构的方法、基于实例的方法、基于背景知识的方法以及基于逻辑推理的方法。数据层知识融合包括实体对齐,也称为实体匹配或实体解析,是判断相同或者不同数据集中两个实体是否指向真实世界中同一对象的过程;在算法层面,可以分为只考虑实例及其属性相似程度的成对实体对齐,以及在成对对齐基础上,考虑不同实例之间相互关系,计算相似度的集体实体对齐两类。

（4）知识检索与知识推理。构建好知识图谱后，即系统已经将知识进行建模，并存储成人类与机器都可以理解的形式，此时当外界信息传入时，首先需要找到与感知信息相关的知识，并对其进行加工和处理。在该过程中，主要涉及的技术为知识检索和知识推理。

知识检索作为知识图谱最简单的应用之一，主要目的是根据某些条件或关键词，通过对知识图谱进行查询，退回相关信息。相较于传统的查询和检索，知识检索不仅仅返回简单的数据列表，还以结构化的形式返回信息，与人类的认知过程一致。目前常用的知识检索手段主要有基于查询语言的知识检索和基于语义的知识检索（即语义搜索）。

当我们已经构建了一个完整的知识图谱时，意味着距离让计算机系统足够有学识又前进了一步。然而，单纯地构建知识图谱，并利用其查询需要的内容并没有真正让计算机系统达到认知的目的。在人类长期的演化和发展当中，拥有知识并使用这些知识进行推理是认知的关键部分。从概念上讲，推理是从已有的知识当中推断出尚未拥有的知识的过程。Kompridis 将推理定义为一系列能力的总称，包括有意识地理解事物的能力、建立和验证事实的能力、运用逻辑的能力以及基于新的或存在的知识改变或验证现有体系的能力。推理的过程中通常涉及两种知识：已有的知识和尚未拥有的新知识。在演绎推理中最简单的三段论推理中，一次完整的推理由大前提、小前提和结论组成。可以将大前提和小前提看作已有的知识，而结论则是需要通过推理得到的新知识。在知识图谱中，其核心的数据构成可以看作三元组，即＜主体，谓词，客体＞，此时通过已有三元组推断出未知的三元组的过程即知识推理。知识推理的应用主要包括知识补全、知识对齐与知识图谱去噪声等。

11.2　知识图谱上的挖掘及应用

在知识图谱建立完成之后，基于知识图谱的挖掘可以大大扩展知识图谱的知识覆盖率。基于知识图谱的挖掘主要包括知识抽取、知识检索查询、知识推理和用户搜索意图四个方面。

11.2.1 知识抽取

知识抽取是指从不同来源、不同结构的数据中,利用实体抽取、关系抽取、事件抽取等抽取知识的技术。知识抽取技术是知识图谱构建的基础,也是大数据时代的自然产物。随着互联网信息爆炸式增长,人们需要这样一种从原始数据中提取高价值信息的方法,而知识抽取技术在其中发挥了重要作用。知识抽取的应用领域非常广泛,例如装备性能鉴定等。以装备性能鉴定为例,通过知识抽取,可以抽取出装备性能鉴定的详细信息,包括试验时间、地点、试验人员、作战目标、试验装备、试验数据、试验类型等,从而构建装备性能鉴定语料库,为未来的同类型试验提供参考。

知识图谱的数据来源按照结构的不同,可以分为三大类,分别是结构化数据、半结构化数据和非结构化数据,不同类型的数据,知识抽取方法也不同。知识抽取方法如图 11-2 所示。

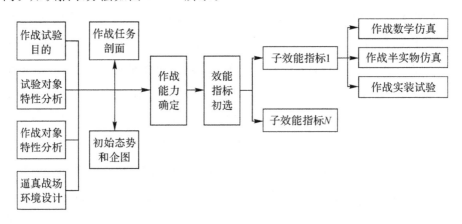

图 11-2 知识抽取方法

结构化数据的抽取:结构化数据主要分为两类,分别是关系数据库和链接数据。针对关系数据库,可以采用标准化方法,如直接映射和 R2RML,将其映射为 RDF 格式数据。直接映射的本质是通过编写启发式规则,把关系数据库中的表转换为 RDF 格式三元组;R2RML 是一种将关系数据库数据映射到 RDF 数据的语言,可以定制映射,因此更为灵活。抽取关系数据库的难点在于对复杂表数据的处理,如嵌套表。针对链接数据,需要从中(通常是已有的通用知识图谱）抽取出一个子集，形成领域知识图谱。主要实现方式是图映射，即将通用知识图谱映射到定义好的领域知识图谱模式上，该方法的难点是数据对齐问题。

直接映射的映射方式，是将关系数据库中的表转换成一个 RDF 类，表中的每个字段（列）转换成一个 RDF 属性，表中的每一行转换成一个 RDF 资源，表中的单元格转换成一个字面值。

R2RML 映射分为三元组映射、主语映射、谓语宾语映射，其中谓语宾语映射又分为谓语映射、宾语映射和引用宾语映射，一个三元组映射也可包含图映射。三元组映射将结构数据表中的每一行映射成一系列 RDF 三元组；主语映射从结构化数据表中生成三元组的主语，宾语映射从结构化数据表中生成三元组的宾语。

半结构化数据的抽取：半结构化数据主要分为两类，分别是标准文档类数据和普通文档数据。对于普通文档数据，通用的抽取方法为包装器。包装器是一类能够将数据从文档中抽取出来，并将其还原为结构化数据的技术。包装器的实现方式主要有三种，分别是手工方法、包装器归纳和自动抽取。其中，包装器归纳是一种监督学习方法，可以从已标注的数据集中学习抽取规则，应用于具有相同标记或者相同文档模板的数据抽取。自动抽取方法是先对一批文档进行聚类，得到具有相似结构的若干个聚类群，再针对每个群分别训练一个包装器，其他的待抽取文档经过包装器后会输出结构化数据。

非结构化数据的抽取：非结构化数据，典型的有文本、图片、音频、视频等，它们占据了试验数据中的绝大部分。现阶段我们更多是从文本这类非结构化数据中抽取知识，实现该任务的技术被统称为信息抽取。信息抽取与知识抽取的区别在于信息抽取专注于非结构化数据，而知识抽取面向所有类别的数据。信息抽取于 20 世纪 70 年代后期出现在自然语言处理领域，目标是自动化地从文本中发现和抽取有价值的信息，并需要从多个文本碎片中整合信息。文本信息抽取主要由三个子任务构成，分别是实体抽取、关系抽取和事件抽取。知识图谱以图模型进行表示时，实体抽取产生的实体便是结点，关系抽取产生的关系为结点之间的连接边，因此关系抽取在知识图谱领域非常重要。

知识抽取任务主要由三个子任务构成，下面分别介绍实体抽取、关系抽取和事件抽取时用到的相关技术。

实体抽取：指的是抽取文本中的原子信息，形成实体节点。

（1）基于规则和词典的抽取方法。早期的实体抽取大多基于规则模板，一般由领域专家或语言学家手工编写抽取规则。规则可以选用的特征包括词形特征、词性特征、词所属的类别特征等。该方法要求编写人员具备丰富的领域知识和语言学知识，以及强大的归纳总结能力。基于规则的抽取方法往往具有较高的精度，但是召回率偏低，规则的扩展性和移植性较差，且成本较高。基于实体词典的抽取方法采用字符串匹配的方式抽取实体，匹配规则包括基于正向最大匹配方法、基于逆向最大匹配方法等。该方法受词典大小和质量的影响，抽取的准确率较高，但是无法做新词发现，且通用域的实体繁多，难以构建完备的实体词典库。配合抽取规则，可用于特定领域的实体抽取。

（2）基于统计学习的抽取方法。鉴于实体抽取问题可以看作一种序列标注问题，使用特定的标注规范，对文本中的每个字标注序列标签。因此基于统计学习的实体抽取方法需要预先标注部分语料，通过标注语料，利用统计方法，训练出一个可以预测文本中各个片段是否为实体的概率模型，训练出的模型可用于预测未标注数据的实体抽取。可选择的模型主要包括隐马尔可夫模型、条件随机场模型等。

（3）混合抽取方法。目前实体抽取的主流方法是将机器学习模型与深度学习相结合，如 LSTM-CRF 模型，该模型由 Guillaume Lample 等人首次提出。LSTM-CRF 模型分为三层，分别是 Word Embedding 层、Bi-LSTM 层和 CRF 层。Word Embedding 层通过预训练或随机初始化生成句子中每个词的向量表示。Bi-LSTM 层可以提取和利用词的上下文信息，是字符级别的特征。在接收上层生成的向量后，Bi-LSTM 模型将正向 LSTM 生成的向量和反向 LSTM 生成的向量进行拼接，得到每个词的向量形式，并将结果输入 CRF 层。CRF 层会对从 Bi-LSTM 层提取到的特征及标签信息建模，并对句子中的实体做序列标注。实践表明，LSTM-CRF 模型的预测效果已经达到或者超过了条件随机场模型，成为目前实体抽取任务的主流模型。

关系抽取：指的是从文本中抽取出两个或者多个实体之间的语义关系。主流的关系抽取方法主要有三种：基于规则的抽取方法、监督学习方法和半监督学习方法。

(1)基于规则的抽取方法。基于规则的抽取方法的准确性较高,但是覆盖率低,维护和移植相对困难,且编写抽取模板需要投入较多人力和专家知识。目前有两种基于规则的抽取方法,分别是基于触发词的关系抽取方法和基于依存句法分析的关系抽取方法。对于基于触发词的关系抽取方法,首先需要定义一套抽取模板,模板从待抽取的文本中总结得出通过触发词抽取关系,同时通过实体抽取确定关系两边的词为关系的参与实体。对于基于依存句法分析的关系抽取方法,首先通过依存句法分析器对句子进行预处理,包括分词、词性标注、实体抽取和依存句法分析等,然后对规则库中的规则进行解析(这些规则都经过人工定义),将依存分析得到的结果与规则进行匹配,每匹配一条规则即可得到一个三元组结构数据,再根据扩展规则对三元组结构数据进行扩展,进一步处理以得到相应语义关系。

(2)监督学习方法。与预先人工定义和手动创建抽取模板的形式不同,监督学习方法旨在通过部分标注数据,训练一个关系抽取器。标注数据需要同时包含关系以及相关实体对。基于监督学习的关系抽取可以看作一个分类问题。对于某一特定关系,先训练一个二分类器,该分类器用于判断一段文本中提及的实体是否存在关系,再训练一个多分类器,用于判定实体对之间的具体关系。首先通过二分类器判断候选文本中的实体是否存在关系,若存在,则输入多分类器中,输出实体对的关系类别。该方法的优点是通过排除多数不存在关系的文本,加快分类器的训练过程。关系分类器中需要使用大量预定义的特征,这些特征包括但不限于实体对的类型、实体对之间的距离、实体对之间的单词序列、单词之间的依存关系等。

基于监督学习的关系抽取也存在一些缺点,如:好的分类器需要较多的特征,特征构建较为困难;难以获取大量的标签数据,而训练数据集的大小和质量决定了监督学习的效果。鉴于获取大量标签数据的成本较高,可以考虑用与半监督学习方法相结合的方式获得标签数据。

(3)半监督学习方法。这里主要分析两种半监督学习方法:基于种子数据的启发式算法和远程监督学习方法。

基于种子数据的启发式算法需要预先准备一批高质量的三元组结构数据,然后以这批种子数据为基础,去匹配语料库中的文本数据,找出提及实体对和关系的候选文本集合,对候选文本进行语义分析,找出一些支持关系成立的强特征,并通过这些强特征去语料库中发现更多的实例,加入种子数据中,再通过新发现的实例挖掘新的特征,重复上述步骤,直至满足预先设定的阈值。上述方法从一个小的种子库入手,不断迭代扩大,每次迭代均需要从文本中提取特征,但该方法对初始种子数据敏感,且容易产生语义漂移现象。为了在短时间内产生大量的训练数据,可以使用远程监督方法,该方法利用已有的知识库对未知的数据进行标注。假设知识库中的两个实体存在某种关系,则远程监督方法会假设包含这两个实体的数据都描述了这种关系。但实际上,很多文本中的候选实体对并不包含该关系,此时可以通过人工构建先验知识缩小数据集范围,也可以引入注意力机制对候选文本赋予不同权重。最后从候选文本中抽取特征,训练关系抽取的分类器,并与监督学习结合进行关系抽取。

远程监督方法不需要用迭代的方式获得数据和特征,是一种数据集扩充的有效方法。远程监督方法会假设包含这两个实体的数据都描述了这种关系,因此可以在短时间内获得大量标注数据。在没有高质量的现成标注数据的情况下,使用远程监督方法扩大标注数据是一种行之有效的方法。但远程监督不适用于多关系抽取,而是更多适用于特定关系抽取领域。

事件抽取:指的是从自然语言中抽取出用户感兴趣的事件信息,并以结构化的形式存储,目前在自动问答、自动文摘、信息检索领域应用较为广泛。事件通常包含时间、地点、参与角色等属性信息,事件可能因为一个或者多个动作的产生或者系统状态的改变而发生,不同的动作或者状态的改变属于不同的事件。事件抽取任务包括事件发现,识别事件触发词及事件类型;事件元素抽取,抽取事件元素并判断元素扮演的角色;抽取描述事件的词组或句子等。事件抽取分多个阶段进行,因此可以将问题转化为多阶段的分类问题。不同阶段分别训练不同分类器,包括判断词汇是否是事件触发词的分类器;判断词组是否是事件元素的分类器;判断元素的角色类别的分类器等。

11.2.2　知识检索查询

知识检索作为知识图谱简单的应用,主要目的是根据某些条件或关键词,通过对知识图谱的查询,返回相关信息。对于构建好的知识图谱,其数据通常存放在图数据库中，图数据是指以图形为对象的形式化表示，包括点、线、面等属性，是一种常见的数据结构，主要用以表示事物之间的联系、结构等。针对图数据的查询是在现有查询图数据库中找出与输入图模式（检索图）相同或相似的图模式，针对大规模的图数据库，图查询技术需要解决三个问题：一是较大数据量情况下的图查询效率低；二是图查询结果是否与输入图的模式图相同或满足一定阈值的相似度，即查询如何保证准确度；三是查询的结果能够覆盖到整个查询图。为了对图查询进行有效的分析，许多研究者提出了各种类型的查询，主要包括以下两类：

（1）通过对大图查询，返回图中重要节点或节点间的特性，查询的方式包括：可达性查询，用以判断两个节点间是否存在一条路径；距离查询，用以返回两个节点间的最短路径；关键字查询，用以发现节点之间关系与特殊关键字相关的群体。研究的方法主要分为索引构建方式、基于大图可达性优化和基于最短路径为索引加速方式的优化。GIndex 中首次提出了差异频繁子图作为索引结构，支持相似节点查询。算法用动态支持度和模式区分等方式对频繁子图进行过滤，过滤后剩余的频繁子图集合作为数据特征。

（2）图与图的查询，包括图查询和模式匹配查询。其中图查询注重图与图数据结构上的匹配，而模式匹配查询除结构上的匹配外，还要求语义的匹配，比图查询更灵活。大多数图应用中最关键的问题是如何有效地进行图查询。Zou 等人针对模糊模式查询问题提出了 Distance-Join 算法框架；Shang 等人提出了 QuickSI（Quick-Subgraph Isomorphism）算法将子图查询问题转化为序列的验证问题。针对如何提高图查询效率问题，从降低图空间复杂度的角度，Chen 等人提出了 SUMMARIZE-MINE 算法对查询图空间的数据进行压缩；在缩减查询时间方面，Zeng 等人提出了 Comparing Star 算法在查询前先计算子图的距离。针对不确定图的查询问题，Zou 等人用分支界定的算法找出图中 k-top 的最大集合，并通过修剪规则减少搜索节点数量和降低内存消耗。

总之，相比关系查询，图查询具有图数据种类繁多，查询过程子图同构测试不能保证查询性能、可扩展性以及数据结构复杂，操作困难等特点，因此图查询是图数据操作的难点之一。

11.2.3 知识推理

知识推理(Knowledge Reasoning)可以分为对实体属性的推理和对实体关系的推理。对实体属性的推理主要包括对于会发生变化的实体的属性值进行及时的发现、推理、更新或者为实体创建新的属性;对实体间关系的推理则是对于实体间潜在的关系进行推断和补充。

要完成知识推理主要依赖于可扩展的规则引擎。对应知识推理的两个方面,推理规则包括针对实体属性的规则和针对实体关系的规则。其中,通过针对属性的规则可计算获得属性值。例如,在知识图谱中,针对年龄属性,当前日期减去这个人的出生年月属性即可获得其年龄属性。实体间隐含关系的发现的一种方法是通过链式的规则进行推断。例如,可以制定这样一条规则:"父亲的父亲是爷爷。"利用这条规则,当已知康熙对于雍正的关系是父亲,以及雍正对于乾隆的关系也是父亲时,就可以推理出康熙对于乾隆的关系是爷爷。

与知识推理的概念类似,也有学者将挖掘知识图谱隐含知识的过程称为知识图谱的补全(Knowledge Graph Completion)。例如,对于知识某些表示模型来说,将实体空间和关系空间分离开,通过比较两个实体向量在一定的关系空间的投影的距离来度量两个实体之间的某种关系,并进行了链路预测(Link Prediction)、实体-关系对分类(Triple Classification)、关系抽取(Relational Fact Extraction)等知识图谱补全的操作,与经典模型相比。补全结果更准确。

实体关系的推理是知识推理的重要方面,是使知识图谱不断完善的重要手段,主要包括三个方面:第一,线索挖掘;第二,关系推理;第三,关系预测。

线索挖掘是指对于知识图谱中原来并没有关系的实体或概念,挖掘出它们之间的关系或关系模式,英文称为 Story Telling。线索挖掘是对于在知识图谱构建过程中没有关联起来的实体进行相关性推理的过程,涉及的处理方法主要包括对于图的各种操作,比如查找子图、查找连通分支等。

Hossain 等人提出了一种基于团(Clique)的关联方法。该方法通过构造两个实体之间的路径及路径上的相邻实体组成的团结构,为这两个实体添加了很多相邻的实体信息,从而为解释这两个实体之间的关联提供了更多的有用的线索。Fang 等人则提出了一种通过对关系进行阐释的方法来实现关联知识图谱中的实体的思想。该方法包含解释枚举和解释排序两个步骤。在解释枚举中,该方法通过定义一种称为覆盖路径模式集(Covering Path Pattern Set)的结构来挑选出一些候选实体,这些候选实体将用于关联我们的目标实体。在解释排序中,该方法对于上一步骤中选取的候选实体进行相关性的排序,排序标准包括分布和聚集性等多重度量指标。

随着知识图谱中的实体规模的不断扩大,知识图谱中实体的关联,作为知识图谱补全的重要环节,将变得愈来愈重要。同时,由于对实体关联的高效性的要求变得愈来愈高,以及知识图谱建设造成的不一致和噪声的干扰,实体关联的任务也会变得越来越复杂,需要研究出更加高效、更具抗噪声能力的实体关联线索挖掘方法。

关系推理表示根据知识图谱中已有的实体间的关系推断出实体间潜在的关系。例如,前文中提到的基于规则:"父亲的父亲是爷爷。"然后根据已有的实体之间的关系,这里是康熙对于雍正的关系是父亲和雍正对于乾隆的关系是父亲,推断出康熙对于乾隆的关系是爷爷。

基于规则的方法,目前常用的方法是机器学习中的归纳逻辑编程技术,包括基于一阶 Horn 子句的方法或一阶归纳逻辑(FOIL)。NELL 项目就是利用了一阶 Horn 子句的方式来预测实体之间关联。

作为德国马克斯·普朗克研究所的科研项目,YAGO 通过从维基百科网站和 Word Net 等数据集合中挖掘实体。截至 2010 年,已拥有千万级别的实体个数和上亿条实体的关系。YAGO2 在 YAGO 的基础上进行了进一步的扩展,为实体和事实构建了时空的属性。通过为实体和事实构建时间戳,它可以方便地计算出每一个实体或事实的存在的起止时间。同时,YAGO2 还通过 Geo Names 数据源对实体和事实添加了空间上的属性。最后,YAGO2 通过构建 SPOTL 模型,来表示时间和地点信息,进而实现对知识图谱中实体的时空信息进行快速地查询,同时也为基于已有的时空信息对实体之间隐含信息的推理提供了方便有效的工具。

除了基于规则的方法之外,还有基于概率图的方法,包括随机游走、Markov 逻辑网络等。例如,Schoenmackers 等人提出的 Sherlock-Holmes 方法利用 Markov 逻辑网络推理隐含关系以及关系的置信度,但仍然需要手动来事先整理一定的推理规则。

关系预测是指伴随时间的发展,从性质和数量两个角度对实体之间的关系作出推断。关系预测在依托社交网络构建的实体关系图谱中已经广泛使用,用以对用户之间未来是否会发生连接进行预测或者进行朋友推荐等。然而,在知识图谱方面,还鲜有学者对关系预测进行过讨论。但是,社交网络中的连接预测理论可以作为一个借鉴,为知识图谱中搜索实体的相关实体提供指导。

11.2.4　用户搜索意图

知识规则挖掘是对知识结构的挖掘,可以针对现有的知识体系,利用部分规则,挖掘出新的知识,如挖掘新的实体、关联关系等。下面介绍一种典型的知识规则挖掘案例,对于用户搜索意图的挖掘。

用户的提问是用户接受知识图谱系统服务的接口。由于用户文化背景和表述习惯的不同,为了使用户能够更加快速、准确地查询到自己需要的知识,我们需要根据用户的提问,在这个接口层做好用户搜索意图的挖掘工作,也就是将用户的提问准确地匹配到知识图谱中的相关的实体和概念上,更进一步地,还可以向用户推荐与搜索实体相关联的其他实体信息。

传统的挖掘用户搜索意图的方法大多致力于对用户的问题提取更丰富的特征。Li 等人提出了一种基于查询词与搜索结果间的点击二分图以及部分已标注查询词的半监督学习方法,首先,根据部分已标注的查询词和查询词在点击图的邻接关系推断未标注的查询词,接着,利用这些标注的查询词自动地训练分类器,然后点击图的学习和分类器的训练协同工作,实现推断查询词对应的搜索意图的目的。Guo 等人提出了一种使用意图感知的思想,对查询关键字建模,实现查询目的的准确地理解。在对用户的搜索内容进行扩充时,通常可以基于整网的搜索热词排行进行推荐。

同时,有不少的学者从搜索系统的搜索日志入手分析用户的查询意图。Chilton 等人通过分析大量的用户搜索日志及点击记录,探索对于不同的查询结果用户点击行为的变化,提出了根据用户的点击行为来评价查询结果的价值以及应该在查询结果中关联和推荐信息的方法,并进而判断用户之后的关键词输入行为所对应的准确搜索意图。He 等人基于持续的部分可观测马尔可夫模型(Partially Observable Markov Model with Duration，POMD)对用户搜索过程中用户的譬如阅读、跳过等行为进行比较和解读，同时结合用户搜索的空间与时间信息，提出了两阶段训练算法和相应的贪婪的段解码算法，给出了一个通过挖掘搜索日志感知用户的搜索行为的可行的方法。另外，有学者通过将用户的查询关键字建立起语义模型来分析用户的查询目的。Wen 等人利用知识库系统 Probase 分析用户问题的语义信息，从知识图谱中智能检索出主题层次的知识标识。对于用户的搜索行为的学习和预测，需要在与用户的长期的交互中对算法模型进行不断的调优，同时可以区分注册用户和未识别用户，强化对已注册用户的搜索行为的特征学习，并基于已有的算法模型，对未识别的用户的搜索行为进行推断。

11.3　基于数据挖掘与知识图谱的装备试验数据组织融合研究

　　基于数据挖掘与知识图谱的海量数据组织融合技术针对装备试验过程中产生的数据量大、来源多样以及形式异构的特点，首先采用本体建模技术实现数据模型定义，包含领域内概念、概念关系以及分类体系的定义；其次采用基于自然语言处理、知识抽取等知识图谱相关技术以及分类、聚类、关联等数据挖掘方法对非结构化的文本、图像、音视频等数据进行关键要素提取和关联，把非结构化数据转化为可理解的知识，并存储到知识库中；再者基于已有的本体模型，可以执行数据聚合操作，基于一个主概念，根据已有的关联关系，把其他概念的属性填充进来，扩展主概念的属性维度；最后，基于已经构建好的知识图谱，可以对外提供统一的数据服务，包括知识搜索、知识推理计算和知识图谱管理等服务。

　　基于统一本体建模方法、知识抽取和事件抽取等相关技术，能够把海量多模态数据有效地组织关联起来，并快速地构建本领域的知识图谱，通常，这个过程包括本体建模、知识抽取、知识融合等几个步骤，其典型流程如图 11-3 所示。

　　基于知识图谱的海量数据组织融合技术的具体流程如下：

　　(1)需要完成本体建模，即从业务专家的需求出发，针对本领域的知识进行梳理和抽象,构建本领域的本体模型,包括概念、概念属性、概念关系和概念分类体系。本体建模有两种方式,一种是半自动方式,即通过引导性流程页面,引接数据库、数据服务或者结构化文本,快速完成概念和概念关系的构建;另一种是手动方式,即通过表单或者图形化界面完成概念和概念关系的构建。

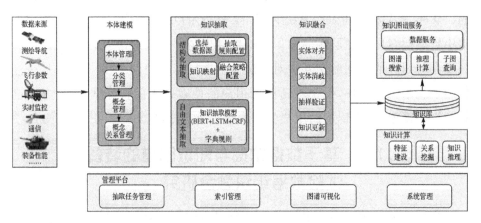

图 11-3　数据组织融合典型流程

(2)基于第一步构建好的本体模型,通过创建结构化抽取任务或者自由文本抽取任务,完成知识抽取(实体、实体属性和实体关系)。其中,结构化抽取主要面向结构化数据源(数据库、数据服务或者结构化文本),通过引导性流程页面依次完成数据源选择、抽取规则配置、知识映射和融合策略设置,完成结构化抽取任务创建,运行此任务,可以完成知识抽取过程;自由文本抽取主要面向的是非结构化文本,通过提供的文本语料进行标注和模型训练,最终,通过训练好的知识抽取模型(基于 Bert + LSTM + CRF 算法),完成知识的自动抽取。

(3)对于第(2)步抽取到的知识数据(实体、实体属性和实体关系),进行知识融合操作,主要包括实体对齐、实体消歧、抽样验证和知识更新。实体对齐是判断两个或者多个不同信息来源的实体是否为指向真实世界中的同一个对象,如果多个实体表征同一个对象,那么在这些实体之间构建对齐关系,同时对实体包含的信息进行融合和聚集;实体消歧主要用于解决同名实体产生歧义问题的技术,主要是根据上下文信息实现消除一词多义的现象;抽样验证主要是从已经完成的知识抽取任务中随机抽样若干条知识数据,用于检验抽取准确性;知识更新主要是基于预先配置好的知识融合策略,完成最终的知识融合操作,将新抽取到的新知识更新到图谱数据库中。

(4)基于构建后的知识库,对外提供图谱搜索、数据服务、子图查询等能力。

装备试验领域知识图谱构建涉及的关键技术如下。

11.3.1　统一本体建模方法

参考现有主流本体建模方法(TOVE 法、IDEF5 法、Methontology 法、KACTUS 法),依据装备试验现状和使用需求,制定了一套试验统一本体建模方法,具体流程如图 11-4 所示。

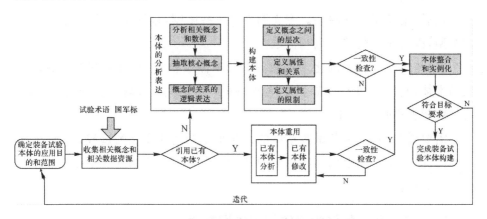

图 11-4　试验统一本体建模方法

(1)确定装备试验本体的领域和范围。明确装备试验本体针对的业务功能域、用途、描述的信息内容、使用和维护本体的目标对象等等。

(2)收集相关概念和数据资源。在建立本体时,可参考试验术语、各类数据库模型标注、试验数据标准、交换文件、试验方法等国军标、工程标准,收集装备试验数据成果。

(3)重用现有本体。重用本体工作包括对现有本体的分析和完善。重用本体有重要的意义,一方面如果可以精练、扩充或修改现有的本体,则可以避免很多不必要的开发工作。另一方面即使现有的本体无法满足当前的应用要求,通常也会从其中得到一些启发和帮助。

（4）本体的分析表达。如果无法重用现有本体，需对收集到的标准、术语、数据进行分析，从中抽取核心概念，理清概念具有的属性和它们之间的关系等。

（5）构建本体。构建本体需要做三方面工作：

首先，定义类和类的继承。类的继承结构的定义可以采用自顶向下的方法，即从最大的概念开始，逐层细化，例如从试验类型开始细化为各专业领域的试验概念、各类型装备概念、试验科目概念等；也可以采用白底向上的方法，即由最底层、最细的类定义开始，然后找到它们的父类，例如找到某类雷达概念的父类侦察预警类装备概念；也可以综合两种方法进行定义。

其次，定义属性和关系。类一旦定义了，还需要细化概念的自身属性，定义概念和概念间的关系。

最后，定义属性的限制。定义属性的一些限制，包括属性的基数、属性值的类型，以及属性的定义域和值域。

（6）本体整合和实例化。对装备试验本体做整合，来自不同业务领域定义的本体，其定义和语义应一致，否则将影响数据共享和融合。确认本体后，可抽取数据进行实例化。

需要说明的是，装备试验本体的构建也是个迭代发展的过程，因此，在建模的过程中，要定期根据实际需求对所构建的本体进行检查，保证所建本体模型的时效性。

11.3.2　基于强化学习的知识抽取技术

基于强化学习的知识抽取方法主要是利用基于神经网络的端到端模型，同时完成实体的识别和实体间关系的抽取。本书提出了一种由句子选择器和序列标注模型两个模块组成的知识抽取方法。该方法中，句子选择器被定义为一个强化学习问题，使得方法能够在没有明确的句子级标注情况下执行句子选择，通过序列标注模型较弱的监督信号提供反馈。序列标注模型通过双向长短期记忆和条件随机场模型来联合抽取实体及其关系，通过句子选择器选择实体集合中的高质量句子，然后所有的集合中选择的数据作为干净的数据训练序列标注模型。基于强化学习的知识抽取方法如图 11 - 5 所示，左边为句子选择器，右边为序列标注模型，句子选择器由策略函数、反馈函数等组成,用来在训练集中挑选高质量的句子,作为序列标注模型的输入,序列标注模型接收句子选择器的输入,然后给句子选择器提供反馈,指导句子选择器选出高质量的句子。

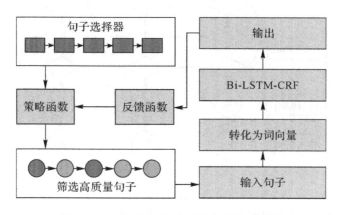

图 11 - 5　句子选择器＋序列标注联合模型

(1)句子选择器。将句子选择作为一个强化学习问题来处理。句子选择器遵循一个策略来决定在每个状态(包括当前句子、所选句子集)时执行什么操作(选择当前句子或不选择当前句子),然后在做出所有选择时从 Bi-LSTM-CRF 模型获得反馈。如前文所述,只有在完成对所有训练语料的选择后,句子选择器模型才能从序列标注模型中获得延迟反馈。因此,对于整个训练数据的每次遍历,如果只更新一次策略函数,这显然是低效的。为了获得更多的反馈并提高训练过程的效率,将训练语料 $X=\{x_1,x_2,\cdots,x_n\}$ 分到 N 个集合 $B=\{B1,B2,\cdots,BN\}$ 中,并且当完成一个集合的筛选后就计算一次反馈。集合根据实体进行划分,每个集合对应一个不同的实体,每个集合是一个包含同一个实体的句子序列 $\{x1k,x2k,\cdots,xBkk\}$,但是实体的标签是有噪声的。将动作定义为根据策略函数选择句子或不选择句子。一旦在一个集合上完成选择,就会计算反馈。当句子选择器的训练过程完成后,将每个集合中的所有选定语句合并,得到一个干净的数据集 X,然后,将干净的数据用于训练序列标注模型。

(2)Bi-LSTM-CRF 模型。Bi-LSTM-CRF 模型是 Bi-LSTM 和 CRF 两个模型的结合,互补了 Bi-LSTM 和 CRF 两个模型的优缺点,具体如图 11 - 6 所示。

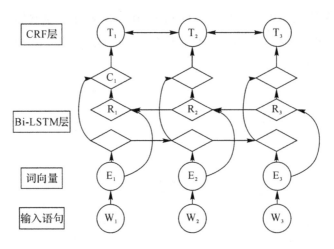

图 11 - 6　Bi-LSTM-CRF 结构

基于强化学习的知识抽取技术对情报文本、指挥文电等实体关系抽取有着显著的效果,通过持续新增的文本数据不断优化句子选择器的性能和所选句子的质量,最终有效提高知识抽取的准确率。

11.3.3　基于跨实体推理的事件分类抽取

在装备试验领域中,由于其领域的特点,不同武器装备实体及属性具有相似性,相关事件的发生也具有相似的特点。充分利用这样的领域特点,根据已知实体的信息,推断同类型实例的未知属性信息。采用跨实体推理的学习方法,解决事件抽取问题,跨实体事件抽取旨在利用实体的一致性,在同类实体中实现直推式推理,即利用已知实体参与的事件属性,推理同类实体参与的事件属性。

基于跨实体推理的事件抽取方法的主要实现框架如图 11 - 7 所示。

其中,实体类的划分侧重检测具有一致背景的实体,从而辅助基于实体类别一致性的跨实体推理。推理过程通过触发词识别、事件类型识别、事件元素识别、角色识别和可选事件识别,逐步完成特定事件的属性抽取。在此基础上,跨实体推理基于支持向量机(SVM)分类器实现事件属性的自动判定:

事件元素分类器:划分事件描述(即候选句)中触发词所涉及的事件元素。

　　事件角色分类器：划分事件元素的角色信息，即为事件中识别出的事件元素打上正确的事件角色标签。

　　可选事件分类器：给定实体类型，触发词，事件类型和事件元素等特征，判断句子是否含有可选事件描述。

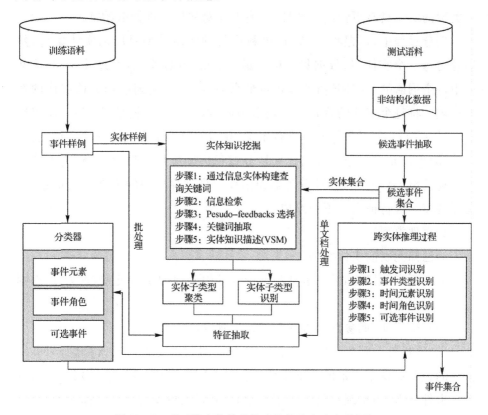

图 11 - 7　基于跨实体推理的事件抽取方法实现框架

　　下面分别对跨实体推理的各个组成部分予以介绍。

　　(1)事件类型推理。给定一个候选事件描述(候选句)，跨实体推理通过如下方式判定触发词和事件类型：首先，选择候选事件描述中的某个实体，判断其实体类型(假设类型为 i)；然后，将触发词列表与该事件描述中的非实体描述部分进行匹配，如果匹配出某个触发词(假设触发词为 j)，则把与实体类型 i 共现频率最高，且触发词为 j 的事件类型，判定为候选事件的事件类型。

（2）实体类划分与检测。实体类划分利用聚类技术（CLUTO 工具）将 ACE 语料的实体类型按照背景知识的异同划分成不同的子类型。比如 Air 实体类型对应 Fighter plane、Spacecraft、Civilaviation、Private plane 四种实体子类型。将同一类型的实体集合按照背景的异同划分为实体子类型，相同子类型的实体具有更强的一致性，更有益于跨实体事件抽取的推理。

划分过程中，首先收集 ACE 语料中每种实体类型对应的实体集合，然后针对每一个实体，从数据集中检索最相关的 50 篇文档，通过计算 50 篇文档中每个词语的 TFIDF 值选择权重最高的 50 个关键词语作为该实体的背景描述。将每个实体的背景特征表示为向量（向量空间模型，VSM），使用聚类工具（CLUTO）对实体集合进行聚类，获得的每一个聚类为一个实体类。

（3）事件元素划分。事件元素划分过程借助事件类型，限定候选事件元素出现的范围。通过 SVM 分类器识别候选事件描述中的事件元素信息，分类器的每一维特征由以下项组成：

1）事件类型；

2）已知元素的实体类型；

3）二元指示器，如果该事件类型中含其他共现的实体类型，则为 1，否则为 0。

4）其他特征，如参数是否和触发词出现在同一个句子中等。

（4）事件角色划分。通过事件元素分类器获得的事件元素信息，为事件角色的识别提供了丰富的上下文信息。如当"市民"（事件元素一）和"恐怖分子"（事件元素二）出现在同一个事件中时，有很大概率将元素一标注为"受害者"角色。事件类型在事件角色标注过程中同样起到很重要的作用，使得事件角色的预测会更加精确。

此外，相同类型的实体在相同或者相似类型的事件中，往往会充当相同的角色。因此，实体子类型、事件类型和事件元素都能为事件角色的判定，提供丰富的上下文信息，可以作为角色分类的主要特征。

11.3.4　基于图数据的知识图谱频繁子图挖掘

在装备试验知识图谱中，为了从构建好的大规模知识图谱中快速地、自动地总结出逻辑规则，即逻辑规则挖掘，本章使用了基于图数据的频繁子图挖掘技术。频繁子图挖掘是最流行的图挖掘任务之一,与知识规则挖掘相反,它旨在从图数据集合中寻找出现次数不少于最小支持度的子图结构。给定一个最小阈值(称为最小支持度阈值,Minsup),如果一个图出现的频数不少于最小支持度,则这个图是频繁的。频繁子图挖掘的假设比较简单,即如果子图在一组图中出现的频次大于阈值,那么它是值得关注的。频繁子图挖掘也可以作为前序步骤应用在图数据分类、聚类和检索等方面。通常意义上,针对输入的知识图谱的不同,对知识图谱的频繁子图挖掘方法可分为两类:面向图集的频繁子图挖掘和面向单个大图的频繁子图挖掘。

11.3.4.1 面向图集的频繁子图挖掘

面向图集的频繁子图挖掘方法是最早被研究的,输入频繁子图挖掘算法的图数据通常是一系列规模不大(通常不超过几百个顶点)的小规模或者中等规模图,子图的支持度参照频繁项挖掘的定义方法,即某个子图出现在图集里的多少个图中,其支持度就是多少。

按照子图的搜索策略不同,早期经典的面向图集的频繁子图挖掘算法主要有两类:基于 Apriori 思想的算法和基于 FP-Growth 的算法,借鉴了频繁项挖掘的两种思想。通常来说,基于 Apriori 思想的算法主要通过宽度优先搜索(BreadthFirstSearch,BFS)策略连接或者扩展 $i-1$ 条边的频繁子图来生成 i 条边的候选子图集,然后进行子图同构测试计算支持度,剪枝掉非频繁的 i 边子图,典型算法包括 AGM、FSG、gFSG 和 DPMine。基于 FP-Growth 思想的频繁子图挖掘算法主要通过深度优先搜索(Depth First Search,DFS)向 $i-1$ 条边的频繁子图添加一条边或者一个顶点来得到 i 条边的候选子图集,典型算法包括 MoFa、ADI-Mine、gSpan、GAGTON、Graph-Gen 和 FFSM。算法实际性能表现方面,基于 FP-Growth 的算法往往要优于 Apriori,不过同时基于 FP-Growth 算法会占用更多的内存空间。

11.3.4.2 面向单个大图的频繁子图挖掘

现实世界中许多图数据,如社交网络、万维网等不再适合被划分为图集进行分析,这种大规模的单个大图往往具有百万甚至亿级规模的顶点,在处理较大的图规模时,频繁子图挖掘会产生较多的子图集,并且子图集的规模较大,处理的效率较低。此时算法的输入是一个规模很大的单图,子图支持度的定义不同于面向图集的算法，需要在单个大图中找出所有的同构子图，并在此基础上定义子图在单图上的支持度，如 MIS 支持度、G-Meaure 支持度、MNI 支持度。

近年来，一系列的单机实现的面向单图频繁子图挖掘的算法相继提出。如最早的面向单图的频繁子图挖掘的 SUBDUE 算法，只支持很小规模的单图。以及基于子图重叠 MIS 支持度的 SiGram 算法，由于其需要暴力枚举所有同构子图，故计算复杂度很大。在基于 gSpan 算法的最优路径扩展策略和 MNI 支持度计算策略上，提出了 GERM 算法，用来挖掘图的演化规律。基于 G-Meaure 支持度的 G-Miner 挖掘算法，将单个大图划分成若干区域进行子图挖掘。GraMi 算法是目前面向单图频繁子图挖掘算法中性能最好的，该算法提出了 CSP 模型，将子图同构转换为 CSP 的约束满足问题，并提出了向下剪枝、惰性搜索和特定标签三种优化方式，使得千万级别规模的单图挖掘成为可能。

11.4 总　　结

本章介绍了图数据挖掘与知识图谱的概念与关系，图数据挖掘的一般方法，包括图聚类、图分类以及频繁子图挖掘等，重点研究了基于装备试验数据的知识图谱构建技术，基于知识图谱的知识抽取、数据关联分析等技术，展望了知识图谱在装备数据分析挖掘中的前景。

第 12 章 基于大数据挖掘的装备效能指标体系构建与评估

武器装备是由不同类型的装备相互配合、协调构成的有机整体,随着武器装备由信息化向智能化、无人化等方向发展,武器装备规模也由系统级向体系级跨步,给效能评估带来了评估指标体系数量更加庞大、结构更加复杂等诸多难题。评估指标体系的建立是进行评估的基础和前提,性能指标体系建立方法较为成熟,不再赘述。如何建立效能评估指标体系,建立的效能指标体系是否完整、合理,将直接影响最后效能评估结果的科学性。传统的指标体系构建主要是以 APN 等构建的指标评估体系,其指标权重等完全基于专家经验,存在主观性强、指标体系适应性差、指标体系置信度差等缺陷。基于层次分析法的评估指标体系构建方法缺乏考虑评估指标之间相互影响和依赖关系,且权重赋值主观性较强,科学性有待提升。本章立足于试验大数据分析在效能评估中的应用,重点讨论基于大数据挖掘的装备效能评估指标体系构建及修正,并进行典型电子信息装备试验实例验证。

基于大数据的装备效能的评估指标体系构建及修正主要挖掘分析指标关联规则从而对指标体系建立的科学性进行反馈改进,整个评估按照图 12-1 的顺序开展。

12.1 效能评估指标体系建立

作战效能指"装备在一定条件下完成作战任务时所能发挥有效作用的程度",装备作战效能评估是现阶段作战试验研究面临比较迫切且解决难度较大的问题,主要指在设定的试验条件下评估装备的作战效能。作战效能指标体系建立一般需要考虑试验(作战试验)的因素(如试验对象和作战对象差异、试验条件和作战条件差异、试验人员和作战人员差异、试验环境和战场环境差异等),按照基于初始态势和作战企图的作战任务剖面确定主要作战能力,进而建立体系效能指标。有时若考虑实际评估数据需求等,还需要将体系效能指标分解为包含系统效能或者单装效能的子指标,这些指标可以继续分解到可直接通过数学仿真、半实物仿真以及实装试验等数据直接获取评估为止。

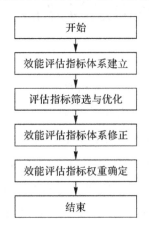

图 12-1　基于大数据分析的装备效能评估

效能评估指标建立思路如图 12-2 所示。

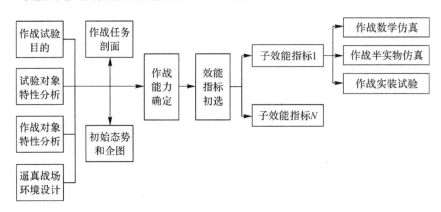

图 12-2　效能评估指标体系建立思路

12.2　效能评估指标筛选与优化

由于指标体系建立过程可能存在指标层次不准确、指标建立重复冗余等问题,有必要进一步对前述建立的指标体系结构进行充分筛选优化。筛选主要包括指标的有效性筛选、指标的独立性筛选,以及指标的关联性筛选等。

12.2.1　指标有效性筛选

指标的有效性筛选主要是对前述建立指标体系中的各指标是否为有效目标,按照一定的分析方法对其进行筛选的过程。

(1)主成分分析的指标筛选方法。主成分分析法(Principal Component Analysis,PCA)最早是由皮尔森对非随机变量引入的一种统计方法,后由霍特林将此方法推广到随机向量的情形。主成分是指通过正交变换将一组可能存在相关性的变量转换为一组线性不相关的变量,转换后的这组变量就叫主成分。

以"德尔菲法"为例进行主成分分析的指标筛选方法。"德尔菲法"又名专家调查法,即其通过将所需解决的问题单独发送到各个专家手中,然后回收汇总意见,经整理形成综合意见的方法。"德尔菲法"对于指标有效筛选的关键在于专家意见的可靠性。

1)所选专家权威程度。专家权威系数(C_r)受到专家打分时的判断依据(C_a)和专家对问题的熟悉程度(C_s)两个因素的影响,三者之间的关系为

$$C_r = (C_a + C_s)/2 \tag{12-1}$$

专家权威系数介于 $0\sim1$,一般认为 Cr 不小于 0.7 即可表明专家意见可靠。

2)专家积极性。专家积极性反映专家对于问题回答的合作程度,一般用参与评价的专家数与专家总数的比值来表示,具体反映以问卷的回收率和有效率来衡量,一般要求积极系数至少达到 0.5 以上。

3)专家意见集中程度。专家意见集中程度可用重要性赋值的均数 M 和满分频率 K 来表示:

$$M = \frac{1}{m} \sum_{i=1}^{m} B_i \tag{12-2}$$

式中:m 是参加某项指标评价的专家数;B_i 是第 i 个专家对该指标的评分值;M 越大则表明该指标越重要。

4)专家意见协调程度:用于反映专家意见的收敛情况,通常用变异系数 CV 来表示:

$$CV = S/M \tag{12-3}$$

式中：S 是指标的标准偏差；M 是指标的重要性；CV 越小说明专家的协调程度越高。

（2）基于改进的主成分分析的指标筛选方法。主成分分析法可以消除指标间相关性的影响，但是计算过程中采用标准化方法处理原始指标会造成信息丢失，并且主成分的权重完全依赖于数学计算，可能与实际不符。为了减少评估指标间相关性的影响，同时使评估结果更合理，现对传统主成分分析法进行改进。

体系评估指标数量较多，量纲和数量级不完全相同，甚至会相差很大。如果将原始数据直接应用于综合评估方法，评估结果有时会倾向于数量级较大的指标，导致评估结果不可信。主成分分析法的核心是计算主成分，他完全取决于协方差矩阵，但是协方差矩阵极易受指标量纲和数量级的影响，必须对原始评估指标值进行标准化运算。如果采用一般的标准化方法，虽然消除了量纲和数量级的影响，但估指标变异程度的差异信息也随之消除。因此可采用最优值法对主成分分析法的无量纲化方法进行改进。

假定有 n 个样本，每个样本有 p 个性能指标，原始数据构成 $n \times p$ 维矩阵 $X' = [x'_{ij}]_{n \times p}$，$x'_{ij}$ 表示第 i 个样本第 j 个效能指标的值，正向化后的效能指标为 x_{ij}，其中 $i = 1, 2, \cdots, n; j = 1, 2, \cdots, p$。第 j 个效能指标的给定期望值即最优值为 $x_{j\text{-max}}$。对所有效能指标进行归一化处理，可得

$$y'_{ij} = \frac{x_{ij}}{x_{j\text{-max}}} \tag{12-4}$$

归一化后，第 j 个效能指标均值为

$$\overline{y'_j} = \frac{\sum\limits_{i=1}^{n} y'_{ij}}{n} = \frac{\sum\limits_{i=1}^{n} x_{ij}}{n} = \frac{\sum\limits_{i=1}^{n} x_{ij}}{n x_{j\text{-max}}} \tag{12-5}$$

原始效能指标值主要包含两方面信息：一方面是由效能指标相关系数矩阵表征的相互影响程度；另一方面是基于改进的主成分分析法对各效能指标变异程度的差异信息进行分析，效能指标进行无量纲化不会损失指标信息。

12.2.2 指标独立性筛选

独立性筛选是通过识别两个指标之间或者多个指标之间是否存在反复

反映对象系统的特征信息以及重复性信息存在的强度。指标独立性筛选主要解决指标重复信息问题,基本上经筛选后的指标都包含一定的信息量,但每个指标的信息量是各不相同的,其对总体效能评估的贡献程度也存在差异。本书介绍基于统计学的相关系数来衡量相关性强度的指标独立性筛选。

具体步骤如下:

(1)相关系数计算。假设某装备效能指标根据作战企图、作战任务剖面等共有 n 个指标,I_i、I_j 分别表示第 i 个与第 j 个效能指标,I_{ik}、I_{jk} 分别表示 I_i、I_j 的第 k 个测量值,第 i 个与第 j 个效能指标之间的相关系数 r_{ij} 为

$$r_{ij} = \frac{m \sum I_{it} - \sum I_{it} \sum I_{jt}}{\sqrt{m \sum I_{it}^2 - \left(\sum I_{it}\right)^2} \ \sqrt{m \sum I_{jt}^2 - \left(\sum I_{jt}\right)^2}} \quad (12-6)$$

(2)相关系数检验。若相关系数 $r_{ij} = 0$,则说明这些指标之间独立性较强,则 I_i、I_j 均保留;设定一个相关系数临界值 M(可通过多次修正);若相关系数较大,则说明指标间重复信息多,需要对指标进行约简。也就是说:当 $|r_{ij}| \geq M$ 时,则说明两个指标信息重复较大,需要将二者合并或者删除一个;当 $|r_{ij}| < M$ 时,则说明虽然两个指标有重复,但可接受。

(3)计算多个指标间的相关系数。运用方差膨胀检验(VIF)对多个指标进行共线性检验诊断,R^2 为样本可决系数(检验统计指标),其大小决定了解释变量对因变量的解释能力。为了检验因子之间的线性相关关系,可以通过 OLS 对单一因子和解释因子进行回归,如果其样本可决系数较小,说明此因子被其他因子解释程度较低,即线性相关程度较低。具体计算过程是对某一因子 i 和其余因子进行回归,得到 R^2,按照下式计算 VIF_i,剔除因子中 VIF 高的因子(显著离群),保留较低的因子,以此类推得到一个相关性较低的因子组合来增强模型解释能力。

$$\text{VIF}_i = 1/(1 - R_i^2) \quad (12-7)$$

12.2.3　指标显著性筛选

指标体系经过独立性筛选后所体现的重复信息大大减少,每个指标都包含一定的信息量,该信息量对总体评价有所贡献,但由于每个指标对于总体评价贡献差异,需要对于总体评价贡献度较低的指标进行剔除。

本书介绍一种基于离差最大化方法的指标独立性筛选,其主要采用离差

最大化决策方法对重复性筛选后的指标进行贡献度排序,根据初选指标筛选临界值剔除总体评估贡献度低的指标。

离差最大化决策方法是利用全部评价方案对应的某个指标 G_j 的指标值 $u_{ij}(i=1,2,\cdots,m)$ 差异的大小决定了该指标对全部方案排序贡献的大小,即指标值差异越大,排序贡献越大。m 个评价方案,n 个评价指标数值构成决策矩阵:

$$\boldsymbol{X} = \begin{pmatrix} x_{11} & \cdots & x_{1n} \\ \vdots & & \vdots \\ x_{m1} & \cdots & x_{mn} \end{pmatrix} \tag{12-8}$$

对指标集矩阵进行归一化处理:

$$\boldsymbol{R} = \begin{pmatrix} r_{11} & \cdots & r_{1n} \\ \vdots & & \vdots \\ r_{m1} & \cdots & r_{mn} \end{pmatrix} \tag{2-9}$$

求每项指标 j 对应的所有方案偏差和:

$$\text{Sum}_j = \sum_{i=1}^{m} \sum_{k=1}^{m} |r_{ij} - r_{kj}| \tag{12-10}$$

求所有指标对应的所有方案偏差和:

$$\text{Sum} = \sum_{j=1}^{n} \text{Sum}_j = \sum_{j=1}^{n} \left(\sum_{i=1}^{m} \sum_{k=1}^{m} |r_{ij} - r_{kj}| \right) \tag{12-11}$$

求各指标的权重:

$$\omega_j = \frac{\text{Sum}_j}{\text{Sum}} = \frac{\displaystyle\sum_{i=1}^{m} \sum_{k=1}^{m} |r_{ij} - r_{kj}|}{\displaystyle\sum_{j=1}^{n} \left(\sum_{i=1}^{m} \sum_{k=1}^{m} |r_{ij} - r_{kj}| \right)} \tag{12-12}$$

初选指标筛选临界值 M,当 $\omega_j \geqslant M$ 时,则认为该指标显著性提高,保留该指标,反之,则认为该指标显著性较低,可删除该指标。

12.2.4　指标关联关系优化

以往的指标评估体系除了主观性强之外,还存在忽略指标间相互影响的重要因素,将效能指标的关联性考虑不够,结果导致指标评估结果脱离实际,缺乏合理性。以电子战装备为例,伴随式电子战飞机(比如 EA-18G),保证自身能够正常起飞、生存,乃至随队突防,是其发挥随队干扰效能的前提,且干扰源本身相对电子侦察设备及反辐射武器来说也是信源,会增加其所掩护编队被发现和被打击的概率,所以这几个效能指标之间存在着较强的关联性,若不考虑这几个效能指标的关联性,则评估出的效能结果必然是不合理、不科学的。因此,需要在前述指标筛选的基础上,对筛选后的指标进行基于大数据的关联规则挖掘,得到体系综合效能直至装备效能指标之间的因果关联规则,对筛选的指标体系结构进行进一步优化。

(1)基于关联规则挖掘的指标优化流程。基于关联规则挖掘的指标筛选流程如图 12-3 所示。

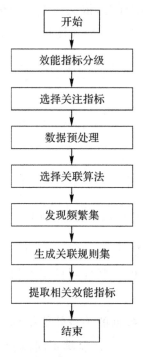

图 12-3　基于关联规则挖掘的评估指标相关性分析

1)评估指标分级。在前述体系效能评估指标体系构建的基础上,根据初选样本值集中情况及该指标定义时涉及的作战场景及规模等不同因素分为体系级、系统级和装备级等几类。

2)选择需要关注的评估指标。

3)数据预处理。对来源于作战数学仿真、半实物仿真和实装试验的试验数据进行预处理,对原始数据中存在的噪声数据、异常值、缺失值等进行处理。对于只适用于离散型的 Apriori 算法对象数据需要对连续型数据进行离散化或抽象化处理,离散可以采用等深度划分等方法。

4)选择关联算法。选择数据挖掘算法,如 Apriori 算法、FP-Growth 算法等。

5)发现频繁集。通过用户给定的最小支持度寻找所有与关注指标相关的频繁项集。

6)生成管理规则集。根据最小置信度生成关联规则集。

7)提取效能指标。寻找所有与选取效能指标相关性较大的下级效能指标集(见图 12-4),从底层指标起,依次向上层指标分析关联关系,获取整个装备的综合体系效能指标,进而完成关注指标的关联关系构建。

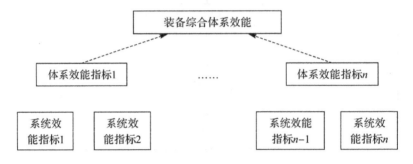

图 12-4 基于关联规则挖掘构建的体系效能评估指标体系

(2)基于 Apriori 算法的关联规则挖掘的指标优化。在前述的挖掘方法基础上对基于 Apriori 算法的关联规则挖掘的指标优化进行分析,具体的实施路线如图 12-5 所示。

基于 Apriori 的试验大数据的装备效能指标体系评估分析方法,是基于源自数学仿真、半实物仿真、实装试验等不同试验形式的试验数据,经时空一致、条件差异修正、对象相似度修正等预处理工作后,使得用于分析子指标关联性的大数据具有统一可比性,进而修正效能评估指标体系。布尔型关联分析主要研究指标之间纵向的关系,比如指标间的因果、时间、条件等关系,利用 Apriori 等挖掘算法挖掘布尔型数据的关联关系,运用 Apriori 性质并且通过连接、剪裁等步骤,在产生较少候选项集的情况下产生频繁项集,进而产生强关联规则。将数值型评估数据关联分析挖掘分为初步相关分析、数据预处理、分析挖掘方法选择、结果显示和规则提取。

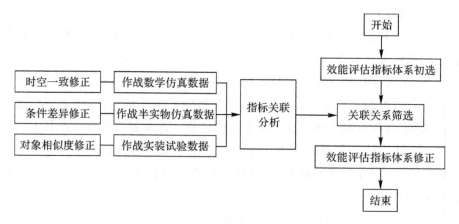

图 12 - 5 基于关联规则挖掘的评估指标体系构建思路

12.3 评估指标权重确定

对效能指标体系完成筛选优化后,评估重点就在于指标权重的确定。目前常用的指标综合评估方法多集中于加权综合,按照确定方法侧重点不同,一般分为主观赋权法、客观赋权法和主观赋权法和客观赋权法结合的综合赋权法。

12.3.1 主观分析法

主观赋权法主要是由专家(评估人员)给出偏好信息的方法,主要分为以下 3 种。

(1)直接赋权法。直接赋权法是由专家根据经验直接给出指标的权重,该方法反映了决策者的意向,但评价结果具有很大的主观随意性。

该方法优点是:由于专家之间不得相互讨论,不发生横向联系,能够充分发挥专家作用,且经过多轮次调查专家意见,反复征询、归纳、修改,能把各专家分歧点表达出来。

该方法缺点是:受个人喜好及感情等方面带来的主观性较强。

(2)层次分析法(AHP)。层次分析法是一种主观赋值评价方法,其过程是将与决策有关的元素分解成目标、准则、方案等多个层次,并在此基础上进行定性和定量分析,是一种系统、简便、灵活、有效的决策方法。

该方法优点是:定量与定性分析相结合,简单、实用,可以用于评估多目标、多准则的复杂系统。

该方法缺点是：指标过多时数据统计量大，权重难以确定；特征值和特征向量的精确求法复杂，判断矩阵源自专家打分，不可避免主观性。

（3）主分分析法。主分分析法是利用数学上降维处理的思想，将原来的指标通过线性组合成几个综合指标，综合指标成为主成分，各个主成分之间互不相关，且尽可能多地反映原来指标的信息。这样就可以只考虑几个主成分也不会损失太多信息。主成分分析法适用于众多的指标之间具备基本的"线性"特点，存在较强的相关性，有信息的重叠且样本数量一定要大于指标数量的情况。

该方法的优点是：消除了评价指标之间的相关影响、重复信息对综合评价值的影响；在将原始变量变换为成分的过程中，形成了反映成分和指标包含信息量的权数，这比人为地确定权数工作量少些，也有利于保证客观地反映样本间的现实关系，有助于综合多个变量。

该方法的缺点是：主成分的意义有时不易明确界定；因为对角线上的信息是各个指标的方差，反映的是各指标的变异，且对角线外的信息是各指标间的协方差，反映的是指标间的相互影响；但相关系数矩阵使各指标的方差变为1，消除了各指标在变异程度上的差异，从中提取的主成分只包含各指标间的相互影响，不能反映原始数据所包含的全部信息；主成分分析适用于指标间线性相关性很强的情形，若变量间的相关性不高，通过主成分分析后发现主成分特征值相差不大，累计贡献率比较小，主成分分析的降维效果不明显；在主成分特征向量的求解时，特征向量的方向不同，会直接影响各个样本主成分的评价值。

12.3.2 客观分析法

（1）基于样本统计的客观赋权法。这类赋权法的基本思路是如果某一指标数据的离散度较大，则该指标对评价对象的区分度越好，其权重也就越大。比如变异系数法，其在描述指标数据的离散程度时，主要用标准差和最大离差，即通过各指标内部数据的标准差或最大离差，并进行归一化处理即可得到各指标权重。

$$\omega_j = \frac{\text{std}(x_i)}{\sum_i \text{std}(x_i)} \tag{12-13}$$

该方法的优点:充分利用了样本数据,体现了各指标对评价对象的区分程度,保证了指标的客观性,且不受指标数量限制,适用范围较广。

该方法的缺点:权重的确定与数据样本的选择有很大的相关性,选取样本不同,权重也不同。且该方法受样本数据异常值影响较大,只是对样本数据的客观计算,不能体现评价者对指标实际意义的理解。

(2)熵值法(熵权法)。此类方法利用数据熵值信息即信息量大小进行权重计算,得到较为客观的指标权重,熵越小,数据携带的信息量越大,权重越大;相反熵越大,信息量越小,权重越小。此类方法适用于数据之间有波动,同时会将数据波动作为信息,对于普通问卷数据(截面数据)或面板数据均可计算。在实际应用中也是与其他权重方法配合使用,如先进行因子或者主成分分析得到因子或主成分的权重,即得到高维度的权重,然后再使用熵值法进行计算。

熵值法一般步骤为:

1)数据标准化。将所有指标转化为正向指标(极大型指标),转化方式为

$$x_{ij} = \frac{x'_{ij} - \min(x'_j)}{\max(x'_j) - \min(x'_j)} \quad (12-14)$$

2)数据预处理。在计算信息熵之前,需要对指标数据进行预处理。

$$p_{ij} = \frac{x_{ij}}{\sum_i (x_{ij})} \quad (12-15)$$

3)计算熵值

$$\left.\begin{array}{l} e_i = -k \sum_i p_{ij} \ln(p_{ij}) \\[2mm] k = \frac{1}{\ln(n)} \end{array}\right\} \quad (12-16)$$

根据式(12-16),e 的取值范围 $[0,1]$,数据差异越大,信息熵越小,差异越小,信息熵越大。

在计算权重时,衡量指标数据离散程度的统计量应为极大型指标,即统计量越大,数据离散程度越高。因此,将熵值进行极大化处理,引入信息熵冗余度:

$$d_i = \frac{\max(e) - e_j}{\max(e) - \min(e)} = 1 - e_j \quad (12-17)$$

4)计算权重。将信息熵冗余度进行归一化后,即可得到指标权重为

$$\omega_j = \frac{d_i}{\sum d_i} \qquad (12-18)$$

12.3.3 综合集成赋权法

前述的主观权重分析法和客观权重分析法都有其适用范围,有时候往往需要采用多种方法评估一个复杂指标的权重,这样得到综合权重的性能更高,更能反映数据的真实特征。比如同时使用熵值法和 AHP 法时,可以有效减少 AHP 赋值法的主观性,也会修正熵值法数据变化导致的权重波动。综合集成赋权法是依据不同的偏好系数将主观赋权法和客观赋权法相结合来确定指标权重的综合方法。基于主观赋权法中对专家经验知识与决策者主观意向的信息体现,以及基于客观赋权法中对指标与评价对象间内在联系的信息表现,综合集成赋权法通过一定的数学运算将两者有效结合起来,达到了优势互补的效果。目前,依据不同原理的综合赋权法大致可按形式分为 4 类,分别是:

(1)基于加法或乘法合成归一化的综合赋权法:直接将主、客观赋权法所得的指标权重以同等偏好的形式直接相加或者相乘,并进行归一化处理得到各指标的综合权重。

(2)基于离差二次方和的综合集成赋权法:从决策方案的区分有利性角度来求解能使决策方案的综合评价值尽可能分散,即各方案综合评价值间的总离差二次方和最大的主客观权重分配系数。

(3)基于博弈论的综合集成赋权法:在主客观的不同权重之间寻求妥协或一致,尽可能保持主客观权重的原始信息,求解与主客观权重离差极小化的权重分配系数。

(4)基于目标最优化的综合赋权法:基于综合决策结果最优的原则来求解主客观权重系数分配,包括综合目标值最大、与负理想解的偏离程度最大两种具体求解方法。

各种综合赋权法都有一定的理论依据,并通过线性方程组、矩阵运算等数学思想来进行具体求解,有些方法集成计算简单,而有些则给评估过程带来了较大的计算量,且综合赋权法相较主、客观赋权法,可能存在较大的随机性偏差,导致结果与实际情况不符,其不能完全取代单一赋权法。

以综合评价-熵值法为例,其一般步骤如下:

先将数据整理为表 12-1,表中的样本编号只是用于标识样本的 ID 号,无实际意义,如某次试验时间或者其他的一类信息,分析时一般无须使用。

表 12-1　试验数据表

样本编号	指标 1	指标 2	指标 3	指标 4
1				
2				
3				
4				

基于此的样本数据见表 12-2。

表 12-2　熵值法计算权重样表

指标项	信息熵值 e	信息效用值 d	权重系数 w
指标 1	0.862 0	0.143 0	26.25%
指标 2	0.887 2	0.100 2	18.36%
指标 3	0.910 6	0.156 8	29.11%
指标 4	0.832 5	0.092 3	15.15%
指标 5	0.916 6	0.086 5	12.88%

此种方法的缺点是:熵值法计算取对数时会出现 null 值。常用的解决方法是让该列数据同时加上一个取自某列数据最小值绝对值基础上的平移修正,使得所有数据都为正值,或者手工查看数据将负值设置为异常值进行手工提出,造成样本减少。

(5)一种主客观结合的多权重组合分析法:基于前述主、客观分析法及综合权重分析法的各种缺点,本书在参考相关文献的基础上,结合装备效能评估实际,提出一种定性与定量相结合的组合赋权法。

现有的组合赋权方法包括基于加法或乘法合成归一化的组合赋权方法、基于最小二乘法的组合赋权法、基于离差最大化的组合赋权法等。其中,基于加乘混合的组合赋权方法与基于离差最大化的组合赋权方法未考虑定性指标与定量指标的重要性问题,而基于最小二乘法的组合赋权方法在计算组合权重时,考虑了二者的所占权重的问题,使组合赋权结果更加合理。此外,以上三种组合赋权方法均未考虑不合理权向量的离群点剔除问题。

为解决主客观权重的组合赋权问题,本书引入最小二乘方法进行组合赋权,在此之前,需要分别对主客观权重集合进行一致性检验,剔除主客观权重集中的离群点。以下首先介绍若干主客观赋权算法的基本原理,而后提出基于一致性检验和最小二乘相结合的组合赋权方法,并给出算法的计算过程。

采用基于最小二乘法的组合赋权方法的前提是分别对定性、定量权重集进行一致性检验,其目的是剔除主观、客观权重集中的奇异值权向量,主观评估法获取的指标权重带有强烈的主观意愿,通常不同专家求得的指标权重也不同。由于专家依据的知识和经验不同,给出的指标权重难免会有较大的差别,需要对不同专家给出的指标权重进行一致性检验,剔除当中差别比较大的值,以保证权重结果的一致性。

某试验结果可信度评估指标体系有 m 个指标,n 名专家采用主观评估法对这 m 个指标赋权,最终的权重矩阵 $A_{m \times n} = (a_{ij})_{m \times n}$ 为

$$A_{m \times n} = (a_{ij})_{m \times n} = \begin{bmatrix} a_{11} & a_{12} & \cdots & a_{1n} \\ a_{21} & a_{22} & \cdots & a_{2n} \\ \vdots & \vdots & & \vdots \\ a_{m1} & a_{m2} & \cdots & a_{mn} \end{bmatrix} \quad (12-19)$$

式中:a_{ij} 表示第 j 名专家对第 i 个指标的赋权结果。矩阵 A 中,每一列代表一名专家对这 m 个指标的赋权结果,每一行代表同一个指标的 n 个权重。

根据各位专家给出的指标权重可以确定出主观评估法赋权结果的取值范围。设第 j 个指标的主观权重取值范围为 $[a_j^-, a_j^+]$,其中:

$$\left. \begin{array}{l} a_j^- = \min(a_{j1}, a_{j2}, \cdots, a_{jn}) \\ a_j^+ = \max(a_{j1}, a_{j2}, \cdots, a_{jn}) \end{array} \right\} \quad (12-20)$$

因此,第 j 个指标主观权重的取值的区间长度为 $d_j = a_j^+ - a_j^-$。区间长度 d_j 代表了各位专家对评估指标赋权结果的一致性大小,长度越小表明各专家对该指标的权重意见越统一,赋权结果的一致性越好。本书根据区间长度检验区间中各点是否为奇异点。

假设第 j 个指标的 n 个权重按大小排序后的结果为 $x_{j1} < x_{j2} < x_{jn}$，首先检验端点 x_{j1} 和 x_{jn} 是否为奇异点。检验某点是否为奇异点的方法是检验该点 δ 邻域内的其他点的分布情况，δ 的取值越小，表明对奇异点的要求越高。本书 δ 的取值为区间长度的一半，即 $\delta_j = d_j/2$。如果与 x_{j1} 的 δ_j 邻域内不含其他权重点，则判定 x_{j1} 为奇异点，需要剔除。同理判定 x_{jn} 是否为奇异点，原理图 12-6 所示。如果 x_{j1} 是奇异点，剔除权重 x_{j1}，进一步检验 x_{j2} 是否为奇异点，直到完成对所有点的一致性检验，得到当前条件下主观评估法权重 j 的取值范围 $[x_{jk}, x_{jt}]$。

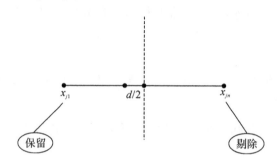

图 12-6　一致性检验原理

通过分别对主客观权向量进行一致性分析，剔除离群点后再进行最小二乘求取组合权重，原理如下。

设 $S = \{s_1, s_2, \cdots, s_n\}$ 为效能评估中的方案集，$F = \{f_1, f_2, \cdots, f_m\}$ 为指标集，权重向量为 $\boldsymbol{W} = \{w_1, w_2, \cdots, w_m\}^{\mathrm{T}}$，方案 s_1 关于指标 f_1 的评价值为 x_{ij}，$i \in N, j \in M$，其中 $N = \{1, 2, \cdots, n\}$，$M = \{1, 2, \cdots, m\}$。对指标评价值进行规范化处理后变为 $Z = (z_{ij})_{n \times m}$，设决策者选取 p 种主观赋权法分别确定的指标的权重为

$$u_k = (u_{k1}, u_{k2}, \cdots, u_{km}), \quad k = 1, 2, \cdots, p \qquad (12-21)$$

式中：$\sum_{j=1}^{m} u_{kj} = 1, u_{kj} \geqslant 0 (j \in M)$ 表示用第 k 种主观法对指标 f_j 确定的权重。同时，决策者选取 $q - p$ 种客观赋权法分别确定指标的权重为

$$v_k = (v_{k1}, v_{k2}, \cdots, v_{km}), \quad k = p+1, p+2, \cdots, q \qquad (12-22)$$

式中：$\sum_{j=1}^{m} v_{kj} = 1, v_{kj} \geqslant 0 (j \in M)$ 表示用第 k 种客观法对指标 f_j 确定的权

重。设集成后指标权重可表示为 $\boldsymbol{W} = \{w_1, w_2, \cdots, w_m\}^\mathrm{T}$，其中 $\sum_{j=1}^{m} w_{kj} = 1$，$w_{kj} \geqslant 0 (j \in M)$，则各种方案的综合评价值为

$$y_i = \sum_{j=1}^{m} w_j z_{ij}, \quad i \in M \tag{12-23}$$

则求取组合赋权与主观赋权的偏差为

$$d_i^k = \sum_{j=1}^{m} \left[(w_j - u_{kj}) z_{ij} \right]^2, \quad i \in N, k = 1, 2, \cdots, p \tag{12-24}$$

式中：d_i^k 表示对方案 s_i 而言，第 k 种主观赋权法的评估结果与集成权重所做评估结果的离差。同理，求取组合赋权与客观赋权的偏差为

$$h_i^k = \sum_{j=1}^{m} \left[(w_j - v_{kj}) z_{ij} \right]^2, \quad i \in N, k = p+1, p+2, \cdots, q \tag{12-25}$$

式中：h_i^k 表示对方案 s_i 而言，第 k 种客观赋权法的评估结果与集成权重所做评估结果的离差。

要使得到的组合权重更加合理，需使总的离差和最小，为此构造下列目标规划函数：

$$\min \mu \sum_{k=1}^{p} \alpha_k \left(\sum_{i=1}^{n} d_i^k \right) + (1-\mu) \sum_{k=p+1}^{q} \alpha_k \left(\sum_{i=1}^{n} h_i^k \right) \tag{12-26}$$

$$\mathrm{s.\,t.} \sum_{i=1}^{m} w_i = 1, \quad w_i \geqslant 0, i \in M$$

式中：μ 为离差函数的偏好因子，若 $0 \leqslant \mu < 0.5$，则说明专家希望客观权重与集成权重越接近越好，若 $0.5 \leqslant \mu < 1$，则说明专家希望主观权重与集成权重离差越小越好。其中 $\alpha_k (k=1,2,\cdots,p)$ 和 $\alpha_k (k=p+1, p+2, \cdots, q)$ 分别为 p 种主观赋权法和 $q-p$ 种客观赋权法的权系数，由专家根据各种方法的重要性程度确定，且

$$\sum_{k=1}^{p} \alpha_k = 1, \sum_{k=p+1}^{q} \alpha_k = 1 \tag{12-27}$$

可以证明目标规划方式有唯一最优解，进而给出指标集 $F = \{f_1, f_2, \cdots, f_m\}$ 中各指标的组合权重为

$$
\left.
\begin{aligned}
w_1 &= \Big[\mu \sum_{k=1}^{p} \alpha_k \mu_{k1} + (1-\mu) \sum_{k=p+1}^{q} \alpha_k v_{k1}\Big] \\
w_2 &= \Big[\mu \sum_{k=1}^{p} \alpha_k \mu_{k2} + (1-\mu) \sum_{k=p+1}^{q} \alpha_k v_{k2}\Big] \\
&\qquad\qquad\qquad \vdots \\
w_m &= \Big[\mu \sum_{k=1}^{p} \alpha_k \mu_{km} + (1-\mu) \sum_{k=p+1}^{q} \alpha_k v_{km}\Big]
\end{aligned}
\right\}
\qquad (12-28)
$$

就指标 f_j 的权重 $w_j = \Big[\mu \sum_{k=1}^{p} a_k \mu_{kj} + (1-\mu) \sum_{k=p+1}^{q} a_k v_{kj}\Big]$ 而言，$\sum_{k=1}^{p} a_k \mu_{kj}$
表示 p 种主观赋权法对指标 f_j 所确定的权重的加权平均，$\sum_{k=p+1}^{q} a_k v_{kj}$ 表示 $q-p$
种客观赋权法对指标 f_j 所确定的权重的加权平均。需要说明的是，组合赋权
方法评估结果还可以与其他赋权方法评估结果用对数最小二乘原理进行表
示，进而求取相应的组合权重。

12.4　基于试验大数据分析的装备效能评估实例

以某电子对抗侦察系统效能仿真评估指标体系构建及效能评估为例进
行应用验证，该侦察系统既可独立作战也可纳入体系联合作战，按照系统组
成划分，该防空武器系统由升空平台、地面发射平台、地面测控系统以及地面
训练保障系统四部分组成，具体系统模块组成如图 12-7 所示。

采用基于关联规则挖掘的评估指标体系构建技术进行该系统效能评估
指标体系的构建，具体步骤如下。

(1)评估指标体系构建与初选。对某侦察系统体系效能评估，不仅应考
虑系统的侦察能力、侦察成功率，应针对作战应用场景，设计试验方法，考察
该系统在作战想定条件下的综合效能，因此该系统的效能评估，应综合包括
系统发射、突防、信号侦察、信息传输和系统回收 5 部分。结合系统组成，以
上述五部分能力作为综合效能评估指标体系中的一级指标，其评估指标具体
包括一级指标为信号侦察能力 A_1、突防能力 A_2、信号侦察能力 A_3、信息传
输能力 A_4、系统回收能力 A_5 五项指标，所对应的二级指标为成功发射能力
A_{11}、阵地生存能力 A_{12}、勤务保障能力 A_{13}、飞行精度 A_{21}、自卫干扰能力

A_{22}、测控链路抗干扰能力 A_{23}、侦察截获距离 A_{31}、分析识别能力 A_{32}、侦察反应时间 A_{33}、定位精度 A_{34}、定位速度 A_{35}、信息传输速率 A_{41}、信息传输时延 A_{42}、信息传输误码率 A_{43}、飞行精度 A_{51}、测控链路抗干扰能力 A_{52}、续航能力 A_{53}、成功回收能力 A_{54}、阵地生存能力 A_{55} 共 19 项指标,如图 12 - 8 所示。

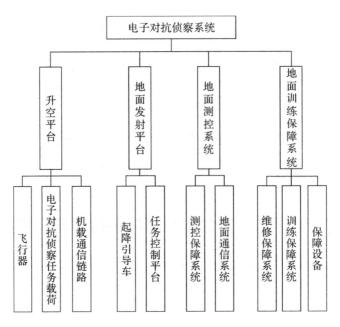

图 12 - 7　某电子对抗侦察系统组成框图

(2)评估指标关联分析。

1)数据预处理。不同指标之间数据规范不同、数据样式不同,对基于关联规则的评估带来了很大困难,因此,在进行分析挖掘之前,应首先对数据进行规范化处理,考虑到评估中的打分特点,将各项指标数据规范为[0,100]区间中的数值。基于 Apriori 的关联分析方法,主要针对离散型数据。根据指标特征,将指标数据划分为三级,用优、中、差表示。其中得分在[100,85]区间内的值,定义为优秀,(85,60]区间内的值定义为合格,(60,0]区间内的值定义为不合格。

2)利用仿真增加数据量。考虑到试验与数据的保密性,以某侦察装备试验为例,以该类装备某次试验试验数据以及多组指标样本值作为初始值,进行 1 000

次蒙特·卡洛仿真,效能得分见表 12 - 3,各指标得分见表 12 - 4。

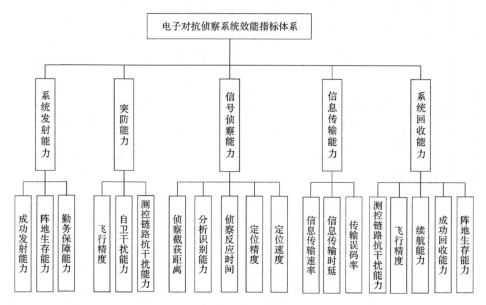

图 12 - 8　某电子对抗侦察系统效能评估指标体系

表 12 - 3　效能得分表

序　号	系统效能得分
1	89
2	98
3	095
4	096
5	094
...	...
997	080
998	079
999	096
1 000	098

表 12－4　指标得分表

序号	成功发射能力 A_{11}	阵地生存能力 A_{12}	勤务保障能力 A_{13}	飞行精度 A_{21}	自卫干扰能力 A_{22}	测控链路抗干扰能力 A_{23}	侦察截获距离 A_{31}	分析识别能力 A_{32}	侦察反应时间 A_{33}	定位精度 A_{34}	定位速度 A_{35}	信息传输速率 A_{41}	信息传输时延 A_{42}	信息传输编码误码率 A_{43}	飞行精度 A_5	测控链路抗干扰能力 A_{52}	续航能力 A_{53}	成功回收能力 A_{54}	阵地生存能力 A_{55}
1	90.16	88.35	89.08	89.81	35.30	93.11	91.97	90.67	98.69	85.83	86.95	45.22	96.04	91.09	89.81	93.11	91.69	0.07	88.35
2	87.72	98.10	43.01	32.90	86.02	72.96	85.32	96.54	94.98	91.35	88.39	28.31	96.45	90.58	32.90	72.96	91.25	0.91	98.10
3	69.95	98.78	23.26	95.54	94.45	90.35	89.98	91.15	99.00	89.33	90.58	75.00	91.43	98.08	95.54	90.35	26.27	0.38	98.78
4	86.12	91.58	36.07	14.57	82.00	96.07	87.27	94.69	93.25	86.15	95.92	71.88	89.43	96.84	14.57	96.07	93.02	0.27	91.58
5	88.48	97.43	33.66	11.70	43.55	71.01	85.56	87.91	96.52	88.52	85.16	12.26	90.99	12.06	11.70	71.01	96.15	0.55	97.43
6	92.39	88.38	0.80	87.95	0.43	78.95	15.91	88.25	19.39	73.84	98.62	41.18	12.96	76.83	87.95	78.95	71.16	0.23	88.38
...	...	...	...	...	...	...	...	...	...	...	...	...	...	...	...	...	...	...	...
997	97.58	95.28	0.82	88.72	1.00	72.99	38.88	16.14	58.49	17.77	0.85	66.80	74.87	46.66	88.72	72.99	35.18	0.85	95.28
998	86.87	90.74	0.58	78.64	0.05	91.52	75.28	83.89	4.08	83.95	79.26	78.84	70.52	88.35	78.64	91.52	75.93	0.73	90.74
999	96.96	98.24	0.12	86.31	0.23	91.43	10.69	71.23	83.40	87.99	91.98	35.90	26.92	89.48	86.31	91.43	31.44	0.25	98.24
1000	99.20	78.27	39.92	52.29	64.21	92.31	89.99	98.27	91.59	92.80	89.41	89.50	92.51	89.53	52.29	92.31	87.12	0.07	78.27

　　3)指标关联分析。利用 Apriori 算法进行指标间以及指标与综合效能间的关联分析,取频繁项集的最小支持度为 0.25,最小置信度为 0.6。可以得出系统效能与各指标间以及指标之间的关联规则见表 12 - 5。

表 12 - 5　关联规则表

序　号	支持度	置信度
〈系统效能优〉⇒〈侦察截获距离 A_{31} 优〉	0.35	0.78
〈系统效能优〉⇒〈分析识别能力 A_{32} 优,定位精度 A_{34} 优〉	0.4	0.89
〈系统效能优〉⇒〈侦察反应时间 A_{33} 优,定位速度 A_{35} 优〉	0.4	0.89
〈系统效能优〉⇒〈侦察截获距离 A_{31} 优,分析识别能力 A_{32} 优,定位精度 A_{34} 优,侦察反应时间 A_{33} 优,定位速度 A_{35} 优〉	0.3	0.67
〈系统效能优〉⇒〈信息传输时延 A_{42} 优〉	0.29	0.64
〈系统效能优〉⇒〈信息传输误码率 A_{43} 优〉	0.31	0.69
〈系统效能优〉⇒〈信息传输速率 A_{41} 优〉	0.26	0.58
〈系统效能优〉⇒〈成功发射能力 A_{11} 优〉	0.43	0.95
〈系统效能优〉⇒〈阵地生存能力 A_{12} 优〉	0.43	0.95
〈系统效能优〉⇒〈自卫干扰能力 A_{22} 优〉	0.28	0.62
〈系统效能优〉⇒〈飞行精度 A_{21} 优〉	0.27	0.6
〈系统效能优〉⇒〈飞行精度 A_{51} 优〉	0.27	0.6
〈系统效能优〉⇒〈续航能力 A_{53} 优〉	0.25	0.56
〈系统效能优〉⇒〈勤务保障能力 A_{13} 优〉	0.2	0.44
〈阵地生存能力 A_{12} 优〉⇒〈阵地生存能力 A_{55} 优〉	0.9	1.0
〈飞行精度 A_{51} 优〉⇒〈飞行精度 A_{21} 优〉	0.6	0.9
〈测控链路抗干扰能力 A_{52}〉⇒〈测控链路抗干扰能力 A_{23} 优〉	0.5	0.8

　　由表 12 - 5 可得到 19 项指标中,与效能具有关联关系的指标主要有侦察截获距离 A_{31}、分析识别能力 A_{32}、侦察反应时间 A_{33}、定位精度 A_{34}、定位速度 A_{35}、信息传输时延 A_{42} 以及信息传输误码率 A_{43} 七项指标,对综合效能

的影响较大,关联性较强。而阵地生存能力(A_{12}、A_{55})和成功发射能力属于基础性指标,指标本身阈值较高,成功与否直接影响系统的效能。测控链路抗干扰能力(A_{52}、A_{23})、阵地生存能力(A_{12}、A_{54})、飞行精度(A_{21}、A_{51})六项指标重合度较高,在进行效能评估时可以两者取其一。信息传输速率和续航能力、勤务保障能力与系统综合效能关联度相对较低,在进行效能评估时,可以视情况去除。

(3)评估指标体系优化构建。根据表 12-5 给出的指标支持度,以及步骤(2)中设置的支持度与置信度阈值。大于该阈值的指标则选为效能评估指标,进而构建作战效能评估指标体系,如图 12-9 所示。此外,还可在已淘汰的指标中选取用户认为对该武器系统效能评估必不可少的评估指标,例如,续航能力在指标体系中具有独立性,建议加入效能评估指标体系中。

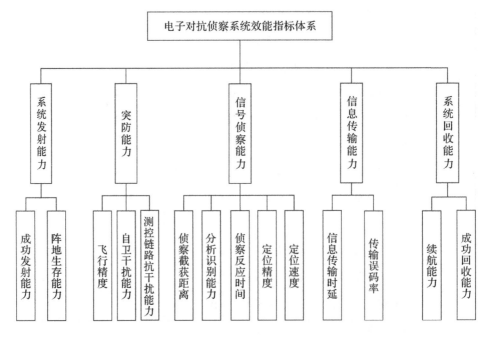

图 12-9 基于关联规则挖掘的侦察系统效能评估指标体系

建立指标体系后,可参照 12.3 节中的指标权重确定法,确定指标权重,然后利用多属性决策方法进行加权,实现装备效能评估。

12.5 总　　结

本章针对电子信息装备效能评估需求,结合数据关联分析等挖掘方法,重点讨论了装备试验中的效能评估指标体系构建方法及效能评估方法,并在最后给出了基于大数据的电子信息装备试验效能评估实例。

总结与展望

本书简述了装备试验数据特点,分析与挖掘的意义、需求等内容,介绍了分类、关联规则、聚类分析、离群点挖掘等常用分析挖掘算法在装备试验数据分析挖掘中的应用,研究了时间序列数据、文本数据、多媒体数据等试验数据的分析挖掘方法,探索了数据分析挖掘技术在装备效能评估、知识图谱构建以及图谱数据融合管理等工作上的应用方法。

装备试验的发展与变革,离不开试验数据分析挖掘技术的提升。随着云计算、物联网、大数据、人工智能、并行计算等技术的发展,装备试验数据分析挖掘领域也迎来新的机遇和挑战。

一是物联网、大数据技术的发展,带来了海量的装备试验数据,提高了数据的存储、管理能力,数据量的急剧增加,给传统的数据分析挖掘带来了很大的挑战。将大数据分析处理技术与数据分析挖掘方法相结合,提升数据处理效率,实现海量试验数据的高效分析,是装备试验数据分析挖掘的必由之路。

二是人工智能技术的发展,为试验数据分析挖掘技术的发展提供了新的机遇。人工智能促进了自然语言处理、计算机视觉等技术的进一步发展。一方面将深度学习算法运用于分析挖掘任务中,为试验数据分析挖掘提供了新的方法;另一方面用机器代替人工处理试验中海量的文本、图像、视频等数据,提高了分析挖掘效率。

三是并行计算技术的发展,为分析挖掘算法提供了丰富的计算资源。在以往的数据分析挖掘任务中,经常由于算法模型复杂度高,计算资源不足,导致分析工作无法有效进行。随着并行计算技术的发展,研究分析挖掘算法并行化技术,甚至将算法模型移植于超算中,利用超算资源解决计算密集型问题,将是装备试验数据分析挖掘技术发展的重要途径。

参 考 文 献

[1] 柯宏发,杜红梅,赵继广,等. 电子装备试验复杂电磁环境适应性试验与评估[M]. 北京:国防工业出版社,2015.

[2] HAN J W, KAMBE M. 数据挖掘概念与技术[M]. 范明,孟小峰,译. 北京:机械工业出版社,2001.

[3] 喻梅,于健. 数据分析与数据挖掘[M]. 北京:清华大学出版社,2018.

[4] 金光. 数据分析与建模方法[M]. 北京:国防工业出版社,2013.

[5] 谢文芳,胡莹,段俊. 统计与数据分析基础:微课版[M]. 北京:人民邮电出版社,2021.

[6] 袁汉宁,王树良,程永,等. 数据仓库与数据挖掘[M]. 北京:人民邮电出版社,2015.

[7] 洪松林,庄映辉,李塑. 数据挖掘技术与工程实践[M]. 北京:机械工业出版社,2014.

[8] 简祯富,许嘉裕. 大数据分析与数据挖掘[M]. 北京:清华大学出版社,2016.

[9] 张凤鸣,惠晓滨. 武器装备数据挖掘技术[M]. 北京:国防工业出版社,2017.

[10] 梁循. 数据挖掘算法与应用[M]. 北京:北京大学出版社,2006.

[11] 吕晓玲. 大数据挖掘与统计机器学习[M]. 北京:中国人民大学出版社,2017.

[12] 安立华. 数据库与数据挖掘[M]. 北京:中国财富出版社,2019.

[13] 李雄飞,董元方,李军,等. 数据挖掘与知识发现[M]. 北京:高等教育出版社,2020.

[14] 袁林. 军事数据挖掘与分析技术综述[M]. 北京:国防工业出版社,2018.

[15] 张宏俊,陆志沣,洪泽华. 数据赋能防空装备体系设计[M]. 北京:中国宇航出版社,2021.

[16] 阿加沃尔. 数据挖掘原理与实践:基础篇[M]. 王晓阳,王建勇,禹晓辉,等,译. 北京:机械工业出版社,2021.

[17] 阿加沃尔. 数据挖掘原理与实践:进阶篇[M]. 王晓阳,王建勇,禹晓辉,等,译. 北京:机械工业出版社,2021.

[18] 黑马程序员. 数据清洗[M]. 北京:清华大学出版社,2021.

[19] ZAKI M J, MEIRA JR W. 数据挖掘与分析概念与算法[M]. 吴诚堃, 译. 北京:人民邮电出版社,2021.

[20] 邵浩,张凯,李方圆,等. 从零构建知识图谱[M]. 北京:机械工业出版社,2021.

[21] 胡宇鹏. 时间序列数据挖掘中的特征表示与分类方法的研究[D]. 济南:山东大学,2018.

[22] DAVIS R, SHROBE H, SZOLOVITS P. What is a knowledge representation? [J]. AI Magazine, 1993,14(1):17.

[23] 赵军. 知识图谱[M]. 北京:高等教育出版社, 2018.

[24] 范保虎,赵长明,马国强. 战术导弹成像精确制导技术分析与研究[J]. 飞航导弹,2007,1(13):45 - 50.

[25] WANG H, BAH M J, HAMMAD M. Progress in outlier detection techniques: a survey[J]. IEEE Access, 2019(7):1.

[26] PIMENTEL M, CLIFTON D A, LEI C, et al. A review of novelty detection[J]. Signal Processing, 2014, 99(6):215 - 249.

[27] LIN W S, LEE C P. A novel distance-based k-nearest neighbor voting classifier[J]. Journal of Computers (Taiwan), 2012, 23(3):26 - 34.

[28] NIELSEN A. Practical time series analysis: Prediction with statistics and machine learning[M]. Sebastopol:O'Reilly Media, 2019.

[29] LIM B,ZOHREN S. Time series forecasting with deep learning: a survey: 10.1098/rsta. 2020. 0209[P]. 2020 - 04 - 28.

[30] SERRA J,ARCOS J L. An Empirical Evaluation of Similarity Measures for Time Series Classification: Elsevier B. V. 10. 1016/j. knosys. 2014. 04. 035[P]. 2014.

[31] CHE Z, PURUSHOTHAM S, CHO K, et al. Recurrent neural networks for multivariate time series with missing values[J]. Scientific Reports, 2018, 8(1):6085.

[32] ANTONS D, E GRÜNWALD, CICHY P, et al. The application of text mining methods in innovation research: current state, evolution patterns, and development priorities[J]. R&D Management, 2020, 50(3), 329 - 351.

[33] JUNG H，LEE B G. Research trends in text mining：semantic network and main path analysis of selected journals[J]. Expert Systems with Applications，2020(162)：113851.

[34] 张剑峰，夏云庆，姚建民. 微博文本处理研究综述[J]. 中文信息学报，2012，26(4)：8.

[35] BHATT C，KANKANHALLI M. Multimedia data mining[J]. Multimedia Tools and Applications，2011(1)：35 - 76.

[36] ABBURU S，GOLLA S B. Satellite image classification methods and techniques：A review[J]. International Journal of Computer Applications，2015，119(8)：20 - 25.

[37] AHMAD F，AHMAD T. Image mining based on deep belief neural network and feature matching approach using manhattan distance[J]. Computer Assisted Mechanics and Egineering Sciences，2021(2)：28.

[38] VIJAYAKUMAR V，NEDUNCHEZHIAN R. A study on video data mining[J]. International Journal of Multimedia Information Retrieval，2012，1(3)：153 - 172.

[39] 陈烨，周刚，卢记仓. 多模态知识图谱构建与应用研究综述[J]. 计算机应用研究，2021,12(38)：3535 - 3543.

[40] 胡桂阳. 基于 GPS 的弹射试验测试装置的研究[D]. 武汉：华中科技大学，2006.

[41] 郭静. 微波暗室目标 RCS 测试方法的研究与试验[D]. 南京：南京航空航天大学，2008.

[42] 陈峰，李一，马跃飞. 面向试验数据的装备大数据模型[J]. 电子技术应用，2018,44(5)：13 - 15.

[43] 李志华，王士同. 一种基于量子机制的分类属性数据模糊聚类算法[J]. 系统仿真学报，2008(8)：2119 - 2122.

[44] 赵洁珏. 面板数据的灰色聚类方法研究及应用[D]. 南京：南京航空航天大学，2012.

[45] 满莹，陈杨，李萧. 基于灰色聚类方法的电子战系统试验配试设备选择[C]// 中国优选法须筹与经济数学研究会. 第 19 届全国灰色系统学术会议论文集. 北京：中国高等科学技术中心，2010：38 - 41.

[46] 王俊杰. 基于区间灰数的白化权函数聚类模型及其应用研究[D]. 南京：

南京航空航天大学，2014.

[47] 黎莹. 基于知识图谱的聚类算法研究及其在文本聚类中的应用[D].厦门：厦门大学,2019.

[48] 罗乐,葛启东,周永学,等. 基于 Apriori 算法的装备数据关联规则挖掘[J].指挥控制与仿真，2021(6):29－33.

[49] 原继东. 时间序列分类算法研究[D].北京：北京交通大学，2016.

[50] 车悦章. 关于时间序列数据分类问题的研究[D].上海：上海财经大学,2020.

[51] 李涛. 大数据时代的数据挖掘[M].北京：人民邮电出版社,2019.

[52] 刘金岭,钱升华. 文本数据挖掘与 Python 应用[M].北京：清华大学出版社,2021.